特命
目で　番緊急通報

〈バリアフリー〉
—聴覚障がい者１１９システム構築物語—

那之津マイク 著

近代消防社 刊

登場人物紹介

イグアナ：指令課長（伝吉）
爬虫綱有鱗目イグアナ科のトカゲ。恐竜のような風貌に反して、主食はウチワサボテンの花。絶滅危惧種。生き方が妙にこのイグアナと符合する課長・伝吉。

テングザル・ゾウガメ・イボイノシシ・カモノハシ：４指令係長
いずれもＩＵＣＮ（国際自然保護連合）が認めた絶滅危惧種。課長・伝吉に逆らいながらも、聴覚障がい者の１１９番緊急通報システム構築に取り組む係長たち。

トキちゃん：聴覚障がい者の119番緊急通報システムを熱望。伝吉、４指令係長たちのマドンナ。

特命！　目で聞け　１１９番緊急通報

〈バリアフリー〉
―聴覚障がい者１１９システム構築物語―

はじめに（ブックレット版に際し）

１１９番・緊急通報は、通報者が話すことが出来る、という前提に立っています。しかし、話すことが出来ない人も沢山います。我が国には、約６００万人の聴覚障がい者がいると云われています。

憲法第13条・第14条・第15条を挙げるまでもなく、行政サービスは、総ての国民が等しく享受して初めて、その初めて価値を持つ。１１９番通報は、昭和初頭から行われているのに、聴覚障がい者に対する配慮は、余りにも長きにわたって顧みられることがなかった。一世紀の間放置されていた、と云っても過言ではありません。

ここに登場する主人公・イグアナ伝吉（凸凹消防本部・指令課長）は、４人の部下・指令係長（テングザル・イボイノシシ・ゾウガメ・カモノハシ）とスクラムを組み、１００年間、前例墨守、事実看過で塗り固められた分厚く、高い行政不作為の壁に、〝蟻の一穴〟を穿とうと努力します。そして、スマートフォン・アプリで１１９番通報が出来たら、と閃きます。

志は高いのですが、伝吉以下係長全員、ＩＴ音痴、デジタル無知。「ビリビリ来るのが電気」、「ビリビリ来ないのが電波」という程度。

何でも「気合」で済ますレスラー、「元気があれば何でも出来る」と公言憚らない、これまた元レスラーたちと同種の精神構造の伝吉。

「為せば成る、為さねば成らぬ何事も、為らぬは人の為さぬなりけり」

早口で云うと舌を噛みそうな至言を呪文のように唱え、伝吉たちは、巨壁に突進！

その姿は、２０１９年ラグビー・ワールドカップ優勝・南アの岩の如きモールに突っ込もうとする、赤パン（OVER 60）フォワード。本人たちは猛ダッシュを掛けているつもりだが、走っているのか、歩いているのか、遠目では判然としない。

返り討ちは、必定。が、「せめて一太刀」。壁《モール》は眼の前。縺れる脚を何とか堪え、上体を楔《くさび》にする。眼は見開いて目標注視。瞬転、「身は砕けよ」と**トッカーン‼**。

本作は、拙著**『消防救急デジタル無線とはなんだ』**の続編と云えるもの。現在、全国消防本部で導入が進んでいる**「Net119（Web119）」**の誕生の経緯を書いたものです。ですから、前作と同じノンフィクション・ノベルです。

国の政策に市町村消防がどう対処するのか、誰が対応するのか、を少しでも感じて戴ければ、作家冥利に尽きるというものです。

※作品中の全国消防本部数、統計などは、執筆時（平成25年～平成29年）のものです。

目次

1 セカンド・ゲーム

全国には、約６００万人の聴覚に障がいを持つ人がいる。彼らは、１１９番・緊急通報をすることが出来ない。云うまでもなく、聴覚に障がいがあると、発話が困難になるからだ。通常発話は、耳から学ぶ。

彼らは、外見からは、聴覚障がい者と分からないので、災害時などに思わぬ災難に遭うことがあり、その事例は、〔阪神・淡路大震災〕をはじめ、〔東日本大震災〕など枚挙に暇がない。言葉で伝えられた事柄は、彼らには分からず、水や食料が貰えなかったと聞く。

火事や救急の時は、さらにことは重大になる。声で助けを求められない彼らが、消防機関に連絡する方法は、第三者を介するしかない。ファクシミリ、メールなどもあるが、自ずと限界がある。

全国で、５秒に１回出動している救急車。このように救急サービスが、国民の日常生活の一部に組み込まれた感がある現在、その享受をまともに受けられないのが、ハンディがある人々である、というその境遇に追い討ちをかける事態が起きている。

〔消防救急デジタル無線実証実験〕で男を上げた？　われらがイグアナ・伝吉、この現状を看過するはずがない。

「……で、タイ。我が本部の消救デジタル無線の整備は、一応終わったバッテガ、大きな問題が、まーだある。ある意味じゃ、これほうが喫緊ぞ」

　指令担当係長会議――と云っても、伝吉と絶滅危惧種の係長3匹――の席上伝吉は、このごろマスコミでよく使われる言葉を使った。消防庁の消防救急デジタル無線の会議の席でも、この言葉が飛び交った。伝吉の本部が、「消防救急デジタル無線実証実験の対象本部」に選ばれたので、担当として何度か消防庁に出向いていた。

「……『キッキン』って何ん？」

　ゾウガメが、イボイノシシに訊く。訊く相手が間違っている。イボイノシシは、「鷗外」を新種のカモメ、「漱石」を安物の御影石と思い、「素描」を「すねこ」と読む。

「こればシェンやったら、『欠勤』扱いするぞ、って云いよっちゃないと、カチョー」

　イボイノシシ、鼻毛を抜きながら、いい加減に応える。

　ここで、著者から一言。この話は、『動物村の消防士』のことを書いているのではありません。ゾウガメもイボイノシシもテングザルも、そしてイグアナ・伝吉もれっきとした人・ＨＯＭＯＳＡＰＩＥＮＳ。みんなちゃんと直立二足歩行をし、チンパン君のようなナックル・ウォークはしていません。

……見ようによっては、猿人、原人らしき者もいますけど。

　みなさんは、消防救急デジタル無線のバイブル、経典、五輪書、拙書**『消防救急デジタル無線とはなんだ』**（近代消防社刊）をお読みになったでしょうか。

　電波の**〝で〟**、電気の**〝で〟**が分からない指令課長と、「ビリッ」とくるかこないかが、電気と電波を区別するものと、固く信じて疑わない3係長が、消防救急デジタル無線を構築していくノンフィクション・ノベルです。

　イグアナ・伝吉ほか、ゾウガメ、イボイノシシ、テングザル、これら絶滅危惧種は、その中の登場人物。その彼らが、今、消防救急デジタル無線の拡張性、冗長性を活かして、発話出来ない聴覚障がい者からの１１９番・緊急通報を、何とかキャッチ出来ないものかと鳩首会議しているんです。

「おらぁ、『欠勤』やら云《ゆ》ーとらん。『喫緊』って云いよっタイ。『早よ、せないかん大事なこと』って云いよっタイ」

　揃いも揃って、まったく……、苦虫を噛み潰したような伝吉の顔。

「この前、会《お》ーたカバズラ君（聴覚障がい者。**『消防救急デジタル無線とはなんだ』**の最後に登場）の様な人からの１１９番・緊急通報ば、ドゲナフーにして受信《とる》かが喫緊の課題タイ」

　伝吉は、係長たちを見据えて云った。

　伝吉の消防本部は、3部制を布《し》いている。今日の当務係長は、テングザル。非番がゾウガメで、週休で出て来ているのがイボイノシシ。

　彼らの会議室は、指令管制センター——と云うほどのものでもない。Ⅱ型の指令管制システムがどうにか入る広さしかなく、それに指令員が所在なさそうに張り付いている——に併設されてあり、窓から五月の陽が差し込んでいる。

　昨日の勤務疲れか、ゾウガメ、舟を漕ぐ。週休出勤で早く帰りたいのか、イボイノシシ、会議内容は上の空、頻りに時計を見る。会議がいくら長引こうと知ったことじゃない、当務のテングザル、ひとり張り切る。

無言の通報

「バッテクサ（しかし）、聴覚障がい者の緊急通報受信は、デジタル無線とは、直接関係なかろー、カチョー？」

「まあ、そうやなー。バッテン、指令管制システムの回線制御とデジタル無線の回線制御はリンクしとろうが。リンクしとーケン、〔動態管理〕、〔発災地点情報送出〕、〔出動車両自動選別〕が出来て、車載端末と指令管制システムが一体化しとぉ」

「その通りですタイ。カチョーは、出動指令情報に、これが聴覚障がい者からの通報《もの》って分かるごとしたいっちゃね？」

「ソータイ。出動指令もバッテガ、119番入電時に把握シェないかん。通報者が、何《な》ーンも喋らんでも、システム的には出動させることは出来る。この前あったやないや、交通事故で下顎負傷で話せんやった通報者……」

「あらー、ヤオイカン（大変）やった」

西方丸に乗ってたはずのゾウガメが、ガバと起きて云った。驚いたテングザルが、毛を立てて、「キキッ！」と啼いた。

「呼び掛けても答えんケン、ヒッシモッシ（必死）で、携帯のGPSで大体の場所ば確定したモンね。勿論、PA出動ですタイ」

ゾウガメは、続ける。

「火災やったら、二報、三報の入って来るケン、心配せんバッテガ、一報だけで〔応答ナシ〕やったら、ドゲンモコゲンモ（どうしようもない）……」

「あの交通事故は、朝の10時ぐらいやったなー。非番のウチの班が、まーだおったケンよかった。現場の特定に、当務がオッセコッセ（天手古舞）しよっても、別事案はウチが処理したケン。これが当務だけの対応やったら、出動がかなり遅れたろーや」

と、その時を振り返るイボイノシシ。

「この事案でも分かるごと、〔応答ナシ〕の１１９番は、何ーンも聴覚障がい者からばっかりじゃなか。ケーな（こんな）事故もソータイ、日本語は話せん外国人からの通報もそーなるカノーシェイのある。」

伝吉は、ゆっくりと立ち上がり、窓際に行った。３階にある会議室からは、街並みが見える。

伝吉が消防士を拝命したのは、昭和40年代後半。そのころ、管内には〔連結送水管〕が係る建物はなかった。せいぜい5階止まりで、それも住宅公団（現「ＵＲ」）仕様の共同住宅が、田植えを終わった青々とした田圃の中に点在していたのを、伝吉は憶えている。

伝吉の管内は、主たる産業もなく、純然たる田園都市・郊外都市だった。それが、隣接する政令指定都市のベッド・タウンとして発展し、「町」から「市」に昇格、人口も5倍以上になった。田圃は消え、市街地にはビルが蝟集《いしゅう》し、〔連結送水管〕は云うまでもなく、〔非常用コンセント〕、〔特別避難階段〕、〔非常用エレベーター〕を設置した建物が林立、中には屋上にヘリポートを備えたものもある。

窓から見える風景に、昔日を思い出させるものは何もない。

「今、日本に何人の外国人がオル（居る）か知っとーや？」

伝吉は、みんなに訊いた。

３係長は、お互いに顔を見合わせる。

私的国際交流

「200万人以上オル。200万人って云ーたら、政令指定都市ふたつ分ぞ。日本の人口の2%タイ」

「そげん（そんなに）オンシャー（居《お》られる）と?」

ゾウガメが、感に堪えぬ態《てい》。

「そー云やー、この前行ったスナックのお姐さんたちゃ、みんなアジア系やったなあ」

管内の国際化を、テングザルは、肌で感じている。

「帰る時、『チェタイ、マタケテネー』って云われたケン、『マタケルヨー』って云ーたら、アジアン・ガールズが大笑いしよった」

「みんな若いと? （この場合の「と」は、疑問の接尾語。因みに、「とっとーと?」は、「取っているのか?」の意。「?」がつかないと、「取っているのだ」）」

「あたり前田のクラッカータイ。〔パンジー〕のごたーところに、おれが行くモンかい」

イボイノシシの問いに、テングザルが、骨董級のフレーズを交えて応える。

〔パンジー〕とは、消防幹部御用達のスナック。特に、消防団長・ガバチョ（**『消防救急デジタル無線とはなんだ』**に登場。消防本部に睨みを利かす）のお気に入り。お客がオヤジばかりなので、ママも感染《うつ》ってオヤジ顔（一因に店の様子は、**『消防救急デジタル無線とはなんだ』**に出ています。著者

注)。

「若っか。みーんな若っか。格好は、みーんなバド・ガール。ヨカろーが。今度、一緒ぃ行こうか?」

「行く、行く。年休取っても行くバイ」

盛り上がるイボとテング。

「おれも、連れて行っちゃりー(連れて行って下さい)。年休取るケン」

遅れてならじ、とばかりにゾウガメも加わる。

何を考えているんだ、このアニマルズは……。ウンザリしながらも、伝吉は、ふと“*The Animals*”を思い出していた。あのダミ声 *Eric Burdon* は、元気だろうか。

「ちょっと待たんか、お前たち。係長が３人揃うてバド・ガールんとこ行くためぃ、年休とるやら……それが端末……間違ごーた、末端管理職の云うことが。このバカタレが」

「ジョーダン。カチョー、冗談。マイケル・冗談タイ。すぐカッカとは、歳取った証拠ですバイ。血圧の高かちゃケン感情の激昂は命取り。まあ、座らんですか」

と、調子の好いテングザル。

「ところでカチョー、何の話しやったかいな?」

「２００万人の政令指定都市にゃ、アジアン・ガール多いかて云う話しタイ、ねえカチョー」

イボイノシシが、横から入る。

「そうそう、そのアジアン・ガールたちの１１９番ば、ドケンして受信《とる》するかが、シャッキン……キッキンの問題で云いよんなっタイ、カチョーは」

このゾウガメの補足は、当たらずとも、遠過ぎたが、伝吉は良しとした。

「おまえたちの好《す》いとーアジアン・ガールも含めたところの、発話の出来ん、日本語の話せん、言葉でおれたちば呼ぶことの出来ん人たちの１１９番・緊急通報の受信システム。ファクシミリやら安心電話じゃのーして、普通の１１９番ば受信ごととして、その人たちからの通報ば受けられるシステムば考えらないかん、っておれは思う」

「ＳＯＳカード」

「なら、火災の状況、患者の容態やらの聴取も、何んかの方法ですするとね？」

テングザルが訊いた。テングザルと伝吉は、同期拝命。すぐにタメグチになる。ほかの2係長も、2、3年しか違わないので、身内の会議は、同級生の話し合いになる。もともと所帯が小さい本部。そんなに鯱鉾張ることなんて無意味。会議は、中身が肝心だ。

「みんな、「SOSカード」、憶えとーや（憶えているか）？」

「憶えとーよ。おれが、救急小隊長の時ぃ配備された。患者の状態ばイラストで描いちゃー、ラミネートのモンやろ。指差しで、聴覚障がい者の人とコミュニケーションばとるカードやろ」

ゾウガメが云った。

「バッテン、積んでから3年間、1回も使こーたことはなかったですよ、カチョー」

2 唐獅子牡丹

この「SOSカード」は、ある救急出動から生まれた。

出産間近の女性から、１１９番・緊急通報が入った。救急隊が現場に着くと、患者の女性は苦痛で七転八倒していた。夫が傍で懸命に介抱しようとしていた。

救命士（女性隊員）は、夫に事情聴取しようと声をかけた。ところが、夫は振り向かない。仕方がないので、彼女は、夫の肩を叩いた。

振り向いた夫は、何とか妻を助けてくれ、と今にも泣き出しそうな懇願の表情をした。

「大丈夫ですよ。すぐに病院に運びますから。掛かり付けの産院は、どこですか？」

出産事案で『ＳＯＳカード』誕生

彼女は、話している間、夫が自分の口元から目を離さないのに気づいた。彼女が話し終わると、夫は、居間に駆け込んで行き、病院の薬袋を持って来た。そして、

「ぼくは、聾話者で話すことが出来ません」

と、身振りで告げた。

幸運なことに、この救命士は、手話が少し出来た。それを知って夫は、彼女の手を握り、何度も頷いた。「よかった、よかった」と喜んでいる夫の声が、彼女には聞こえた。

後日彼女は、この件をかつての上司だった伝吉に伝えた。その時、伝吉は、救急業務とは直接関係がない、予防課長のポジションに就ていた。

しかし、この話を聞いて、伝吉の侠気が勃然と起こった。「捨てちゃーおけねぇ」、気分は、東映時代の高倉健。伝吉は、高倉健を現人神と仰いでいる。自ら、「健さん経」の大僧正を以って任じている。

早速、伝吉は幹部会議にこの話を挙げた。

「……こう云ったわけですから、聴覚障がい者のみならず、事故で話せなくなった患者、さらには日本語を話せない外国人などからの要請にどう応えるかを、早急に……」

「バッテガ、そら予防課長の所管じゃナカろ?」

伝吉の話が終わらない内に、古参の警防課長が遮った。口角に薄ら笑いを浮かべている。禿頭の形から、「サゴジョー（沙悟浄）」の綽名を持つ。

「確かに、警防課長の云われる通りですが、所管のことしか話せないとなると、それこそ縦割り行政の最たるもので、この幹部会議そのものが硬直化、閉塞化すると思います。大事なのは、住民サイ

ドから、自分たちの仕事を考えることで、彼らには、警防や予防の区分けはなく、消防は消防なんですよ、警防課長」

「セーナター（そんなのは）、云われんでも分かとーッ！」

サゴジョー、眉間に青筋を浮き立たせる。伝吉が新任の時の小隊長が、このサゴジョー。その当時は、〔分隊長〕と云っていた。

昭和40年代半ば、出来たばかりのこの本部に、割愛人事で大都市消防から着任していたサゴジョーに、伝吉は徹底的にシゴかれた。

出動時の完全装備で、際限なくホース延長・収納をさせられたり、握力がなくなるまでセーラー・モンキーの往復をさせられたり、ロープ登攀《とはん》で、〔確保〕の後、長い間宙吊りにされたり……愛がないムチだった。

サゴジョーにとって伝吉は、同輩ではなく、未だに新任なのだ。

「警備課長、ドゲンの思うな、聴覚障がい者の対応は？」

サゴジョーは、子飼いの阿諛追従《あゆついしょう》の輩、警備課長（大隊長）に水を向けた。

「そらー、警防課長の云われるとおりで、予防課長が出議されるこっちゃナカでっしょう」

腹囲がデカ過ぎて、別注ベルトの警備課長が、嘲笑を浮かべ、椅子の背凭れに寄り掛かりながら云った。

伝吉は、警備課長の話を聞きながら、この八戒野郎が、と心中で毒づいていた。

「では、ハッカ……警備課長、どうお考えですか、聴覚障がい者の対応を」

伝吉は、危うく「ハッカイ」と云いそうになった。

「……急に云われてもですなー。詳細は、聞いとりまっシェンし、まあ担当係長と検討してみまっしょう」

　横のサゴジョーと目配せしながら答えた。

「弱者最優先がわれわれの義務《つとめ》ですから、事は猶予がないと考えますが」

　幹部会議では、努めて標準語で話す伝吉。この会議は、施策方針を決定するもの、内閣の閣議に匹敵《あた》る、と伝吉は思っているのだ。ここでの言葉は、当然責任を伴う……が、こう思うのは伝吉だけ。他の者は、伝吉を疎ましく思い、伝吉は、佐賀県・吉野ヶ里のバルーンの如くウキにウキまくる。

「予防課長、ソゲン急《シェカ》シェんでもよかろーモン。聴覚障がい者ば、搬送《はこ》ぶことやら、オリンピックと同じタイ。４年に１回ぐらいしかなかろーが」

　こう云って、サゴジョーは嗤った。伝吉は、サゴジョー一派の嘲いに包まれた。

（ジョウトウじゃねぇか。でも、テメーら、何か忘れちゃいねぇか。歳取りゃその内、テメーらも話せなくなるんだぜ。それだけじゃねぇ、見えなくなるし、動けなくなるんだ。

　話せねぇ人のことを考えるこたー、畢竟《ひっきょう》、テメーらのためになることが分からねぇのか。〈心肺蘇生法（ＣＰＲ）〉と同《おんな》じだ。万一ン時、テメーらがＣＰＲを受けたいと思っているなら、まずテメーらが〈心肺蘇生法〉を学ばなきゃならねぇ。だってそうだろう、みんなが、「自分にゃ関係ねぇ」と思ったら、ＣＰＲを出来るヤツは、何処にも居ねぇことになるんだぜ。

　……これだけ云っても分かって貰えねぇのか。お集まりのみなさん方にゃ、何のウラミもツラミもござんせんが、渡世の義理というやつで……。みなさん方にゃ、**死んで貰います**）

　伝吉、気分は、『昭和残侠伝・唐獅子牡丹』、健さん演じる花田秀次郎。

憐憫かつ不敵な微笑みを見せ、伝吉が静かに立ち上がった。サゴジョー一派、一瞬身構える。

「みなさんのお考えは、よく分かりました。予防課長が、警防分野に手を出すな、ということですね。それじゃ、私は、17条絡みで聴覚障がい者と係わります。警報音、避難誘導音声が聞こえない彼らを、どう避難させるかは、紛う方なく予防課長である私の分野ですから。ヨゴザンスネ」

花田伝吉、周りを睨回《なめまわ》す。


♪義理と人情を秤にかけりゃ人情が重たい「火消しの世界」……

……背中《せな》で呼んでる「人命救助」


伝吉の耳には、ずっと『唐獅子牡丹』が響いていた。

会議が終わると、伝吉はすぐに市の聴覚障がい者協会に連絡した。まずは、聴覚にトラブルを持つ人と直に会うことだ、伝吉は思った。

『死んで貰います』

3

♪俺の目を見ろ　何もゆうなぁ～

協会の集まりは、毎月第3金曜日、午後7時から開かれる。場所は、公民館の一室。

初めて出席する時、伝吉は、渋る指導係長を無理やり連れて来ていた。彼は、午後5時の終業チャイムがなり終わるか、終わらない内に庁舎を出ることを常としていた。

「えっ、今日ですか？　別に用は無《な》かですけど……」

口を尖らせた指導係長は、カモノハシに瓜二つ。

「ヨカヤナカカ（好いじゃないか）。たまにゃー、残業シェレ。設備ば付けさせるだけが、おまえの仕事じゃなかとぞ。マンションに屋内消火栓ば設置したっちゃ、住民が使い方ば知らんやったら、何《な》ーもならん。屋内消火栓未設置と同《おんな》じこっタイ。

確かに、住民が屋内消火栓ば使いきらんでも、おれたちの責任じゃナカかも知れん。バッテン、おれたちゃ、有効に活用されることば前提に義務設置ば求めよっちゃろ（求めているんだろう）。そーしたら、折角設置《つけ》た設備ば活かすためぃ、折ある毎の住民との接触は必要ぞ」

「カチョーは、そげん云いんしゃーバッテガ、全部の対象物ば指導《まわ》るこたー不可能でっしょうモン」

カモノハシは、嘴をますます尖らせる。

「そら分かっとー。今の担当の数やったら難しか。……が、タイ。お前の云いようとは、『１００人の要救助者ば、一遍に助けることは出来んケン、端から救助ばシェン（救助をしない）』って云いようとと同じぞ。能力には自ずと限界がある。おれは、それば超えれって云いよっちゃナカ。能力で出来る範囲の分ばするとが、おれたちの務めと思う。10人でも5人でも助けろーとショーモン、おまえやったら」

カモノハシは、救助小隊長経験者。

「今日会う人たちゃ、自火報の警報音が聴こえんとぞ。おれたちゃ、知らず知らず、住民がみんな〝見える・聞こえる・話せる〟と思《おも》ーて、仕事ばしよう（している）。実際は、そーじゃナカ。ハンディば持つ人との接触は、おれたちの仕事、特に予防業務に役に立つと思う。そしてタイ、おまえも何時か、〝見えん・聞こえん・話せん〟ごとなる」

カモノハシは、黙ってバッグに書類を入れ、出向の準備を始めた。

「制服で行きますか？」

そうだ、と伝吉は云った。

伝吉たちは、早目に会場に着いた。事務局の人と簡単な打ち合わせをし、事務局側の机についていた。正面には、スクリーンがセットしてある。ＤＶＤでも映すのだろうか……、伝吉は思った。

会員たちが三々五々集って来た。みんな生き生きとしている。弾けんばかりの笑顔で、手話を交えてお喋りをしている。伝吉たちを認めると、一様に両手の掌を見せながら、腕を交差させる。

伝吉もカモノハシも手話が分からない。しかし、彼らが挨拶をしているのは、表情、感じで分かった。

異常に緊張しているカモノハシは、無言で、米搗きバッタのようなお辞儀を繰り返す。顔が強張っている。

「ナマハゲ面《ずら》ば止めんか。みんなが、怖《えず》がりよんしゃーろーが（怖がっているだろうが）」

カモノハシのナマハゲ面は、宮崎・高千穂神楽の「手力雄命《たじからのみこと》」を想起させる。映画『日本誕生』（１９５９年公開）で、天岩戸を抉じ開ける手力雄命を演じたのは、横綱朝潮（三代）だったなぁ、忘れかけていた記憶が甦り、伝吉は、思わずニヤリとした。

「何んニヤニヤしようとですか。気色の悪かぁー。私の顔ぃ何かついとりますか？」

カモノハシが、顔を撫でながら訊いた。

……にしても、長い顔だ。笑いの制御が利かない。

「笑え。にこやかに挨拶せんか。査察に来とーっちゃなかろうが。笑わんか。ハハハ……」

伝吉は、苦しい息の下で諭した。

カモノハシは、口角を上げ、「ハハハ……」と取って付けたような笑い声を立てた。それを見た伝吉は、ますます笑いに拍車が掛かり、カモノハシも呼応して笑い声が大きくなり、彼らを見た会員たちも笑い出し、会場には笑い声が木霊した。

「カチョー、みんな笑いよんしゃーですよ、声出して」

カモノハシが驚いて云った。

「当たり前タイ。聞こえんだけで、声は出せるちゃケン」

「なら、何で話せんとですか？」

「それはですね……」っと、シュガー・ボイスが、ふたりに降り下りてきた。伝吉とカモノハシは、顔を上げた。ライム・カラーのコットン・スーツに、トート・バッグを肩から提げた女性が立っていた。

「人は、耳で聞いて発声を学ぶんです。だから、聴覚に障がいがあると、話すのが難しくなっちゃうんです」

こう云いながら、伝吉の横に座った。化粧っ気のない顔、短い髪に、伝吉もカモノハシも好感を持った。伝吉は彼女を見て、「トキ・朱鷺」――彼女も、**『消防救急デジタル無線とはなんだ』**の巻末に登場――だ、と直感的に思った。

「予防の鬼」カモノハシ見参

「だから、みなさん、ちゃんと声帯は備わっているんです」

トキちゃんは、レクチャーを続けた。

「自己紹介が遅れました。協会の役員をしています。私……」

こう云って、トキちゃんは、ふたりに名刺を渡した。それには、一級建築士の肩書きが記されていた。

「……一級建築士ゲナ（だって）……」

カモノハシ、名刺とトキちゃんを交互に見ながら、頻りに感心する。トキちゃん、含羞の面持ち。

「まだ取得《と》ったばかりで、何にも出来ないんです」

困惑した表情が、また可愛い。

「消防のみなさんには、確認申請、消防用設備の相談なんかでいつもお世話になっています」

トキちゃんは、至って謙虚だ。

「アラー、そうですか。私、指導係長なんですけど。今までうちの本部に来られたことあります？」

伝吉の左隣に座るぅカモノハシが、捩《よじ》るようにして、伝吉の前に身を乗り出し、右に座るトキちゃんに話しかける。

「私は、ありませんけど、他の者がいつもお伺いしています」

「ソーヤロー（そうでしょう）。綺麗な女性《ひと》は、一回でも会《お》ーたらジェッタイ忘れんとが、私の特技ですケン。ケケケッ……」

奇妙な笑い声を立て、カモノハシが、調子ブッコク。

その仁丹みたいな眼で、トキちゃんがちゃんと見えるのかって。伝吉は、場所を弁えぬカモノハシに忸怩たる思い。カモノハシは、別名「水モグラ」。

例会が始まった。司会は、トキちゃんがした。伝吉たちが紹介され、消防職員の訪問を受けるなんて初めてのことで、みなさんが楽しみにしていた、と言い添えた。

「みなさんの大事な例会に突然お邪魔して申し訳ありません……」

伝吉は、促されて、訪問の理由《わけ》を話し出した。そして、件《くだん》の救急事案のことを話した。

「――それで、私たちとしましても、みなさんが消防の行政サービスを適正に、健常者――この言葉に、伝吉は微かな抵抗を覚える――と同じように、受けられるためには、どんな課題があるのかを勉強するために、お邪魔した次第です」

伝吉は、前段の挨拶をゆっくりと喋った。会員のみんなは、伝吉を見ていない。横に立つ、手話通訳をしているトキちゃんを凝視している。それと平行して、スクリーンに映し出される要約筆記――伝吉の話しを、パソコンで文字に起こして映し出す。スクリーンは、このためのものだった――にも目を遣る。

伝吉は、事前にゆっくり話すように、と云われた訳が分かった。喋りながら、聴覚にハンディを持つ人たちとのコミュニケーションが、こんなにも大変なことなのか、ということを身をもって知った。

話が終わって、初めてみんなは、伝吉を見、そして頷いた。椅子に腰を下ろした時、今まで感じたことのない疲労感に襲われた。

「疲れたでしょう？」

トキちゃんが労わってくれた。

「会員のみなさんは、逆の立場で毎日疲れているんです。ここに来ると、みんなが明るく、元気に見えるのは、コミュニケーションに苦労しないからです。こんな言葉を知ってますか？」

トキちゃんは、１枚の紙を伝吉に渡した。

Blindness cuts you off things, deafness cuts you off people

それには、こう書かれていた。

「目が見えないことは、人を物から切り離し、耳が聞こえないことは、人と人とを切り離す」

駅弁大学英文科ラグビー専攻の伝吉、何とか意味が分かった。

カントの言葉だと、トキちゃんは教えてくれた。

「カントいうと、あのカント？　ドイツの哲学者の？」

トキちゃんは、頷いた。

「〔デカンショ節〕のカント？　〔コペ転〕のカント？」

カモノハシが横から嘴……間違った、口を挟む。

トキちゃんは、首を傾げる。

相手を見て、ものを云え。妙齢の女性が、トリオ・ロス・哲学の〔デカンショ節〕とか〔コペ転（コペルニクス的転回）〕を知ってるわけがないだろーが。剥製にするぞ、この水モグラ。

心中、伝吉は思った。

♪モグラ〜や　モグラ〜　ドゥンガンカサヤ〜クヤン　インドゥムゥ〜……

我知らず伝吉には、ザ・ピーナッツが唄った**『モスラの歌』**が聞こえていた。出だしが、ちょっと違うけど……。

例会は、市、県など行政機関からの連絡、会員の近況報告などがなされる。

「今日は、消防からのお話があるということだったので、何時になく集まりがいいみたいです。聴覚障がい者のみなさんの生活範囲は、どうしても狭くなります。だから、普段接することがない人たちとの接触を喜ばれます。ある意味、好奇心旺盛なんです」

同じ席に座る、市の福祉担当者が云った。彼女は立ち、手話で連絡事項をテキパキと伝えて行く。質問の手が挙がる。質問者は、みんなが見えるように前に出て来て、彼女の横で質問する。こうしないと、質問内容がみんなに伝わらない。

紛糾することもある。納得が行かない質問者は、手話と表情と声にならぬ声で抗弁する。

会場のあちこちから手が挙がる。指された者は、同じように前に出て行き、自分の考えを述べる。

「カチョー、ウチの会議とジェンジェン違いますバイ。この会議に比べたらウチんとやらお通夜やモン」

確かにそうだ。伝える方も、聞く方も連絡事項に感心を持たず、いつもの時間に始まり、いつもの時間に終わる、伝吉の本部のマンネリ定例会議。なくしても誰も困らないようなもの。

話せない人が必死に話そうとし、聞こえない人が必死に聞こうとする。その一方で、両方を出来る者が、それらをしない。人間の持つ真摯さと傲慢さを、伝吉は考えていた。

「みなさん、普段あまり話す機会がないもんだから、例会はいつもこんな具合に丁々発止なんです」

話し終えた福祉担当者は、笑いながら云った。

「次は、本日の講師、消防本部予防課長様からお話を伺います」

トキちゃんの進行に促されて、伝吉は、再び椅子から立った。

「救急車を呼んだことがある人？」

伝吉は、右手を挙げる仕草を交えて、単刀直入に尋ねた。彼らの遣り取りを見ていて、月並みな挨拶は必要ない、と思った。逆に婉曲な言い回しは、誤解を生む怖れがある。

トキちゃんの通訳で、質問を知った彼らは、お互いに顔を見合わせた。そして、みんな首を振った。ひとり、すまなそうに手を挙げたのは、伝吉の前座を務めた市の福祉担当者だけで、会員からは挙らなかった。

伝吉は驚いた。ここにいる会員は77名。国民25人にひとりが救急車をつかっているのに、誰も手を挙げない。

……みんな、健康なんだろうか、伝吉は思った。伝吉は、ゆっくりと会員の顔を見回した。いや、そうじゃない、見るからに病弱そうな人もいる。

「みんな我慢するんです」

横に立っているトキちゃんが、ポツリと云った。

「１１９番に掛けても、みなさん話せないし、まずは、自分で対処されるんです。それが出来ない時に、初めて市の福祉担当者や私たち手話通訳者に、メールやファクシミリで連絡されます。救急車をお願いするのは、それからなんです」

トキちゃんが続けた。

「携帯電話は、みなさんにとっては、メールをするもので、電話番号を押すものじゃないんです。通話の観念《アイディア》がありませんから、電話番号を押すことに、強い抵抗を感じられています。でも、メールを打てる人は、良い方なんです。高齢の方は、携帯電話を扱うことが出来ませんから」

伝吉は、聴覚障がい者が抱える大きくかつ深い問題を、あまりに皮相的に捉えていた、と恥じた。現場でのコミュニケーッションの前に、解決しなくてはならない問題があった。

4

パン屋・カバコウジ

　聴覚障がい者協会の集まりで、伝吉は、質問責めに遭った。別に伝吉や消防を非難するのじゃなく、消防機関から人が来た、ということに対して感謝の意が籠もった質問だった。

「消防は、自分たちを気に掛けてくれている」

言葉にはならないが、みんなそう話し合っているように、伝吉には思えた。

最後に、伝吉は、みんなに提案した。

「今度、消防署に来ませんか？　いろいろな疑問をお持ちのようですが、〝百聞は一見に如かず〟です」

「カチョー、みなさんは、〝百聞〟やら出来んですよ。〝ゼロ聞〟、〝ゼロ聞〟」と、カモノハシが、小声で訂正を促す。

「おお、そうやった。……えーっと、〝聞くは一時の恥……〟」

「それも違います」

「〝見ると聞くとは大違い〟……」

「却下。〝ロンより……〟」

カモノハシが、誘い水を差す。

「それそれ。〝ロン（栄和）より……テンパイ（聴牌）〟……じゃのーして、〝証拠〟タイ。〝To see is to believe〟タイ。カチョーの教養の深さを思い知ったか、この water mole（水モグラ）」

周りを忘れたふたりの会話を、トキちゃんがすかさず通訳し、会場は爆笑に包まれた。

例会は、予定の終了時間を大幅に越えて終わった。

「背負《しょ》わんでいいモンまで背負い込むちゃね、カチョーは」

シートベルトを掛けながら、カモノハシが吐息をついた。

「ソゲン云うな……」

と、応えたものの伝吉の言葉には元気がなかった。

（まったくそのとおりだ。どうして、おれはこうなんだろう。いきなり聴覚障がい者に消防署見学を提案したり。幹部会の説得、ＴＯＰの了承はどうするんだ。不測の事態が起きた時の対応は。『見るまえに跳べ』は、おれの歳では、戴きかねる）

カモノハシが、公用車を発進させたと思ったら、いきなり急ブレーキを踏んだ。制帽は吹っ飛び、伝吉は、ダミー人形よろしく動揺する。

「止まるなら、止まると云わんかッ！　鞭打ちぃなるやナカカッ！（なるじゃないかッ！）」

イグアナの首は太いから、鞭打ちになることはないが、伝吉は声を荒げた。

機関員のカモノハシは、それには応えず、フロント・ガラスを凝視したまま、微動だにしない。訝しく思った伝吉は、フロント・ガラスに目を遣った。

「グエ〜ッー！」

イグアナの驚愕音声が、車内に木霊した。われに返ったカモノハシが伝吉にしがみつく。

フロント・ガラスいっぱいに広がる顔。デカイ。おまけに縦より横が広いスーパー・ハイビジョン・サイズ。ヘッド・ライトに不気味に浮かび上がる。

「くッ、喰われるッ！　カチョー、喰われるバイ！」

〝周章狼狽〟〝仰天乱心〟〝自分大切のカモノハシ〟伝吉の顔といわず頭といわず、掻き毟るようにして、後部座席に逃れようとする。

「出たぁ!?」ヌリカベ・カバズラ

「痛かやナカか……やめれ、やめんかッ。髪《け》ば離さんかッ」

伝吉は、大事な髪を守りつつ、カモノハシの嘴を小脇に抱え込んだ。動きを止められたカモノハシ、肩で息をしている。

車のドアが開いた。ふたりは、抱き合って息を呑んだ。

「先ほどは、ありがとうございました」顔を現したのは、トキちゃんだった。

ふたりは、恐る恐るフロント・ガラスに視線を戻した。「ヌリカベ」擬《もど》き大顔は、消えていた。さっき見たのは、夢か幻か。伝吉とカモノハシ、お互い見合って安堵の吐息。

「どうしても、みなさんにお礼を云いたい、という人がいたので、連れて来ました」

伝吉は、撚れ曲がった髪の毛を整えながら、カモノハシは、捲《めく》れ上がった上着を引っ張りながら、車を降りた。

トキちゃんの後ろに、男性がひとり立っている。駐車場の照明灯が暗く、判然としない。

トキちゃんに促されて、照明の光が届くところに来た。

「ガア〜ッ!」

今度は、カモノハシの驚愕音声が、森閑とした駐車場に響き渡った。

現れたのは、フロント・ガラスの大顔《ビックフェイス》。ニコニコして、伝吉とカモノハシに手話で挨拶をする。

「初めまして、カバズラと申します。今日のお話は、とても好かった。消防署見学を楽しみにしています」

トキちゃんが、通訳してくれる。

「カバズラさんは、中途失聴者なんです。3歳の時に聴こえなくなったんです。でも、話すことは出来るんです。どうぞ、自分で話して」

トキちゃんに云われて、カバズラ君は、胸に手を当て、「分かった」と意思表示をした。

「話すことは出来ますが、自分の声を聞くことが出来ないので、大きさが分かりません」

伝吉は、右手の親指と人差し指でOKサインを出した。カバズラ君は頷いた。

「母が高齢なので、急に具合が悪くなったら、どうやって救急車を呼ぼうか、と悩んでいました」

伝吉は、話の中で云った。

「周りに、あなたに代わって、119番してくれる人がいなくても、119番を掛けなさい。固定電話だったら、発信地が分かります。携帯電話でもＧＰＳ機能があれば、だいたいの発信位地が分かりますから。

「何も話さない１１９番もあります。特異なことではありません。通報者が、途中で気を失ったり、外国の人だったりして、話すことが出来ない人もいるんです。

「いいですか、みなさん。火事と救急の時は、１１９を押すんです。私たちは、場所さえ分かれば、出動出来ます。火事の時は、みなさんの通報の他にもたくさん入ってきますから、『話せないから』という心配はいりません。

「救急の時は、みなさんからの通報だけかも知れません。でも、この時でも、『話せないから』という心配は無用です。先ほど話したように、こうしたことは、あり得ることだし、無音通報の時には、火事と救急を想定して、消防車と救急車をペアで出動させるようにしていますから。消防は、〝空振り三振〟があって構いませんが、〝見逃し三振〟は、絶対に許されないんです。

「ですから、万一の時は、勇気を持って１１９を押して下さい。そうすれば、消防は、みなさんのところに行くことが出来るんです。携帯電話は、メールだけの道具ではありませんよ」

　カバズラ君は、この伝吉の話に痛く感動したのだ。

　例会では、初めは消防用設備・消防法第17条絡みを話すつもりだった。しかし、伝吉は、集まった人たちを見て、それ以前の問題があることを直感した。健常者と異なる環境で暮らさなければならない彼らは、消防行政を直接感じる機会が少なくないのだ。

　それで伝吉は、消防法第１条・「消防の目的」を、まず話すことにした。消防の任務、彼らの生活との関わりなど、児童の社会科見学に応じるやり方で始めた。多分この中には、小学生の時、消防署見学をしなかった人もいるだろう、と思いながら。

伝吉は、カバズラ君を見て思い出した。伝吉は、デモンストレーションで、ＧＰＳ付き携帯電話を持っていた彼に、実際に１１９番を押させたのだ。当然、指令管制センターには、事前連絡をしていた。

「さあ、１・１・９と押して下さい」

こう云って伝吉が促しても、カバズラ君は、なかなか押そうとはしなかった。会場は、水を打ったように静まり返った。みんなは、カバズラ君を取り囲むようにして、彼の指を凝視していた。見ると、彼の額には汗が滲んでいた。

伝吉は、彼の人差し指をそっと握り、１・１・９と押した。彼には聞こえないが、発信音がなっている。

「はい、凸凹消防署です。火事ですか、救急ですか？」

メールでは119番が通報かない……

指令員が、応答した。伝吉は、携帯電話を受け取った。

「……どうですか、発信位置表示出来ましたか？」

「……今、確定中です……はい、表示しました。場所は、○△公民館付近ですね」

一部始終を、トキちゃんが通訳していた。

「オーッ」というみんなの表情。お互いに頷きあう。カバズラ君の緊張の表情が緩んだ。トキちゃんが教えてくれた、「電話番号を押すことに対する抵抗」を、伝吉は知った。

「GPSで携帯電話を掛けている所が分かることなど、今日初めて知りました。本当にありがとうございました」

カバズラ君は、伝吉の手を取り、上下に揺すった。製パン業を営むだけって、力が強い。一方揺すった後、今度はカモノハシの手を握り、同じように揺すった。カモノハシの頭が大きく前後に揺れる。

「お礼が云いたくて、追っ駆けて来ました。これ、食べて下さい」

カバズラ君は、紙袋を差し出した。袋には、「カバコウジ」と店の名前がプリントされていた。

「開けてヨカ？」

ことわって、伝吉は袋を開けた。テーブル・ロール、レーズン・ロール、メロンパン、クリームパン、それにコロッケパンが入っている。

「残りものなんです。すみません」カバズラ君は、右手の親指と人差し指で眉間を摘むようにし、それから手を広げ手刀をきるような仕草をした。

伝吉は、喜んで受け取った。カモノハシもお礼を云う。

早速、伝吉は、コロッケパンを頬張った。懐かしい味、昭和の味だ。カモノハシには、テーブル・ロールを遣った。

「フカフカして、美味しかー。ねえ、カチョー。今度《こんだ》ー、クリームパンば遣ってんシャイ」

口が大きいだけあって、食べるのが早いカモノハシ。次を催促する。

トキちゃんとカバヅラ君は、伝吉たちの車が曲がるまで、ルーム・ミラーに映っていた。

（何も悪いことをしてないのに、聴覚を失うハンディを背負わされたカバズラ君。神がいるなら、神を恨みたいだろう。自分に置き換えてみる。絶望の極みだ。それでも、彼は、日々黙々とパンを焼

く。云いたいことがあるだろう。したいことがあるだろう。それらを封印しなければならない、カバズラ君の人生）

伝吉の鼻の奥に、ツンとしたものが込み上げてきた。

「みなさんの消防署見学ば、バッチリ計画しまっしょうや、カチョー」

伝吉が取っていたレーズン・ロールに手を出しながら、カモノハシが云った。

発話が出来なくなった伝吉は、大きく頷いた。

翌月の例会に合わせて、伝吉とカモノハシは、聴覚障がい者様御一行の消防署見学ツアーを企画した。

案の定、サゴジョー一家が横槍を入れてきた。

「セーカター（そんなのは）、ナーもならん（何にもならない）」

幹部会で、例会出席の報告を伝吉がしていると、サゴジョーが遮った。

「大体、聴覚障がい者のことは、市の福祉がすること。消防が、シャシャリ出ることはいらん」

「ソーですタイ。たださえ仕事が多かとい、聴覚障がい者の世話《シェワ》やら、ジェッタイ出来まっシェン」

ハッカイが追従《ついしょう》する。

（テメーらに、世話を頼んでいるんじゃねェーんだよ。こっちがひとりでやってやらー。デェーチ、テメーらが関わって好かったタメシがねぇ。業者云いなりの物品調達、仕様書無視の納期優先、懸案事項の先送りなど、挙げりゃー、キリがねぇ。……仕事が多い。笑わせるんじゃねぇ。喫煙室でタバコ吹かして、愚にもつかねぇことを喋って、昼飯喰って、それから白河夜船。これで、「仕事が多い」

たぁ、開いた口が**福生の嘉泉**。「何処っかにないか、ＮＥＸＴ　ＪＯＢ」、今日も一日これで**尾張の九平次**。幹部の仕事は、**徳利八女の繁枡大吟醸**ときたモンだ）

伝吉、『白波五人男』・「名乗りの連ね」よろしく、胆《はら》の中で啖呵を切る。

「……この未曾有の不況の中、税収の落ち込みと、高齢化社会への駆け上がりが、消防行政を複雑かつ困難なものにしている昨今。幹部であるみなさんの、昼夜を分かたぬ刻苦精励により……」

会議室の上座に座る消防長が、徐《おもむろ》に口を開いた。彼は、元本庁の秘書課長。市長の挨拶文作成が、彼の仕事だった。

「……私も、消防に来て1年を過ぎ、消防の仕事、幹部のみなさんのご労苦の一端が分かるようになりました。」

サゴジョー、満足気に頷く。

「……どうでしょう、ここは、ひとつ予防課長の提案を受け入れようではありませんか。確かに福祉は、本庁の仕事です。しかし、火災や救急など有事の福祉は、消防も大いに関係があります。それどころか、危機対応のプロである消防に、本庁はお願いするしかないのです。本庁と違い、消防は、24時間３６５日、スタン・バイ出来ています。このような現況を鑑みれば、消防が福祉行政の一端を担うことに、市民に何の異存がありましょうや。しかのみならず、市長が仄聞しますと、必ずや消防の評価が、雲上高くなること必至です。よって、大所かつ高所のご見地を仰ぎつつ……」

いつものように、ＴＯＰの話は、永遠の〝メビウス〟の輪である。サゴジョー一家は、ウンザリし、伝吉は欠伸を噛み殺しつつ、白眼を剥くことになる。その結果、何だかわけが分からないまま、聴覚障がい者の消防署見学は、可となった。

見学当日、集合時間の19時には、会員みんなが消防署の会議室に集まった。まず、伝吉は、自分の消防署の紹介ＤＶＤを鑑《み》せた。音声は、トキちゃんが通訳し、消防車、救急車のサイレンなどは、要約筆記で映し出した。

消防車が走る時には、「ウー、ウー、ウー」と、救急車が走る時には、「ピーポー、ピーポー、ピーポー」と文字で音を表す。

「何か妙な気分バイ。サイレンば、字にしたら」

誰に云うともなく、カモノハシが洩らした。

伝吉も同感だった。しかし、彼らにとって音は、字であり、見るものなのだ。

ＤＶＤの後、伝吉とカモノハシは、庁舎、車両を見せた。殆どの者が、初めての消防署訪問だった。

指令管制センターでは、１１９番・緊急通報受信から出動までを説明し、発信地表示、位置表示システムの動作を見せた。みんなは、驚嘆の色を隠せない。

その時、会員のひとりが手を挙げた。

「指令管制センターは、最上階の3階にあるけど、地震とかテロとか戦争とかを考えているのか？」

と云う質問だった。指令管制センターは、消防の頭脳。それが、こんなに無防備でいいのか。シェルター構造、または地下に設けるべきじゃないのか。

「頭脳が剥き出しなのが、とても不思議だ」

手話、身振り、表情を最大活用して、伝吉に問うた。

伝吉は、衝撃を受けた。こんな発想は、当の消防にはまったくなかった。少なくとも伝吉の本部では。地震対策については、それなりに考えているものの、設置階を替えるなどは、考えたこともない。

現状では、指令管制センターに通報することがない人からの指摘が、伝吉の、消防の虚を衝いた。

……云われてみれば、どこの本部も、指令管制センターを、上層階に造りたがる。現場を目視するためか。そんなこと出来る訳はないのに……。

消防車、救急車の見学は、みんなを特に喜ばせた。はしご車の大きさ、タンク車の重厚さ、救急車の内部設備、どれもが彼らに驚きと安心感を与えずにはおかなかった。

あなたを守る消防車

　みんな、車体を愛しむように撫で回した。もしもの時は、この車両が守ってくれるのだ、と云わんばかりに。

「こんな機会を作って頂いて、本当にありがとうございました。みんなとても喜んでいます」

　トキちゃんが、満面に喜色を浮かべている。

「でも、大変だったでしょ、内部調整？」

「『大変だった』って云うもんじゃないよ、トキちゃん。相手はサゴジョー一家って云って、人間じゃないんだから。ヨウカイだよ、妖怪」

　と、心中で云い捲くり、

「いや、それほどでも……」

　と、伝吉は口にした。

「私、分かってるんです。課長さんのご苦労。施設見学をあちこちに頼んだことがあるんで、知ってるんです。前例のないことは、みんな嫌がります。特に官公庁は。正直云って、『消防署見学、ダメになるんじゃないかな』って思ってました。……本当に、本当に、ありがとうございました」

トキちゃんの眼が光った。

向こうでは、はしご車をバックに、カバズラ君とカモノハシが肩を組んで、写真に納まっている。

見学が終わり、伝吉とカモノハシは、みんなから握手を求められた。春近い弥生でも、夜は冬の寒さ。みんな、白い息を吐きながらも、興奮冷めやらぬ風で、いつまでも帰途に着かなかった。

5
話せるカード「SOSカード」

消防署見学実施で、トキちゃん、カバズラ君たちの信頼を得た伝吉とカモノハシは、定期的に例会に出席するようになった。本部も、それを公務として扱った。

初夏のある日、トキちゃんとカバズラ君が、伝吉を訪ねてきた。伝吉は、ふたりを会議室に招き入れた。

「すみません、お仕事中に。次の例会まで待てなかったもので。……それから、これみなさんで」

と、トキちゃんは、手土産を差し出した。

すると、カバズラ君もカバコウジの大きな袋を、テーブルの上に置き、「どうぞ」の仕草をした。

伝吉と彼らは、折ある毎《ごと》に、聴覚障がい者と救急隊員とのコミュニケーション・ツールについて話し合っていた。そして、病気の種別、痛みの部位、痛みの度合いなどをイラストにして、カードに描き、それを指で差すのが、好《よ》いんじゃないか、という結論になっていた。

「ちょうど好いイラストがあったんです」

トキちゃんは、意気込んで云った。

カバズラ君が、バッグからタブロイド版の新聞を取り出し、伝吉の前に拡げた。その右上に〈日本聴力障がい新聞〕と、タイトルが打たれていた。

カバズラ君がページを捲ってくれた。次のページに現れたのは、伝吉、トキちゃんたちが求めていたものだった。

「バッチリでしょ、これ！」

何時になく、トキちゃん、ハイ・トーン。

「定期購読してるんですけど、今日たまたま読んでいたら、これが掲載《の》っていたんです」

そこには、頭、顔、胸、背中、腹部など体の部位のイラストと、その横に痛みの程度を、〔痛くない〕、〔痛い〕、〔とても痛い〕の3段階に分けたイラストが描かれていた。それぞれを指で差せば、患者の状態が分かる仕組みだ。

〝至誠通天〟〝玉誠通神〟〝よかバイ通信〟とはこのことだ。

そこに、中間検査から戻って来たカモノハシが、這入って来た。

「久し振りやね、トキちゃん。元気やった（元気だった）？」

トキちゃんしか眼中にないカモノハシ、彼女の肩が触れんばかりの横に座る。反対側に座るカバズラ君が、カモノハシの肩を叩き、挨拶する。

「おや、カバズラ君。顔の小さかケン、イッチョン見えんやった。ケケケ……」

このイラストは、〔日本聴覚障がい者建築協会〕が開発したものだった。イラストというよりも、〔誘導灯〕のイラスト、ピクトグラフだ。

「〝蛇の道は蛇〟じゃないけど、建築協会の了解は、もう取っています」

トキちゃんは、胸を張る。

ここで、カバズラ君が、意見を述べだした。トキちゃんが通訳する。

「このイラストをカードにして、ここの救急車に積んで、ぼくたち、聴覚障がい者が要請した時に使う。これは、すぐ出来ると思います。でも、それだけじゃ充分じゃない。日本全部の救急車に積んでもらいたいし、同じように、このカードを日本全部の病院、駅、港、空港、市役所などの官公庁に置いてもらいたいんです」

想いは、良く分かる。しかし、それを行うには、人と時間と、それと何よりお金がない。伝吉は、

現場で使う「ＳＯＳカード」

カバズラ君を諄々と説いた。

まずは、伝吉の消防署で実証実験をすることに落ち着いた。カードは、**「ＳＯＳカード」**と命名した。時に、平成18年の夏のことだった。

Ａ４判のカラープリント４枚で、それをラミネート加工した。出来上がりは、上々だった。救急車に積む時、サゴジョー一家の代貸し・ハッカイ警備課長が、積む場所がない、と愚にも付かぬ抵抗をした。サンバイザーに挟めば、事足りるのに。救急隊は、すんなりと受け入れてくれ、話しの発端になった救命士は、とても喜んだ。

「ＳＯＳカード」は、地元の新聞にも取り上げられ、コミュニティー・テレビも取材に来た。**「ＳＯ**

Sカード」が、すぐに役立つ機会が来るとは思っていなかったが、備えることに意義がある、と伝吉は考えていた。

新聞、テレビで「SOSカード」を知った消防本部、市役所、病院などから、サンプル要請が相次いだ。その都度、伝吉、トキちゃん、カバズラ君、カモノハシの４人は、休みを返上して消防署や聴覚障がい者協会事務所に集まり、カード作りに励んだ。作った数は、２００セットにも上った。

トキちゃんとカバズラ君は、各地で催される聴覚障がい者の集会で、「SOSカード」のデモンストレーションをして廻った。お蔭で、限られた範囲ではあったが、「SOSカード」は、その認知度を高めて行った。

年が替わった４月、カモノハシが伝吉に１枚の文書を差し出した。「消防機器の改良及び開発並びに消防に関する論文の作品募集について（通知）」と、表題が恐ろしく長い。

「セーナコター（そんなことは）、ドゲンデンヨカケン（どうでもいいから）、カチョー、これい（これに）応募しまっしょう、「SOSカード」で」

カバズラ君の、全国配布、全国利用に繋がるかも知れない、伝吉は思った。

応募に当たって、伝吉たちは、「SOSカード」を再考した。

・外国人の利用も考えた、ピクトグラフ（イラスト）のユニバーサル・デザイン化
・前出の伴うコメントの多言語化
・漢字よりひらがな、平易な表現の多用
・選択肢の最少化

・差し出す方向に配意したレイアウト
・ジェンダー別（男女別）のイラスト
・利便、堅牢、安価の追求
・冊子化を見込んだ編集

このようなことに留意して、ブラッシュ・アップした改訂版**「SOSカード」**を全国消防協会に送った。タイトルは、「聴覚障がい者用指差カード**（SOSカード）**の開発について」とした。

平成19年5月のことだった。

実はこの時、伝吉は、予防課長の任を解かれて、指令課長に転出していた。予防課長の在任期間は、僅かに2年。条例、規則、規程、要綱、永年放置されていたものの改廃、制定が端緒に着いたばかりであった。

管理職の異動は、通常3年間はない。「課長が、あんまりワアワア云うケン、異動《とば》されたでしょうが、サゴジョーに」

先のメビウス消防長は、本庁に戻り、新たな消防長が、クリーン・パーク（焼却場）から着任していた。

「――今までは、燃やすのが仕事だったのですが、これからは、消すのが仕事になりまして、大いに戸惑っております。――かのプロメテウスから貰った火。この火で、人類は文明を育んで来た。その火を消すのが私の仕事とは、人類70億人を敵に回すことになりはしないかと、懊悩を重ねて、“Oh, No”――」

全身氷柱《つらら》になりそうな着任挨拶を聴きながら、

「こっちこそ、『オー・ノー』だ」

と、伝吉は天を仰いだ。今度も変わっている。フツーの消防長はいないのか、フツーの。並でいい。特盛などは、注文んでない。本庁に帰ったメビウス消防長といい、今度のプロメテウス消防長といい、ホンナゴトイ（本当に）、もう……。

この機に、サゴジョーは、チャッカリ次長に昇任・昇格していた。しかし、聴覚障がい者の事務は、メビウス消防長に云い含めていたので、伝吉とカモノハシの特命事項になっており、それから伝吉たちを外すことは出来なかった。

「ヨカカ（いいか）、これからの予防事務は、ＯＡ事務になる。紙からパソコン、ボールペンからキー・ボードぞ。使いもシェン（しない）台帳ば、後生大事に持っとくやら、愚の骨頂タイ。確認申請、図面、危険物施設許可・変更申請、消防用設備設置・変更、予防査察、違反処理、その他諸々、ジェーンブＯＡ処理、データ保存になる。総て業務をシステムが管理する。

「いつ、どこで、だれが、なぜ、なにを、ドゲンしたか、がデータとして管理される。データ管理やケン、必要な時に、瞬時に確認できる。台帳のあるとこまで行くやら、ナンシェンスタイ。データ管理しときゃ、本部間の照会、消防庁への報告やらスムーズぃ出来る。電卓叩いての統計報告やらノーナル（なくなる）。

「今度の課長は、人は好かバッテガ、仕事はしきラン（出来ない）。おまえが、予防課長ぃなったつもりで切り盛りするとぞ。いの一番にするとは、ＯＡ化に合わせた、条例から要綱までの整備。雑魚がなんと云おうと気にスンナ。仕事は、組織のためぃするっちゃナカとぞ、まして上司《うえ》のためでもナカ。仕事は、住民のためぃするとぞ。上向いて仕事ばしたらいかん、下向いてするとぞ。これば、ジェッタイ忘れるな」

伝吉は、予防課を離れる際、確《しか》とカモノハシに申し伝えた。

５月下旬、全国消防協会から連絡があった。多数の応募の中から、「聴覚障がい者用指差カード**（ＳＯＳカード）**の開発について」が、秀賞の栄誉に輝いたのだ。伝吉、トキちゃん、カバズラ君、そしてカモノハシの４人は、ひっそりと祝杯を挙げた。

6

♪俺の、俺の話を聞けぇ～

……あれからもう5年か。伝吉は、流れ行く雲を見た。サゴジョーもハッカイも退職した。次は、おれだ。

……妙に静かだ。さっきまで、バド・スタイルのアジアン・ガールがどうのこうの云ってた3人、ゾウガメ、イボイノシシ、それに〝吠えザル〟と呼びたいようなテングザル、奴らの声がしない。みんな、おれの話に聴き入っているのか、伝吉は、笑みを湛えて振り返った。が、予想に反して、3人は、テーブルに突っ伏し、爆眠。アジアン・ガールのスナックで、楽しんでいる夢でも見ているんだろう。伝吉は、椅子に座り、慈愛の目で、眠り虚仮《こけ》ける3人を眺める。慈母観音になったつもり。

来たくて、来たんじゃない指令課。おれもそうだが、こいつらもそうだ。指令課は、『陽のあたる坂道』にはない。少なくとも、伝吉の本部では。『斜陽』といったところか。斜陽族だった伝吉たちが、〔消防救急デジタル無線実証実験〕で、いきなり太陽族になった。日向に無理やり引き摺り出されたモグラように、右往左往する日がここ2年ばかり続いたのだ。

♪さあ、眠りなさい　疲れ切った体を投げ出して……『聖母たちのララバイ』が、遠くで聴こえる……

♪青いそのまぶたをそっと唇でふさぎましょう……

トキちゃんが、近づいて来る。唇が迫る。嗚呼、生きてて好かった。親子以上の歳の差のあるトキちゃんとブッチュー出来るなんて。まぶたじゃなくて、ココ、ココにして。伝吉、唇を尖らせる……。

「ブ熱ッチーッ！」

伝吉、慌てて跳び起きる。見ると、イボイノシシがコーヒーカップを、唇にくっつけているではないか。

聖母《マドンナ》伝吉のララバイ《子守歌》

「『ココ、ココ』云《ゆ》ーて、口ば尖《とん》がらせんしゃーケン……」

イボイノシシは、弁解した。ゾウガメ、テングザルは、腹を抱えて笑っている。伝吉が寝入ると同時に、彼らは目を覚まし、コーヒーを淹れた。事情を云うわけにはいかないので、伝吉は、ブスッとしてコーヒーを飲んだ。唇がヒリヒリする。〝**KISS OF FIRE**〟やな、トキちゃんとは（のは）。伝吉、ニタリと目尻を下げる。

「さあ、これからが本題タイ。あの**「SOSカード」**。この前会《お》ーた、トキちゃん、カバヅラ君、それと今の予防課長のカモノハシとおれの4人で、アーでもない、コーでもないって云いながらの労作。おまえたちは、その苦労の微塵も知ランメーガ（知らないだろうが）」

「**「SOSカード」**は、カードから冊子になったろ？　東京版もあるちゃろ（あるんだろ）？」

テングザルが、みんなを見た。

そのとおり、と伝吉は頷いた。実は東京版が、東京都聴覚障がい者連盟、日本聴覚障がい者建築協会などの活動により作成されていた。コンテンツは、カバヅラ版（伝吉たちが作成したもの）とほとんど同じだが、カバヅラ版の外国語が、英語、中国語、韓国語、スペイン語だったのに対し、東京版は、それにフランス語、ドイツ語、ロシア語などを加え、ワールド・シティ仕様としていた。

これらの**「SOSカード」**は、北海道から沖縄まで、約1、000施設に配布（無料）・設置されていた。作成費は、寄付、公的機関の援助等で賄った。

「実はクサ（接尾語の「〜ね」にあたる）、**「SOSカード」**の啓発DVDも作ったとぞ。トキちゃんとカバヅラ君が出演して、脚本は、文学部出身のおれが書いた」

伝吉の鼻が伸びる。もっとも、普段が異様に低いので、これで普通。

3係長、「へぇー」っとした顔。何かと、他人のことを論《あげつら》うことが好きな消防署。DVD作成は、秘密裡にやった。資金は、トキちゃんの会社とカバヅラ君の伝手《つて》から調達した。最初、資金は、大手企業の寄付を目論んでいた。聴覚障がい者の生活支援、この御旗の下、調達は容易である、と思っていた。

ところが、彼らはそんなに甘くなかった。寄付先、寄付金の一覧を、伝吉たちに示し、異口同音に、

「弊社としましても、聴覚障がい者のみなさまをご支援したいのは、山々なんですが、現在のよう

な不況下では、残念ながら、これ以上の寄付が出来ないのが実情です」

と、慇懃な言葉を使いながらも、冷厳に断った。

地元で最大と看做《みな》される企業で、ケンモホロロに断られ、頭に血が上ったカバヅラ君が、

「あなたの会社では、障がい者を何人雇ってますか？　人数を教えてください」

と、担当者に迫ったこともあった。

「SOSカード」を取り上げてくれた新聞社が、寄付集めの記事を、カバヅラ君とトキちゃん中心に載せてくれたが、反応はなかった。それで、トキちゃんが、自分の会社に交渉し、カバヅラ君が、知人、縁故を総動員したわけだ。


　伝吉は、旧知のメディア会社社長に、窮状を話して援助を仰いだ。その結果、撮影1日。キャメラは、社長自らが回し、チョイ役と照明は、カモノハシがす

トキちゃんとカバヅラ君の演技が光る、「ＳＯＳカード」啓発ＤＶＤの一場面

ることになった。撮影は、幹部や日勤者がいない日曜日。作品は、コミカル仕立て。

階段を登っているカバヅラ君。足取りが重い。横を、若い女性が駆け上がる。その元気を羨むカバヅラ君。

とその時、心臓の痛みが、急にカバヅラ君を襲う。踊り場に倒れるカバヅラ君。

そこに、救急救命士に扮したトキちゃん、ポップで登場。カバヅラ君に駆け寄り、

「このままでは、死んじゃうわよ。携帯で早く１１９番しなさい」

と、手話で助言する。

カバヅラ君、起き上がり、

「だって、ぼく、話せないよ」

と、手話で応える（ふたりの遣り取りは、字幕で書き出される）。

「大丈夫。ＧＰＳ付きの携帯だったら大体の位置がわかるのよ」

と、発信位置表示システムの説明をする。

納得したカバヅラ君、１・１・９と押す。

場面は変わり、会議室に作った撮影用の指令管制センター。無音の１１９番・緊急通報が入電。指令員（伝吉扮す）、再三呼び掛けるが、応答なし。すぐに係長（カモノハシ扮す）に報告。

「チョーカクショーガイシャかも知れない。キューキューシャとショウボウ同時しつろぉー」

恐るべき棒読み、「出動」を「しつろぉー」と云うカモノハシが、下命する。救急車、消防車出動。

場面転換。踊り場。カバヅラ君、これでひと安心と、横になろうとする。

「救急隊員にどうやって、あなたの思いを伝えるの？」

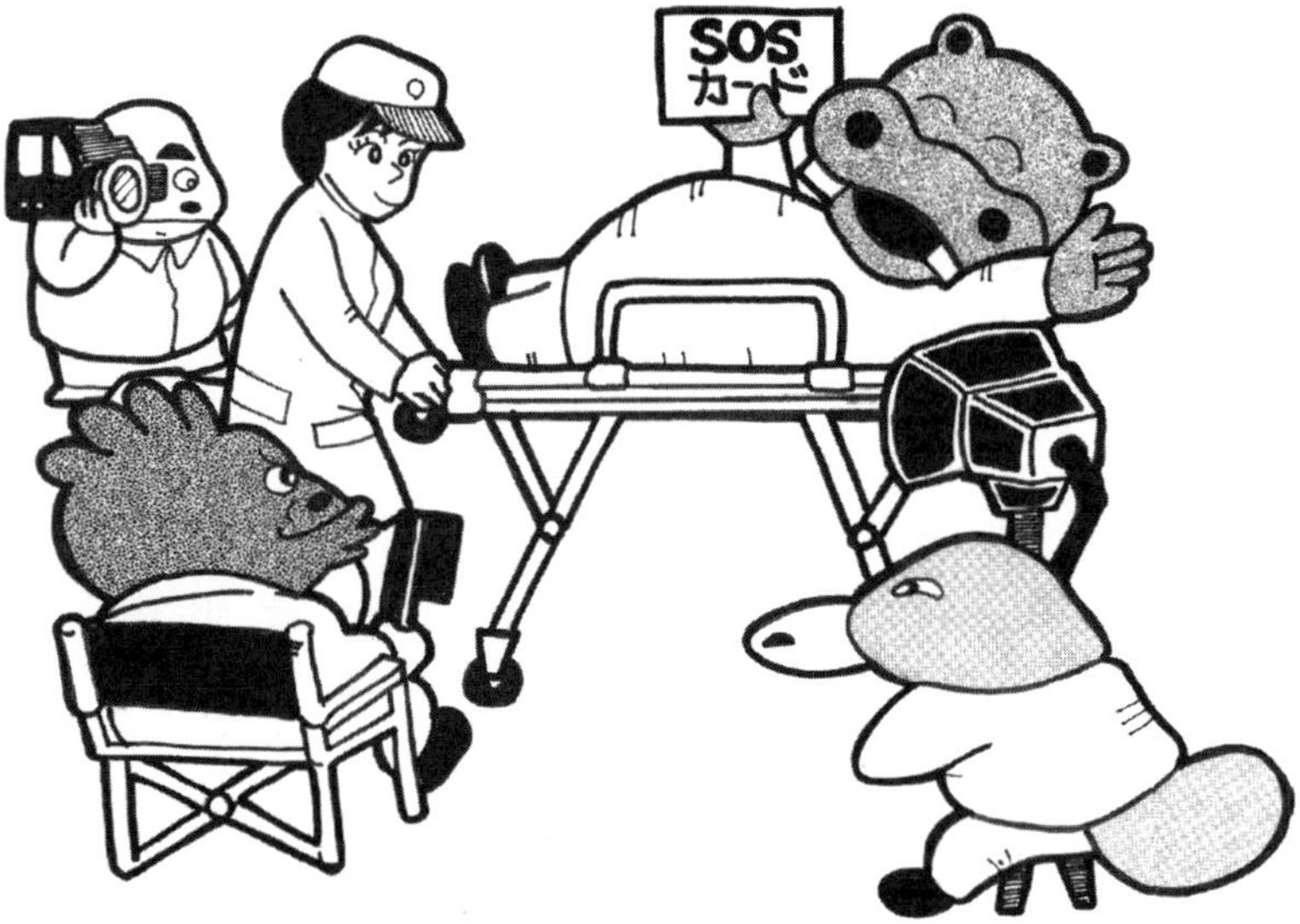

「SOSカード」のDVD化

トキちゃん、カバヅラ君を押し止める。

「困ったなー」と、カバヅラ君、腕を組む。

「そこで使えるのが、この**「SOSカード」**」

と、トキちゃん、カメラに向かって**「SOSカード」**の説明を始める。こんな良いモノがあったのか、とカバヅラ君、納得。

そこに、救急隊、消防隊が到着。カバヅラ君、ストレッチャーに乗せられる。

正に搬送されようとする時、カバヅラ君、ガバッと起き上がり、この**「SOSカード」**は、日本語を話せない外国人にも大いに役立つ、と手話でコメントする。

それを見ていたトキちゃんは、カバヅラ君をストレッチャーに押さえつけ、

「あなたは、患者でしょッ！　ジッとしていなさい！」

と注意し、ストレッチャーを押して行く。

カバヅラ君、寝かされたまま、Vサインを出し、画面から消える。

放映時間は、多寡《たか》だか10分足らずのものだったが、朝の9時から、夕方6時までかかった。

「相変わらずカチョーは、〝猪突猛進〟〝自己専決〟〝唯我独尊〟やね」

テングザルが、呆気の上に憐憫をパラパラと降り掛けたような口調で云った。

資金不足で、コピーなしのマザーＤＶＤ１枚だけ。コピーは、自分たちでやり、２００枚作った。関係機関の好評を得て、コピーは瞬く間になくなった。

トキちゃんとカバヅラ君は、このＤＶＤと「SOSカード」を持って、県、市町村などの行政機関を回り、「必要としている人が、たくさんいる」ということで、これらの作成の予算化を依頼した。行ける時は、伝吉もカモノハシも同行した。半年近く活動をしたが、結果は徒労に終わった。

「ソヤケン（それだから）、カチョーは、「SOSカード」ば、今度の消救無線のデジタル化い（に）合わせて、何とかコラボさせろーと考えとっちゃね」

ゾウガメが腕を組み、何度も頷いた。

「カチョーの意図は、分かったバッテガ、この仕事は、おれたちの手に負えるようなモンじゃナカモン」

イボイノシシが、嘆息する。

確かにその通りだ。伝吉が考える聴覚障がい者仕様の通信端末で１１９番・緊急通報をすると、

・ＧＰＳで発信位置を消防が捕捉するとともに、そのカメラ機能で状況を消防に伝送出来る。

・通信端末には、「SOSカード」のアプリケーションが搭載されており、通報者が開いた「SOSカード」のページ（患部、痛みの度合い、既往症など）が、消防にも同時に伝送され、発話に

拠らず容態を伝えることが出来る。
・消防が１１９番・緊急通報を受領すると、通報者は、救急車、消防車が出動した旨の消防からの返信を受信することが出来る。
・地震などの災害時、倒壊家屋の下敷きになったりして、通信端末の操作が不可能になった時は、その通信端末自体がＳＯＳ音波を発信し、救助を求めることが出来る。

「カチョーの考えるシステム造るにゃ、ＩＴ《アイテー》のオーソリチーのいるバイ」

テングザル、虚空を睨む。

7 A GOOD TIMIN'

♪オ、ユーニーズ、タイミン、ア、ティカ、ティカ、ティカ、グーウ、タイミン、タガ、タガ、タガ、
タガ、この世で一番かんじんなーのは、ステキなタイミング、チュッチュ、チュチュチュチュ……

と、いきなり伝吉が、坂本九バージョンの**『ステキなタイミング』**を唄い出した。ホワイト・ボードのマーカーがマイクだ。振りも付いている。

今は亡き漣健児訳のを唄っているが、耳から覚えた歌詞なので、原訳とは大分違う。3係長、唖然として、ひとり悦に入る伝吉を見つめる。伝吉、構わず唄い続ける。

「……やって来ました、メモリー・オーバー」

と、テングザル、腰を浮かし、逃げにかかる。

「ない頭ば使うケン、コゲンなろーが」

「ソータイ、ソータイ。だいたいイグアナは、〝喰う〟か〝寝る〟しかシェんちゃケン。**「SOSカード」**のアプリ化やら、オーバー・ロードもよかとこヤン。……あらら、耳から煙の出よう」

イボイノシシとゾウガメが、ここぞとばかりに好き勝手なことを云う。そんなことには、〝馬耳東風〟〝糠に釘〟〝蛙の面に小便〟の伝吉、

「おまえたちも唄え」

と、下命。

「触らぬカチョーに祟りなし」、変に逆らって、妙なことになってもいけないので、3人は唄い出した。こういう時、同世代は、何かと都合が好い。

♪オ、ユーニーズ、タイミン、ア、ティカ、ティカ、ティカ、グーゥ、タイミン……

『SOSカード』のアプリ化

一頻《ひとしきり》合唱したところで、伝吉は、知る人ぞ知る「踊るバンマス」事始め**スマイリー・小原**ばりの振りで、曲を終わった。

「何ーんが、メモリー・オーバーのロッキー・ロードか」

伝吉が、テングザルたちを威嚇すると、

「カチョー、ロッキー・ロードじゃナカよ、オーバー・ロード。ロッキー・ロードは、アイスクリーム」

テングザルが、すかさず指摘する。

伝吉、椅子に腰を下ろし、ゆっくりとコーヒーに口をつける。3係長は、伝吉に注目する。伝吉は、カップを置いた。

「〃捨てる神あれば、拾う神あり〃、人生これ〃塞翁が馬〃……」

伝吉、何を思ったか、吟ずるように口を開いた。

「……〝捨てる紙あれば、拾う紙あり〟……？」

イボイノシシ、小声で反芻したものの、いつものピンズレ。〝サイオウガウマ〟に至っては、チンプンカンプン。こっそり、ヤフーを開いて見る。

〔斎王〕という焼き肉屋がhitした。

「カチョーは、この焼き肉屋が旨い、と云いようとかいな（云ってるのかな）……？」

「いろいろ**「SOSカード」**について話したバッテガ、トキちゃん、カバヅラ君とおれたちの活動は、DVD作成で一応終了しとった。次の段階は、さっき云《ゆ》ーた通信端末の作成と思ーとったケン、みんなが云《ゆ》ーごと、個人じゃどうしようもナカ。ここまで出来たら、上出来と、心から思とった。で、トキちゃんたちと打ち上げば計画しよったら、あの東日本大震災が起こった……」

トキちゃんとカバヅラ君は、ボランティアですぐに被災地に入った。カモノハシも緊援隊で、陸路福島に向かった。打ち上げは、立ち消えになった……。

……それから1年後、――もしもし、わたくし○○電気・コンサルティング・イノベーションの研究員・ハダシイタチ（仮名）と申します。早速ですが、課長さんが作られた**「SOSカード」**、弊社では、このカードのアプリ化を考えておりまして、ぜひ一度、お会い願えませんか

――○○電気と云えば、あの○○電気ですか。大企業の？

――大企業かどうか分かりませんが、ええ、あの○○電気です。株価は、〔劇落ちくん〕ですけど。ハハハ……

——ところで、どこで「SOSカード」のことを知られたんですか？

——全国消防協会の「消防機器の改良及び開発——」で、平成19年、秀賞を受賞されたでしょう。それが弊社のデータに残っているんです。今回の震災を受けて、政府の緊急防災対策プロジェクトに聴覚障がい者の支援が盛り込まれまして、弊社も参画することになり、ついては、課長様のお力をお借りしたい、と思っておりまして

研究員・ハダシイタチから電話を受けたのは、この会議のちょうど1週間。ことの経緯を掻い摘んで係長たちに伝えた。

「ほんなことやね（本当のことだね）、カチョー。こらー、ぐっと・たいみんぐバイ」

テングザルが、眼を零れんばかりに見開いて云った。

「カチョー、○○電気って云うたら、従業員ン万人の大企業バイ。おれたち、そこと仕事ばするとね？」

イボイノシシ、歓喜に胴体を打ち震わせる。

「デジタル無線の整備が終わって、ヤレヤレと思いよったら……。カチョー、ちょっと休ませちゃってんシャイ（休ませて下さい）。キツカーもう」

ゾウガメのいつもの泣き。

「まーだ、どーなるかサッパリ分からんとぞ。電話の一本あっただけやなかか。とにかく、ハダシイタチさんに会う。おれとしては、おれたちが考えとー、通信端末の誕生ば願うバッテガ、ことはそう簡単に往かんやろう」

伝吉の憂鬱は続く……

話ながら伝吉は、「SOSカード」に取り組んだトキちゃんとカバヅラ君の直向きさを思い出していた。何の物質的な見返りを求めることなく、彼らは、「SOSカード」の普及に努めた。自分の時間と金銭を費やして。

伝吉は、全国消防協会から貰った「SOSカード」の賞状を、トキちゃんとカバヅラ君に渡していた。彼らこそ受賞に値する、と思ったからだ。

何としても、この好機を生かさなくてはならない、伝吉の眦《まなじり》が上がる。

「――で、来月、○○電気の本社に行くことになった」

「なら、カチョーの鞄持ちで、おれが行こう」

伝吉の話が終わるや否や、テングザルが宣言する。

「セーなこたーあるモンカイ（そんなことはない）」

イボイノシシが意義を唱える。

「あんたー、デジタル無線の時、ズーッと随行しよったやないね。こんだー（今度は）、おれタイ」

「やかましか。消防は年功序列ぞ。〝牛の糞も段々からっ〟て云《ゆ》ーちゃーやなかか。随行は、おれタイ」

「何ーがモンかい。係長は、虎ノ門で酒呑むだけやないね」

テングザルとイボイノシシが罵り合うのをよそに、ゾウガメが伝吉を部屋の隅に連れて行った。

「あげなバカタレふたりに、「SOSカード」のアプリ化やらジェッタイ出来まっシェン。不肖、このゾウガメにお任せあれ。カチョーのご期待に見事副《そ》うて見せます。小生が背負っておりますこの甲羅。伊達や酔狂で背負っているのじゃ御座いマッシェン……」

こんな饒舌なゾウガメを、伝吉は初めて見た。ここ一番という時には、人は変わるものだ。変わったゾウガメ、〝蝦蟇の油売り〟のよう。

「……この甲羅こそ、何を隠そう「SOSカード」であります。形而上的かつ形而下的意味におきまして。身の安全を守るのも、心の平安を守るのもこの甲羅。遠からん者は音に聞け、近くば寄って目にも見よ。ソヤケン、カチョー、わたしほど相応しい随行は、おりまっシェン。何卒、小生をお供に……」

云いながらゾウガメが、そっと伝吉にきちんと四つ折りされた紙片を握らせた。開いて見るとそれは、消防御用達・〔パンジー〕の生ビール一杯無料のチケットだった。ママの写真が載っている。ゾウガメを見ると、遠慮しないで、とばかりに大仰に頷く。目を転じると、机を挟んだ猿猪合戦。

伝吉の憂鬱は続く……

コラム火の巻　老兵は死なず、ただ消え去るのみ

警察は、都道府府県単位なのに、消防は、なぜ市町村単位なんでしょう？

今、このコラムを読んでいるナカムラさん、ニヤリとされましたね。拝命して何年になります？　10年目。じゃあ、消防のことはもう総てお分かりですね。

そうです、『消防組織法』第６条、第７条の規定で、消防は市町村単位で設置されているんですよね。

でも、ナカムラさん、「警察も以前は市町村単位だった」っていうことを知っていました？「エッ」って驚かれていますね。実はそうなんですよ。警察も消防と同じ市町村単位だったんです。

ダグラス・マッカーサーって知っています？　そうそう、戦後の日本を統治したＧＨＱ（連合国軍最高司令官総司令部）の最高司令官ですね。マッカーサーのＧＨＱが警察を市町村単位にしたんです。で、全国に1,600を超える警察本部が出来ました。

終戦までは、警察も消防も国が管理していました。警察が国家警察と云われた時代で、消防はその警察業務の一環でした。官設消防と云われ、東京消防庁も横浜市消防局も大阪市消防局も、大都市消防の前身はみんなこれ。警察・消防は、内務省という中央官庁の管轄でした。……こんなこと知っていました、ナカムラさん？　知らない。知らなくて当然ですよ、70年以上前の話ですから。

小さな国の日本が、大国アメリカ、イギリスなどを相手に戦争を仕掛けることが出来たのか？　これをＧＨＱは考えました。そして、「日本は、纏まると強い」、と一つの結論を出したのです。纏めていたのは、知事を内部から就任させたり、地方行財政、警察などを管理していた内務省。

ＧＨＱは、新生日本を創るために、民主主義、地方自治を提唱しますが、反面、それで纏まる力が、弱くなると見ていたかも知れませんね。一挙両得、一石二鳥、というとこでしょうか。内務省は、昭和27年になくなります。

P.150へ続く

8 開けゴマ！

——もしもし、わたくし○○電気・コンサルティング・イノベーションの研究員・ハダシイタチと申します。早速ですが、課長さんが作られた「SOSカード」、弊社では、このカードのアプリ化を考えておりまして、ぜひ一度お会い願えませんか

この一本の電話が、暗い波濤の先の光明となる。

「○○電気」と云えば、わが国屈指の電機・通信大手。そこから名指しで、伝吉に電話が掛かって来たのだ。それも、「SOSカード」のアプリ化の件で。受話器を握った伝吉の手が汗ばんだ。

——政府の緊急防災対策プロジェクトに聴覚障がい者の支援が盛り込まれ、弊社も参画することになり、ついては、課長様のお力をお借りしたい、と思っておりまして——。

ハダシイタチは、話を続けた。

何と⁉　政府の緊急防災対策プロジェクトに、「SOSカード」が採用されるのか⁉

突然降って湧いた吉報に、伝吉は歓喜のあまり、意識がレベル3になる。

——もしもし、聞こえていますか？

返事が返ってこないので、ハダシイタチが訊いた。

――モヒモヒ、大丈夫です。ちょっと、眩暈《めまい》がしたもので……。ええ、高血圧なんです。上が180で下が120。ハイ、降圧剤は服用《の》んでいます。……どうも、ご心配して頂いて恐縮です。原因は、分かっているんです。部下にテングザル、ゾウガメ、イボイノシシというのがいまして、この3匹……いや3人が私のストレスの元凶なんです。

まあ、それはともかく、**「SOSカード」**のアプリ化ですか。これこそ、正に私が、消防人生の**集大成、最後の一番、本日の打ち止め、**として取り組もうとしていたものです。**ゴッツァンデス！**

気分は、優勝決定戦を制した力士。それも平幕最下位の。

上司、同僚に疎んじられ、陽の当たらない坂を下るのが常だった伝吉に、突如の脚光、スポット・ライト。

分かる人には分かるのだ、**「SOSカード」**の価値と意義。受話器を置いた伝吉の顔は、平幕の身ながら、〝北の怪童〟と異名を取った北の湖の**どうだ顔**だった。

伝吉は、毎度の指令担当係長会議で、コンサルティング・イノベーション研究員・ハダシイタチから持ち掛けられた共同研究の内容を伝えた。

「アプリ化は、〇〇電気がするっちゃね（するんですね）」

ゾウガメが、不安そうに訊く。

「誰ぁーれもおまえにシェれやら（やれとは）云うとらん。分数の足し算もよー出来んモン（者）に、ケーナ（こんな）**Big Issue** ばさせるか。上司の役目は、部下の能力を見抜くことぞ」

「ソータイ、ソータイ。おまえゃー、分母と分子ば足すだけやなかか。通分ば知らんめーが」

傷口に塩を擦り込むように、テングザルが追い討ちを掛ける。伝吉から見たら、ゾウガメもテングザルも五十歩、百歩。それこそ〝猿の尻笑い〟だ。対面に座っているイボイノシシが、ふたりの遣り取りを見てヘラついている。コイツも同類、そして自分も。

情報通信技術・Information and Communication Technology が長足の進歩を遂げている中、自分たちは、時流に乗ることが出来ず……いや、乗ろうとする努力すらしなかった。その結果、職員のみならず、組織のガラパゴス化が進んだ。

――人は、出来ない理由を探すのに長け、出来る方法を見出すことに劣る――誰が云ったか忘れたけど、自分たちに寸分違《たが》わず当て嵌まる言葉だ、と伝吉は思った。

伝吉が中学生のころ、アメリカのＴＶドラマがたくさん放映されていた。『ローハイド』、『ララミー牧場』、『ルート66』、『サンセット77』、『コンバット』、『拳銃無宿（原題・“Wanted! Dead or Alive”がこうなる。正に名人芸のネーミング）』などなど、今では想像できないほどの数だった。

中でも、伝吉お気に入りだったのは、『００１１ナポレオン・ソロ（原題・“The Man from U.N.C.L.E.”）』。劇中、いろいろなスパイ・グッズが登場する。ワルサーＰ38（これが何だか分からない人？　……昭和も遠くなりにけり）アンクル・スペシャル、ドアが羽のように上方に開くアンクル・カー、そして主人公ソロが、同僚クリヤキンとの通信連絡に使うボールペン型の無線機。上のノックがアンテナ。専用衛星回線で交信が行われ、アナログ方式なのかノイズが入っていた。

これを見た時、丸刈り頭、ニキビ面の伝吉は、驚愕した。「アメリカは凄い」、と思った。あんなので国を跨いだ通信が出来るなんて。

細部が妙にリアリティーに富んだドラマだったのと、彼生来の単純さが絡み合って、ボールペン型の無線機は存在する、と伝吉は確信するに至った。当時は、まだ〔ソビエト連邦共和国〕という国があった。

携帯電話を手にする時、思わず、「オープン、チャンネルＤ」と云いそうになる（筆者注・ボールペン型の無線機は、こう云って送受信が開始された。１波単信と思えたが、２波複信のような交信状況だった）。伝吉にとって携帯電話は、夢のアンクル・グッズ、ボールペン型の無線機なのだ。憧れたアンクル・エージェントの無線機を、周りのみんなが持っているなんて、こんな時代が来るとは夢想だにしなかった。まして、パソコン機能を持ったスマートフォンは、神器に匹敵する、と伝吉は心密かに思っている。

オープン、チャンネルＤ！

ドラマの世界にしか存在し得なかったことが、現代では、日常のことであり、情報通信技術の革新は、止《とど》まることを知らない。予防であれ警防であれ、総ての消防行政において、情報・Information と通信・Communication は不可欠なのに、そのことを当の消防自体が認識していなかった。

パソコンで統計業務を、と提案する先進的な職員を、贅沢だと批判し、算盤、電卓、「正の字」でやらせ続けた組織。結果、伝吉たちのように、通信・指令担当でありながら、ＩＴ音痴、ＩＴ恐怖症を生むことになった。国策が、「ＩＴ国家樹立」と謳われているこの時代に。……まあ、多少彼らの資質も関係しているが……。

「おれたち4人が、ドゲン（どんなに）逆立ちしたっちゃ、**「SOSカード」**のアプリ化やら出来んことは、おれでも分かる」

この伝吉の言葉に、テングザル、イボイノシシそしてゾウガメ、大きく頷く。

「ハダシイタチさんも、それは充分知とんしゃーケン、心配シェンでよか」

「よかったバイ。また、カチョーのことやケン、『アプリ化は、私たちがやります』やら、身のほど知らずい云うたっちゃなかろーかって、心配しよたっタイ」

コーヒー飲みながら、テングザルが、訳知り顔をする。

「簡単にアプリ化や云《ゆ》うバッテガ、時間もかかるろーし、金もかかろー」

直接には関係しないとは云え、心配げなゾウガメ。

「セーなことは、あるモンかい。○○電気て云うたら、大企業バイ。ＳＥやらＰＧが佃煮にしてよかぐらいおるクサ。あっと云う間ぃ出来るちゃないと、**「SOSカード」**のアプリ」

救助畑出身のイボイノシシ、発想も筋肉的。情緒的モイスチャーなんて皆無だ。

「アプリ、アプリって簡単に云ーようバッテガ、アプリば説明してんヤイ」

伝吉は、イボイノシシに質問した。

「……アプリちゃ……パソコン会社の〈アップル〉の作ったソフトのことでっでょうモン、アップリやケン……？」

イボイノシシが、何時になく自信無げに答える。

「イボちゃん、そら間違《まちご》うとう」

テングザルが、素早く指摘した。

「アプリじゃないとバイ。正式には、エプリ。エ、プ、リ」

ゆっくり、区切りながら、ルー・大柴のような甘ったるい発音をするテング・モンキー。

「エプリは、〝Everybody・えぷりぼでい〟のこっタイ。みんなが使えるソフトの意味で、エプリって云うタイ」

へーっと、ゾウガメが感心する。

何を戯《たわ》けたことを。伝吉の口が〝への字〟になる。第一、発音が違う。何が「えぷりぼでい」だ。「エブリバディ」だろうが。駅弁と云えど、英文科出身の伝吉、こと英語に関しては、3人に勝る。

……みんなが使えるソフト……、相変わらずのC調ザルめ。

「エプリは、分かった。なら、ソフトって何や？」

伝吉は、アンビリーバボー・ビッグ・ノーズ・マンキーに訊いた。

「英文科出のカチョーにゃ、〝釈迦に念仏〟――それを云うなら『釈迦に説法』だろうが――おれ《サル》に木登り（これは正解）バッテガ、ソフトの反対は？　はい、oneを『おね』と読むゾウガメ君、答えて下さい」

「……ハード……やろ？」

ゾウガメ、イボイノシシに同意を求める。

……〔ドコモ〕かいな（だろうか）、イボイノシシがモゴモゴ呟く。ソフトはソフトでも、どうも、〔ソフトバンク〕の反対を考えているらしい。

「そう、ハード。意味は、『難しい』。ソヤケン、『ソフト』は、『簡単』タイ。で、最初に戻って、カチョーの訊いたアプリとは、パソコンの〝誰でも使える簡単機能〟ということいなる。ねー、正解《シェーかい》やろ？」

〝墨と雪〟〝猫と虎〟〝カラス天狗とテングザル〟ほど違っているが、無下には否定出来ない説得力を持っている。

「まあ、お前の説は、取り敢えず〔最小化〕しといてと……」

伝吉は、居並ぶ3係長に、アプリすなわちアプリケーション・ソフトウェアの説明をし始めた。

聴きながら3人は、「ハー」、「ヘー」、「ホー」を繰り返し、時おり、常にテンション上がりっ放しのテングザルが、「なっ、何とッ！」と、時代錯誤の感嘆詞を吐いた。「そりゃ、真実《まこと》で御座るか、伝吉殿」と問うような、海老蔵紛《まが》いのニラミを利かせて。

「――ソヤケン、アプリだけで動くことはなかとぞ。アプリば動かすにゃ、ＯＳ（Operating System）のいる。云《ゆ》ーてみりゃ、ＯＳはアプリば開く鍵やな。ＯＳによっちゃ、開かんアプリもある」

「……ＯＳちゃ、開けゴマ！　やね、『ネコババ（？）と四十人の盗賊』の」

ゾウガメが、ボソリと呟いた。

「ソー、ソー、ソータイ。よかこと云ーバイ、ゾウガメちゃんは。ＯＳは、呪文のようなモンタイ。

消防は江戸時代？

ねえ、カチョー」

　テングザルが同調。

「……〝山〟と云や〝川〟、〝丁〟と云や〝半〟、〝アオタン〟と云や〝アカタン〟、〝牛〟と云や〝馬〟、有楽町で会いま……」

「こら、待たんか。そら〝合言葉〟ばやナカカ（ないか）。おれが云ーよーたー、〝呪文〟ぞ」

　テングザルが、大きく的を外したイボイノシシの発言を正す。

「〝アブラカダブラ〟、〝ビビディ・バビディ・ブー〟、ケーなとが呪文タイ」

　テングザルが、教え諭す。

「あー、そーか。〝六根清浄〟〝摩訶般若波羅蜜多〟〝ナンマイダブ（南無阿弥陀仏）、ナンマイダブ〟やね」

　イボイノシシ、納得の表情。

「……」

　テングザル、憮然とした表情。

9 通信村・SHIBAHAMA

伝吉たちは、浜松町でモノレールから、外回り・山手線に乗り換えた。

「カチョーは、東京詳しかですね」

伝吉から、１３０円の切符を買って貰ったカモノハシが、世辞を云う。

「消防庁の仕事で、こンところよー東京に来とうケンな」

伝吉の消防本部は、消防庁の消防救急デジタル無線実証実験対象本部なので、何かと消防庁からお呼びが掛る。

やや鼻が高くなった伝吉、褒められて悪い気はしない。カモノハシをお供にして好かったと、心中満足した。グリーン・ラインが流れる車両のドアが、空気音とともに開いた。

誰を随行にするかで大いに揉めた。テングザル、イボイノシシ、ゾウガメ、みんな猛烈なアピールを仕掛けた。普段は、〝独断専行〟〝猪突猛進〟〝送信only・no受信〟の伝吉に、ウンザリしている３人だったが、東京出張になると話は別。

最年長——と云っても、同年齢の他のふたりと2歳しか違わない——のテングザルは、年功序列を訴え、消防大学の救助課程に行った経験があるイボイノシシは、３係長の中で自分が一番東京通だと主張――が、ご存知の通り、消防大学は、東京都下・調布市深大寺にあるので、イボイノシシは、三鷹、吉祥寺辺りを、週末ウロウロしただけ――し、ゾウガメは、消防界初のデジタル無線事業（拙書・**『消防救急デジタル無線とはなんだ』**に詳述）の心労で難聴気味になった自分こそ、この事業《とりくみ》に相応しい随行だ、と云い張った。

「分かった。お前たちの云いたいこたー、よー分かった。バッテン、今回は、カモノハシば、随っ行れて行く。みんなも知とーごと、この事業の切っ掛けは、**「SOSカード」**。その**「SOSカード」**の誕生に係わっタター（のは）、カモノハシやろうが（だろうが）」

「……カモノハシねぇ。バッテ、あらー（あいつは）、口の大き過ぎて、喋りよーことがイッチョン（ひとつも）分からんですよ。ロレロレ云ーて。眼は、胡麻ンごとして、何処ば見ようか、イッチョン（全然）分からんし。大手通信メーカーとの重要会議に全然《ジェンジェン》マッチシェン風貌ばしとります。だいち、あのモアイ顔は、会議室の入口に入りきランメー（入らないだろう）」

テングザルが、ひとくさり苦言を呈する。

「デジタル無線のことやら、何《な》ーも知ランですよ、あいつは。おれたちのごと（ように）、デジプロ（デジタルのプロを意味するのか？）やナカッチャケン」

デジプロとは、恐れ入った。今でも、アナログとデジタルの違いが分からないくせに。自分のことは棚に上げた、イボイノシシの発言。

「カチョー、カモノハシは、指導係長で予防課の所属やなかですか。指令課長が、カモノハシば連れて行くやら云ーたら、また揉める元ですバイ。ただでさえデジタル無線の切り替えで、指令課は目の仇ぃされトッチャケン」

伝吉は、デジタル無線への切り替えの時、職員の要望を一切封じた。いちいち聞いていたら、竣功が遅れる、と伝吉は判断したのだ。それに、この事業の施主は、国であり、伝吉たちの消防本部ではなかった。竣工後、微調整はいくらでも出来る、と伝吉は踏んでいた。

○○電気との会議は、これから何回もあるに違いない、その内デジタル無線に関係してきたら、おまえたちを随行て行く、と云って3人を納得させた。

カモノハシの随行に、案の定、予防課長がクレームをつけてきたが、「SOSカード」の関連で、聴覚障がい者協会、本庁・福祉課とコネクションが出来ていた伝吉は、そちらから手を回し、本庁出身の消防長《トップ》の内諾を事前に得ていた。……にしても、狭量というか、近視眼というか、セクト主義というか……眉間に皺を寄せ、口がカレーパンマンのようになった予防課長と話していて、消防の根治し難い病巣を見る思いがした。

車両のドアが開いた。伝吉たちは、田町に降り立った。

「……田町って書いちゃーバッテガ、田圃やらなかですね……」

駅の階段を下りながら、街の様子を見て、カモノハシが云った。

伝吉の管内には、田村というところがある。名前の通り、そこは、田圃だらけなのだ。

○○電気のビルは、すぐに分かった。この街に屹立するが如く、雲を従え高く聳えていた。伝吉とカモノハシは、あんぐりと口を開けたまま、暫らく見上げていた。

「カチョー、ここで会議ばするとですか?」

「ソーヤローヤ（そうだろう）」

ふたりは、仰向いたまま会話した。○○電気本社ビルの威容にすっかり圧倒された伝吉たちの足取りが、妙に遅い。

「カチョー、何かビビリまっシェんか？　私、デジタルのことやら、ナーモ（何んにも）知りまっシェンよ。来て好かったとですか、私？」

伝吉の後ろに隠れるようにして歩くカモノハシが訊く。

調子の好いことを云っておきながら、土壇場になると怖気づき、逃げにかかる輩《やから》が、斯界《しょうぼう》には多い。

コヤツも、同じ穴の狢《むじな》か、と伝吉、胸の中で舌を打つ。

「この小心モンが。男は、〝義理と人情と痩せ我慢〟やろーが。痩せ我慢・度胸ば出さんか」

一喝されたカモノハシ、大きな嘴に不釣合いな小さな鼻孔から息を噴射し、

「そーでした。カチョー、行きまっしょう、ドーンと。消防大精神《しょうぼうだいシェーしん》で」

と、云うか否やカモノハシ、伝吉を後ろから押し始めた。

「こら、止めんか、止めれッ！」

「カチョー、男は度胸ですバイ。**♪小倉生まれで、玄海育ち……**」

「おらァ、博多生まれぞッ！　押すなッて云いよろーが。このバカタレがッ！」

両足を踏ん張る伝吉、わが意に反して後ろから押されてラックに突っ込まされるラグビー選手のよう。

エントランスのところで、手を振っている人がいる。高価《たか》そうな濃紺のスーツを着ている。襟の社章が春の陽に輝く。小柄で上品な感じだ。消防には、見当たらない人種。

「どうも、初めまして。ハダシイタチです。今日は、わざわざご遠方からありがとうございます」

「どうも。凸凹消防の指令課長をしています……」

と、伝吉は自己紹介をした。

「……で、横にいるこの大顔連（大日本大顔連盟）が、予防課で指導係長をしていますカモノハシです。「SOSカード」の開発に係わり、平成19年、一緒に全国消防協会から表彰されました」

「表彰式の旅費がひとり分しかなかったとですよ、ヤケン（だから）私は自腹で行かされたとです。カチョーは、その旅費で行きました」

余計なことまで喋るカモノハシ。貰った賞金で、補填してやったのに。

「それは、それは……」

にこやかに微笑みながら、ハダシイタチは、伝吉たちを誘《いざな》った。


エントランスを入ると、大きな吹き抜けになっていた。昇り・降りのエスカレーターが、音も立てずに動いている。霞ヶ関の総務省に似ている、と伝吉は思った。

「……凄かぁー」と感嘆を洩らし、ここでも大きな口を開けたまま、カモノハシが固まった。

「地上50階、地下４階です。自社ビルだったんですが、経営不振で売却し、今は賃借しているんですよ、自分が建てたビルに」

ハダシイタチは、自嘲気味に話す。

受付でゲスト・タグを貰い、それぞれ胸に差した。

「カチョー、見た、今の受付の女性《ひと》？　綺麗かったバァ～イ」

昇りのエレベーターから、首が捻じ切れるんじゃないか、と思うくらい振り返って、カモノハシが云った。

「ユーダレ（涎）の出とーぞ」

伝吉が注意する。こやつも、テングザルと同じか。

「あげな美人ば見ただけでも、東京に来た甲斐があると云うモンタイ」

カモノハシが、頻《しき》りに頷く。もうひとりの自分に話しかけている様子——こういう人がよくいるでしょう、電車の中なんかに——。

ホンナコテー、もーっ（本当に、もーっ）。伝吉は、部下に恵まれない我が身を嘆いた。しかし、伝吉の部下たちは、その真逆を嘆いている。でも人は、他人の心が分かったら、生きるのが辛くなるので、分からないくらいが丁度好い。

エレベーターを降り、伝吉たちは、別館への連絡通路を進んだ。長い通路だ。奥に行くに従って、照明がだんだん暗くなっている。

別館に入った。

「さっきと全然《ジェンジェン》違うよ、カチョー」

カモノハシが、周りを見回しながら、小声で云った。

云われてみれば、その通りだ。内部がコンクリートの打ちっ放しに近く、床の仕上げは、伝吉が子どものころ、デパートなんかで見かけたものだ。コンクリートそのままで、光沢があり、石の砕片模様が生かされたものだ。それに、薄い真鍮のグリッドが嵌め込まれている。それが、低い天井の蛍光灯に光る。本館のは、輝くピンクの大理石だった。

「さっきの本館に比べると古いでしょ、このビル」

伝吉たちの思いを察したかのように、ハダシイタチが云った。

「このビルが新築したばかりの頃、私は入社したんです。このビルは、私の分身みたいなものです」

慈《いつく》しむように、ハダシイタチは、一辺が1メートル以上ある柱を撫でる。

会議室は、廊下の突き当たりにあった。ドアノブも真鍮で出来ていた。部屋には、歴史を感じる会議卓と椅子があった。窓から、春霞がかかる街が眼下に広がり、立ち並ぶビルの合間に、運河が見えた。

「あちらの新館は、現役のもので、私たちＯＢ組は、ここで働いています。私は、再雇用の人間なんです。年金を頂いて、足らない分をここで贖《あがな》うという。

昔は、ここから海が見えました。この街は、電機会社の街なんです。ビルが立て込んで見ることは出来ませんが、ＯＫ電機、ウエスト・エレクトリック、日の丸電機、そして我が社。大手電機会社がここに集まっています」

伝吉には不思議だった。何故、こんなに密集し、混雑しているところに電機会社が集まったのだろう……。

「あっちのビルで会議があるかと思いよったら（思っていたら）……」

「『美人の受付嬢と会《お》おうただけでも、東京に来た甲斐があった』って喜んだたー誰か？」

伝吉が、口を尖らせたカモノハシを見て笑う。

ハダシイタチが取り組もうとしている研究は、「聴覚・言語機能障がい者のための緊急ユニバーサル・コミュニケーション・システム開発」である。この研究を、「消防庁・消防防災科学技術研究推進制度」を受けてやろうとしているのだ。

「応募受付の締め切りが、今月末なのです。それで急遽来て頂いた次第で。国費を使って研究出来

新国立競技場　最初はこんな形でしたね

るので、このあたりの電機・通信会社は、軒並み応募するはずです。

　研究テーマは、何も聴覚障がい者に関するもの、と限っているわけではありません。

　ただ私は、東日本大震災を踏まえたものがいいと考えて、これにしました。そして、インターネットであれこれ検索している内に、課長さんたちのご功績を知りました」

「いやー、ご功績と云われるほどのものじゃナカとですよ。賞金1万円ですから。ふたりで分けたら、たった5千円。新橋で呑んだら、パァー。ケッケッケッ……」

　こいつを連れて来るんじゃなかった、と伝吉悔やむ。〝後悔は、忘れぬころにやって来る〟のだ。訊くと、研究費は、６００万円で計上するとのこと。「SOSカード」のアプリがそんなに廉価で出来るのか、伝吉は驚いた。

「Applicationは、出来ると思いますが、ネッワークまで考えると、正直に云って、単年度でこの研究費では無理です。ただ、上手く行けば3年間継続出来ますから、やれないことはない、と思っています。弊社には、優秀なスタッフが揃っていますから。私は、人間工学が専門ですが、ＳＥ紛いのことはこなせます」

小柄なハダシイタチが、オオカワウソくらいに見えた。

ここで、聴覚障がい者が、１１９番・緊急通報する際の問題点を整理する。

・最大の問題点は、「話せない」ということ。
・「話せない」から、消防本部が事案内容を把握できない。
・発災現場を特定出来ない。
・代替通報手段のファクシミリは、それが設置されているところからしか通報できない。
・メールによる緊急通報は、通報者が何処にいても、登録している消防本部にしか届かない。
・したがって、彼らは、これだけ進んだＩＣＴ社会に暮らしながら、昔と変わらない第三者を介しての緊急通報しか出来ない。
・その迂回通報は、時間がかかり、重大な事態を惹起することになりかねない。

「これら総ての問題点は、課長さんたちがお考えになった「SOSカード」をアプリ化し、スマホやタブレットに搭載し、消防に通報出来れば解決する、と私は考えているのです」

両手を組み合わせ、正面に座ったハダシイタチが力説した。

「先ほどご覧になったように、ここは、電機村というか、通信村なのです。各社の情報は、すぐに入って来ます。みんな、社会インフラの一環としてこの手のサービスを開発しようとしています。それは、２０２０年の東京オリンピックを考えてのことです——伝吉たちが話しているのは、２０１２年春。この時点では、２０２０年、東京でのオリンピック開催は、まだ決まっていなかった——。もし、開催決定になったら、同時にパラリンピックも行われます。そうすると、ハンディがある人たちの社会インフラ、即《すなわ》ち**「SOSカード」**の１１９番・緊急通報システムのようなものがあれば、ホスト国・日本の評価は、いやが上にも高まるはずです。何せ、こんなシステムは、まだ世界には、存在しないのですから。

このような状況から、聴覚障がい者支援の研究には、国が積極的に支持すると考え、各社、虎視眈々と関与するチャンスを狙っているのです」

熱っぽく語るハダシイタチがますます大きく見え、海象《せいうち》——鼬《いたち》科とは、まったく無縁だが——のように、伝吉には思えた。

10 『芝濱』

「……『芝濱』って云《ゆ》ーう落語知っとう、カチョー?」

カモノハシが訊いた。

——呑兵衛の棒手振《ぼてふ》魚屋・勝五郎が半月振りの仕事《あきない》。仕入れのため、芝濱に出かける。……が、早すぎて市場は、まだ開いていない。仕方がないので、浜で一服やっていると、波打ち際で大金が入った皮財布を拾う。

事情を聞いた女房は、大金を拾った喜びで大盤振る舞いをし、泥酔している亭主に一計を案じる。大金を拾ったことは、勝五郎の夢とした。

それとは知らぬ勝五郎、酔いが醒め、我が身の不徳を痛感。以来、人が変わったように働き、身代を築く。

皮財布を拾った時から3年経った大晦日の夜、女房は、一切を打ち明ける。事情を知った勝五郎、女房に感謝こそすれ、責めることはない。丸く収まった時、女房は3年振りの酒を出す。勝五郎、口元まで持っていくが、

「よそう。また夢になるといけねぇ」

と云って、酒を置く——

「ソーですタイ、その話。何か今度の話ぃ似とりまシェん、カチョー？」

ふたりは、田町のガード下の居酒屋にいる。ハダシイタチとの会議を終わり、伝吉たちは、軽く一杯ということになった。

「落語は、ハッピーエンドで終わっとーケン、おれたちの事業もハッピーエンドになって、万々歳と」

「〔棒手《ぼて》〕と〔防手《ぼて》（消防士の旧称。「消防手」に由来）〕、期間も3年。バッチリ一緒」

「……云われてみりゃー、ソーヤナー。舞台もここ『芝浦』やし（だし）」

伝吉は、ジョッキを傾けた。イモのホッピー割りだ。地元では、なかなかホッピーが呑めない。

「……ウーム、私は、下げの夢が引っかかる。カチョー、私たちゃ、夢ば見よっちゃナカローカ（「中廊下」ではありません、「……じゃないだろうか」）」

確かに夢のような話だ。伝吉とカモノハシ、それにトキちゃんとカバヅラ君を加えた4人で始めた紙ベースの**「SOSカード」**が、国内屈指の電機メーカーの目に留まり、それがアプリ化されてスマートフォンに搭載され、世界標準になるかも知れないなんて……。

「痛ッ！　何ばすると、カチョーッ！」

「痛かか（痛いか）？　夢じゃナカごたーぜ、これは」

落語『芝濱』カモノハシ・勝五郎

伝吉は、カモノハシの頬を抓《つね》っていた。

「カチョー、ヤッパー（やっぱり）今日は、酒は呑まんめー」

云うが早いか、カモノハシは、アテの串焼きを貪り出した。口がデカいぶん、内蔵量も半端じゃない。アッという間に、三串が消えた。

「アッ、そらーおれんとぞ。喰うな」

何とか、伝吉は、一串確保した。カモノハシ、隙あらば銜《くわ》え込もうという眼差し。

「ハヒョー（課長）、酒《ひやけ》呑んだら全部《ひぇんぶ》夢ぃなるよ。禁酒《きんひゅ》しまっしょ（しましょう）」

口いっぱいに頬張っているもので、発話の明瞭さを欠くカモノハシは、落語・『芝濱』を自分たちに置き換えているらしい。伝吉にとっては、迷惑千万。

「まあ、待て。夢なら早よー醒めた方がよかやなかか。〝屁の突っ張り〟にもならんことば考えるな。夢ぃなるかどーか、徹底的ぃ今夜は呑んでんもう（呑んでみよう）。明日起きてみたら分かるっタイ、この展開が夢かどうか。だいち、もうおれは呑んでしもーた」

「ソー、ソー、ソーヤネー、カチョー。夢なら早よー醒めた方がヨカですモンね。なら、グァバァ～といきまっしょう。お姐さん、〔黒霧〕キープ、ホッピー一本と水割りセットね」

間髪を入れず納得したカモノハシ、息も吐《つ》かずジョッキを空にした。注文したアテが次々運ばれて来る。〔ハムカツ〕、〔肉豆腐〕、〔倶利伽羅《くりから》（串に刺したうなぎの蒲焼）〕、〔中落ち〕、カモノハシのアテは、節操がない。

伝吉は、熱燗に切り替え、〔奴〕をツマミにちびちびと呑《や》った。

――ある意味、**「SOSカード」**のアプリ化は簡単です。実は、大きな課題がふたつあります。ひとつは、通報者の位置情報とそこを管轄する消防本部をどう整合させるか。もうひとつは、アプリ情報と通報者の位置情報を、どうやって管轄の消防本部に送るか。

酒場の沸き立つような喧騒の中で、伝吉は、ハダシイタチの言葉を反芻していた。

――そこで、初年度は、**「SOSカード」**のアプリ化。次年度は、それを発信したスマートフォンの位置とそこの管轄消防本部のリンク。最終年度は、そのリンク情報を管轄消防本部へ送るメソッドの確立、とこういう工程表《ロードマップ》を描いています。まあ、採択されたらの話しですが。

「クヮチョ～、何ン難しか顔しトートネ。まー、呑まんですか」

仁丹みたいな眼の周りを朱に染めたカモノハシが、伝吉の反芻を遮断した。

「グァバァ～っといかんですか。セーな小ちゃか猪口《ちょこ》やら止めんシャイ。ブァ、ハハハハ……」

上機嫌のカモノハシ。

ほら、これで呑まんですか、と云って、お姐さんが渡してくれたコップを差し出した。この店の屋号が入った厚手のものだ。伝吉は、このコップが気に入った。地元の居酒屋では、ビール会社のものか、サイダー会社のものが出てくる。

江戸は、やっぱり違うな、と伝吉は感心した。器で、酒の味も料理の味も変わる。そんなことが分かる年齢《とし》に、伝吉はなっていた。コップに口を付けた。……旨い。甘露の菊正だ。

「ソータイ、そげんシェな、カチョーじゃナカモン（そーじゃないと、課長じゃない）。カチョー、心配シェンでよかよ。私が全部《ジェンブ》仕切っちゃ。大船に乗った気でおんシャイ。採択されるごと、私が動くケン。国会議員のハリモグラ、あれ今農林水産委員会やろ。私の遠か親戚ぃなるっちゃケン。それから消防庁幹部のサンショーウオ、あれは、隣の町内の出身。そして……」

得てして、小心者は、一滴入ると豪傑に豹変する。何時からお前は、防災相になったのかって。だいたい農林水産委員会と聴覚障がい者の119番・緊急通報がどう絡むのか、伝吉は、カモノハシの頭の中を診たくなった。

それは兎も角、縁《えにし》の不思議で係わることになった「聴覚・言語機能障がい者のための緊急ユニバーサル・コミュニケーション・システム」の開発。長すぎて舌を噛みそうなタイトルだが、これまた長い、「消防庁・消防防災科学技術研究推進制度」に採択されそうな予感がする。いや、採択されなくてはいけない、トキちゃん、カバヅラ君のためにも。

ふと見ると、〔黒霧〕五合壜が殆んど空だ。カモノハシは、カウンターに肘を突き、顎手。眼は、白眼の半眼。

勘定を済ませて外に出た。伝吉のポケットには、新聞紙で包《くる》まれた例のコップが入っている。売ってくれ、と云ったら、髪を引っ詰めたお姐さんが、

「お土産にどーぞ」

と、ニッコリ笑って無料《ただ》でくれた。

乗降客が行き交う駅前広場は、まだほんのり明るい。カモノハシは、伝吉に寄り掛かるようにして立っている。携帯が鳴った。伝吉は、ポケットを探り、これぞガラ携という二つ折りのやつを取り出す。

「そらーいかんモン。卑しくも日本初の消防救急デジタル無線ば整備《シェービ》したカチョーが、ガラ携やら世間《シェケン》が許しても、不肖このカモノハシが許しマッシェン」

横で、酔ったカモノハシが吼えまくる。

「静かいシェンかッ！　バカタレがッ！　みんなが笑いよんしゃろーが」

――もしもし、課長さんですか？

このシュガー・ボイスは、トキちゃん。久し振りだ。

――**「SOSカード」**のアプリ化で、上京していらっしゃるんでしょ。……ええ、そうですか。○○電気とタイアップして……ハイ、ハイ。凄い、課長さんって、本当に凄い……。

被災地のボランティア活動に今でも行っているトキちゃんは、報告方々消防署に電話を掛けた。電話を取ったテングザルが、伝吉の上京の経緯《いきさつ》を伝えたのだ。

――とっても、課長さんに会いたい。今からでも東京に行きたいくらいです。

（来なさい、来なさい。待ってますよ—。**Anytime OK**よ、伝吉課長は）

と、心の中で応えた。伝吉の目尻は、下がりっぱなし。

――カバズラ君も行きたいって云ってますよ、手話で。横にいるんです。

……ああそう、カバズラ君も一緒ね……。伝吉、やや落胆の色。

ザザ〜ッ、ザザ〜ッ、突然の波の音。

伝吉は、辺りを見廻した。

芝濱と云われたところだが、波が打ち寄せたのは、江戸の昔、今は車両の波が押し寄せる。

次にギターが聞こえた。そして、アップテンポのマイナーなメロディー。聞き耳を立てていると、

「♪……抱きしめたいッ！」

伝吉、己が心を見透かされようで、思わずドキリとする。

「はい。もし、もぉ〜し……」

カモノハシが、スマホで喋っている。ヤツの着メロが鳴ったのだ。これが携帯だ、と云わんばかりにそれを指で差す。

フム、フム、了解、と云って、カモノハシが通話を終了した。

「指令課のテングザルからでした。カチョーの携帯が話中やケン、私ぃ掛けたそうです。カチョーから眼ば離すな、と云《ゆ》ーとりましたよ。地公法第三十三条・〔信用失墜行為の禁止〕に反する行為ばするかも知れん、って心配しとりました。ケッケッケッ……。で、今の電話、誰からやったとですか？」

11 本割り

伝吉たちは、119番・緊急通報の受信から出動までの流れを、ハダシイタチに教授した。

・火災なのか救急なのか
・それぞれの種別の決定
・発生場所の確定
・事案の程度の把握
・通報者の位置
・事案と通報者の関係 etc

ハダシイタチは、これらを聴覚障がい者が伝えるための問題と、その解決策——アプリ化した「**SOSカード**」のスマートフォン等への搭載——を論文にし、消防庁に提出した。

その論文は、なかなか出来上がらなかった。学者肌のハダシイタチは、あの場合はどうなるのか、この場合はどうなるのか、と自分が納得するまで、伝吉たちに執拗《しっこく》質問した。

――先生（ハダシイタチのこと。K大院卒でPh.D.なのだ）、そんな細かいことは、後回しにしましょう。論文の提出期限まで、あと1週間ですよ。内容も大事ですが、締め切りに間に合わなかったら、元も子もないんですから。

東京から戻った伝吉は、頻繁にハダシイタチと電話でやりとりした。

――そうは云っても、やはり内容が重要だ、と私は思います。課長さんと同じように私も看板を背負っています。ですから、公になるものは、軽々には書けません。

ハダシイタチは、譲らない。本末転倒じゃないのか、伝吉は舌打ちする。

火災現場で、ゴッホの〔ひまわり〕と、今にも事切れそうな老人を発見した時、どっちを先に運び出すかなんて、消防は逡巡しない。事切れそうな老人に決まっている。優先順位を間違えるな、と説諭する――テングザル以下3係長とカモノハシは、烏滸《おこ》がましいから止めろ、と伝吉に云ったが――ために、日を置かずして伝吉は、また上京した。今度は、自腹で年休。

伝吉の気迫が、ハダシイタチの拘《こだわ》りに勝《まさ》った。人の生死を見て来た者の言葉に、動かせぬものはない。

締め切り当日に論文は完成した。午後3時が、DEAD LINE。時計をみると、2時を少し回っている。提出は、電子データでしなくてはならなかった。一息ついて、やおらハダシイタチが、送信準備にかかった。伝吉もホッとし、喫煙室に向かった。

一服しながら、街を眺めた。午後の陽が溢れている。小さな公園の木々の緑が目に沁みる。初夏の訪れを感じた。千鳥ヶ淵の葉桜を見て、ホテルに帰ろうと伝吉は思った。

快《こころよ》い気持ちで会議室に戻ると、ハダシイタチがパソコンの前で、呻吟《しんぎん》していた。

『太陽にほえたい！　藤堂伝吉』

「データが送れません」

ハダシイタチの悲痛な声が、伝吉の鼓膜を打った。

ナヌ～ッ、思わず伝吉、ハダシイタチの襟首を掴みそうになった。

「冷静に、冷静に。calm down, please こっちのセキュリティーがブロックしているのかな？」

原因が分からない、とハダシイタチは嘆く。時計は、2時25分だ。この場に及んで何たることだ。

伝吉は、消防庁に電話をした。担当の者は、離席中とのこと。

「紙ベースで取り敢えず届けましょう。すぐにプリントして下さい」

伝吉は、自ら消防庁に赴いて、提出書類を直に手渡しすることにしたのだ。そして、カモノハシとコンタクトを取った。事情を説明し、カモノハシから消防庁にその旨を連絡させるようにした。その間に、伝吉は消防庁に向かう。

「間に合うでしょうか？」

ハダシイタチは、刷り上がったばかりの書類を渡しながら訊いた。

大丈夫です、と応えたものの伝吉も内心不安だった。しかし、それを色には出さなかった。これは、指揮者の鉄則だ。ビルの前でタクシーを拾った。

「データ送信は、続けて下さい」

こう云い置きして、伝吉はタクシーに乗り込んだ。受け取った書類は、まだ温かかった。バックミラーにいつまでもハダシイタチが映っていた。3時まで30分を切った。

「桜田門の警視庁、大至急ッ！」

伝吉は、出来るだけ刑事顔《デカズラ》をして、運転手に告げた。バックミラーでチラリと伝吉を見た運転手は、「はいッ！」と意を込めた返事をした。警視庁と消防庁は、隣同士。こう云えば、早く着くかも知れない。

元々、警察と消防は兄弟みたいなもの。兄が警察で、先の大戦後そこから分家した消防が弟だ。弟が兄を利用するのは当然だ。

携帯が鳴った。カモノハシからだ。

「あっ、カチョー、今、消防庁の担当官と話しました。バッテガ、文書での受付けは出来ん、って云ーよりますバッテガ（云っていますが）」

何処となく他人ごとのような云い方が、気に障った。

「『はい、そうですか』で終わったちゃなかろーな（ないだろうな）？」

「はあ？　担当が『駄目』って云うたら、駄目でっしょうモン？」

「莫迦かおまやーッ（お前は）！　事情ば説明したとか。おれの身になってみれッ！　年休使《つこ》ーて、金使ーて、ミッキーランドぃ来《き》とーちゃなかとぞ、おらぁッ！」

伝吉は、携帯を叩くように閉じた。……ミッキーランド？　スマホを握ったまま、カモノハシは首を捻る。

後ろに座った伝吉が、携帯でがなり立てるもので、運転手は、伝吉を本物の刑事と思い込み、アクセルを踏み込んだ。

車は大門と書かれた交差点を左に曲がった。何処を走っているのかさっぱり分からない伝吉、窓に顔を擦りつけるようにして、外を見ていた。

増上寺前を右折、それから車は、右左折を繰り返し、国道1号線・桜田通りに出た。

おっ、虎ノ門の交差点だ。ここからは分かる。伝吉、シートに深く座り直した。左手に文科省が過ぎる。次に財務省、それから外務省。そして総務省が見えて来た。

「ここでいい。停めてくれ」

伝吉、『太陽にほえろ！』、かの裕次郎扮した藤堂係長のつもり。

「警視庁は、この先ですけど……」

車を左に寄せながら、運転手が訊いた。

「本庁に帰る前に、警察庁——消防庁と同じ総務省にある——に立ち寄ることになった。釣りはいいから」

２２０円のチップを渡し、伝吉はタクシーを降りた。時計を見る。2時52分。入口に向かってダッシュしようとした時、携帯が鳴った。カモノハシからだ、と伝吉は思った。時間がない。取らないことにした。

入館のフォーマット記入が面倒だ。記入が終わっても、身分証明書の提示が求められる。容貌に少々難有りの伝吉、ここで引き止められてはならぬと思い、努めて口角を上げる。

どうにか、入館タグを貰い、ゲートを通過することが出来た。また、携帯が鳴った。しつこいぞ、カモノハシ。伝吉は、携帯を取り出した。フタの液晶が経年劣化で消え、掛けている相手が分からなくなっている。伝吉は、電源を切った。

消防庁のフロアーを駆けるように、担当課に急いだ。

「二等釜《じらふ》事務官、お願いします」

と、入口近くにいた女性に告げた。

彼女は、席を離れ、違う島で電話中の男性のところに行った。やけに首が長く、背が高いその男性は、伝吉に向かって軽く会釈した。汗を拭く手を止めて、伝吉は最敬礼をした。

電話がなかなか終わらない。部屋に掛けてある時計は、3時をとっくに過ぎていた。やっと電話が終わった。

「お待たせしてすみませんでした。二等釜です」

伝吉は、名刺を出した。二等釜は受け取り、自分のものをワイシャツの胸ポケットから出した。幾分歪み、角が折れていた。

「ああ、先ほどお電話を頂いた本部の方ですか。募集文書にも記載していました通り、文書提出は不可なんで……」

「そっ、そこを何とかなりませんか」

伝吉は、二等釜を遮った。

「ここにも書いていますけど、私たちは、聴覚障がい者のみなさんと、以前から折りあるごとに話し合い、聾の方々の119番・緊急通報は如何にあるべきかを考えて来ました。その結実がここにあ

透視ができる二等釜《じらふ》事務官!?

ります。パソコンのトラブルで送付出来なかったことは、まったくもって当方の責任ですが、評価の際には、データも紙ベースにされるんでしょ」

「……それは、まあ……」

「それだった、いいじゃないですか。先に紙ベースで受け取られても」

伝吉は、デジタル無線の関係で消防庁に出入りしているので、少しだが内情を知っている。目の前の二等釜事務官は、優秀には違いないがまだ若い。世間知で話を持っていこうとする伝吉。

「何んなら、直接室長にお話ししましょうか」

「室長は、公務で庁外に出ています。それに……」

「分かりました」

またも伝吉、二等釜を遮る。

「『受理して下さい』とは云いませんから、目を通すだけでもして頂けませんか。通算しますと5年以上かけたアイデアです。聴覚障がい者の救急事案から生まれた指差しカード。これで容態を伝え……」

「**「SOSカード」**ですね」

今度は、二等釜が遮った。

「……⁉」

伝吉、ポカンとして二等釜を見つめたまま。二等釜、机の上に身を乗り出し、小声で伝吉に話し掛けた。

「……実は、私、透視が出来るんです」

エッ！と驚く為五郎……じゃなかった、イグアナ・伝吉。目の前の封筒に視線を落とし、次に二等釜に移した。

二等釜、腕組みをして頷いている。伝吉は、横を通った女性を見た。二等釜が同じように頷いた。抑えきれない羨望を伝吉は感じた。二等釜が、再度机に身を乗り出した。伝吉も、慌てて身を乗り出した。

「……ウソ、嘘です。真っ赤な嘘です。透視など出来ません」

真顔で云ったのち、二等釜は、声を抑えて笑った。伝吉も釣られて笑った。

「……ですから、無事応募論文のデータが届いた、とお伝えしようとすると、話し出されるから……」

伝吉は、心地よい脱力感に満たされながら、内堀通りを歩いていた。何回も伝吉の携帯を鳴らしたのは、ハダシイタチだった。応募論文のデータが送れたことを知らせようとしたのだ。

何度歩いても、ここの景色には感動する。三宅坂から日比谷を遠望する。街が午後の陽に輝いている。

峻烈な濠が続く。〝千尋の谷〟と云いたくなる。高所恐怖症の伝吉は、脚が竦《すく》む。切り立つ斜面のところどころに水仙が残り、遙か下の水面にカルガモが浮かぶ。

ともかく、応募には間に合った。後は、審査結果を待つだけだ。自腹を切った甲斐があった。慰労の一席を設けたくなった。ハダシイタチは、仕事で手が離せないと云い、テングザル、ゾウガメ、イボイノシシ、それとカモノハシは、九州大陸に留まったまま。仕方がない、独酌でいこう。千鳥ヶ淵から九段まで歩いてみるか。

あの震災からまだ1年しか経っていないというのに、桜花は、例年と変わらず咲いたのだろう。葉桜に隠れた残り桜がそれを偲ばせる。靖国の缶ビールは、ほろ苦い味がした。

12 初顔合わせ

平成24年6月中旬、論文が採択されたというニュースが、ハダシイタチから届いた。伝吉たちは、いよいよ「聴覚・言語機能障がい者のための緊急ユニバーサル・コミュニケーション・システム」の開発に着手することになった。期限が切られている。3箇年で完成しなくてはならない。その上、1年ごとに進捗状況を、学識経験者で構成する評価委員会でプレゼンしなくてはならない。国民の税金を使ってやることだから、成果を求められることは当然である。

制服姿の伝吉とカモノハシが、地元空港の到着ロビーにいる。正午近くになると、ビジネスマンは少なく、旅行客が行き交う。ハダシイタチが、指令管制センターを是非見学したいと云うので、初めての研究会議を、伝吉の消防本部で開催することになったのだ。

「着きましたよ」

カモノハシに教えられて、情報ディスプレイを見ると〝ARRIVAL〟と表示されている。程なく、ハダシイタチがゲートから出てきた。デイパックを背負っている。

「わざわざ迎えに来て頂いて恐縮です。これ、つまらないものですけど」

博士《ドクター》・ハダシイタチ　指令管制システムを check

ビニール袋を差し出した。中に、白い紙に包まれた茶筒のようなものが入っている。

「煎餅です。焼き損じたものですけど、割安なんです」

……はあ、と受け取ったものの、釈然としない。焼き損じかい……、とかく学者は付き合いにくい。

エアコンが壊れ、耐用年数をとっくに超えた軽の公用車に揺られながらも、嬉々として外をながめているハダシイタチを見て、伝吉は思った。

「相変わらず変わっちゃーですね」

運転しているカモノハシが、小声で云った。

消防本部に着くと、出されたお茶に手もつけず、ハダシイタチは、早速指令管制センターを見学し、指令台の後ろに回ったり、下に潜ったりして、メモを取り始めた。立ち会っている伝吉たちが、眼中にない様子。

「紙一重……やね、カチョー」

当務係長のイボイノシシが、耳打ちする。

「いたらんことば、云《ゆ》ーな」

と、叱責したが、幾分当たっている気がした。

イボイノシシが、発信地表示機能のデモをした。ハダシイタチ、顎に手を置き、ディスプレイを見つめる。次に機械室に行き、指令回線制御装置、自動出動装置、無線回線制御装置などを見て廻った。

「モー、何ンしよーとー（何をしているのか）、カチョー。13時からするっちゃないとね？

振り向くと、テングザルがブスくれて立っている。横には、ゾウガメがいる。

「SOSカード」に端を発したシステム開発の第一回目の会議だから、非番と週休のふたりを招集していたのだ。開始は、13時にしていた。

伝吉は、テングザルとゾウガメを、入口から遠ざけ、

「おれも早ようしたかバッテガ、先生《シェンシェー》の事前調査が終わらんっタイ。もうちょっと待っとけ。待つ分の時間外（超勤）も提《あ》出《げ》てヨカケン」

こう云ってふたりを説得した。

「そうね。それならヨカヨ。Time is money, money と monkey は一字違い。それなら、文句《モンキー》ナカヨ」

テングザル、調子ブッコク。

「カチョー、時間やら気にせんでよかですよ。先生にズーッと見学してもろーて（見学してもらってください）」

と、ゾウガメ。money is power だ、伝吉は再確認した。

記念すべきこの会議は、指令管制センターに併設された、伝吉たちがいつも指令担当係長会議――月に1回行われるが、口角泡を飛ばして話し合うような議題はゼロ。マンネリ会議の最たるもの――をやる部屋で行われた。

まず、初対面の者同士が自己紹介をすることにした。

「私くしは〇〇電気・コンサルティング・イノベーションの研究員をしています。7年前に定年退職しまして、今は再雇用で働いています。専門は、Human Factors・人間工学、特にHuman Interface と Universal Design を研究しています。K大の博士課程を修了《おえ》まして、Ph.D.（博士学位）は、イギリスC大から頂きました。All Japan 人間工学会では副会長、7Nations 人間工学会では Vice Chairman を務めさせて頂いております。「神田生まれ」とは参りませんが、東京・赤坂・九代目。初代は、幕府の御庭番。すなわち、伊賀忍者《もの》・服部半蔵の一門。その先祖の地に住まいし、赤坂地蔵尊を左折、一ツ木通りを直進すること１２０ｍ、そこから右折し――」

ハダシイタチの話は、延々続いた。毒気を抜かれたテングザルたちは、職名を告げただけの自己紹介に終わった。

伝吉は、口火を切る形で、「SOSカード」のイラストそのものを指令管制センターに送るには、と訊いた。聴覚障がい者が開いている「SOSカード」のスマホ画面が、そのままセンターのディスプレイに映し出されたら、発話のない通報内容が瞬時に把握出来る。

１　火事か救急かのイラスト
２　火事の場合は、「建物」、「車両」、「その他」のイラスト
３　救急の場合は、「急病」、「交通事故」、「その他」のイラスト
４　発災害場所の表示は、ＧＰＳで捕捉された地図画面

聴覚障がい者は、順番に従って画面にタッチし、通報内容を確定する。同時に、タッチされたそれぞれの画面（イラスト）は、指令管制センターに送られる。

ハダシイタチは、暫らく沈思黙考した。

「……データ量がかなり重くなりますね。課長さんは、今回のデジタル無線を使って、これらの情報を車両端末にも送ろうとお考えておられる。ウーム……」

端末画面が指令管制センターに映し出される

「最終的には、そう持って行けないか、と思っていますが……」

さっきと打って変わって、言葉が重いハダシイタチ。伝吉の心にも漣《さざなみ》が立つ。４人の係長は、ハダシイタチと伝吉の顔を交互に見遣る。

と、**「バスッ」**という音がし、異臭が会議室に漂った。

「アラー、出てしもーた。スイマッシェン。ハハハ……」

イボイノシシは、悪びれもせず笑う。

「ワーッ、クサかッー！」

鼻が大きい分臭うのか、テングザルが必要以上に騒ぎ立てる。クサイ、クサイを連呼しながら、ゾウガメとカモノハシは、窓を開け廻る。看過しようとするハダシイタチは、熟考の姿勢を崩さないが、ハンカチでそっと鼻と口を覆う。

――忍ぶれど　音と臭いに出にけり　意識あるかと人の問うまで。

忸怩たる思いの伝吉は、〔本歌取り〕をした。

完全換気が終わったところで、ハダシイタチが話を始めた。

「**「SOSカード」**のアプリは、間違いなく出来ます。ただ、課長さんがお考えになっていることは、私たちの領域を超えたところがあります。例えば、スマホからアプリを送るためのライン、ネットワークの構築は、今回の研究には入っていません」

「ということは、携帯業者の協力が不可欠、ということですか?」

カモノハシは訊いた。

「課長さんのアイデアを実現するためには、そうなります。私たちでは、土管は作れませんから」

「みんな賛同するっちゃないと、携帯業者は。公共の福祉に関わることやケン」

楽天的なテングザルに、

「……いあや、そーじゃなかろう。民間は、利益が出るかどうか、儲かるかどうか、が一番やケン、公共の福祉やらで動くとは思われんなぁ」

ネガティーブ・ゾウガメが応じる。

「おれもそう思う。民間企業が、利益追求するたー（するのは）、あたりまえのこと。他社より売れるものば作ろうとして、鎬ば削り、お互い次から次ぃ新しか機種ば発表しよう。ケーな状況やケン、**「SOSカード」**のアプリ化のようなことは、業者はとっくの昔に考えたっちゃなかろーか?」

忍び足りないイボイノシシが、推測する。

「……考えた結果、**「SOSカード」**のアプリ化は、セールス・ポイントにならん、儲からんと判断した」

カモノハシが呟いた。

伝吉たち公務員と民間企業の決定的な違いは、前者は、〝儲けることが仕事じゃない〟と考え、後者は、〝儲からないのは仕事じゃない〟と考えることだ。ある意味、伝吉たちは、青臭いのだ。伝吉は、腕を組んだままだ。

やおら、ハダシイタチが口を開いた。

「私は、電機会社の人間で、携帯業界のことは詳しく知りませんが、カモノハシさんの推測は、おそらく当たっているでしょう。利益追求は、民間企業の不変の命題《テーゼ》であり、これなくしては企業は存続し得ず、企業の存続で税が徴収され、国が成り立っているのです。国の存続は、企業が支えている、と民間企業に身を置く私は思っています」

「……してみりゃ。おれたち公務員は、お零《こぼ》れに与るコバンザメというとこやな」

とのテングザルの言葉に、他の係長たちは納得した模様。

「コバンザメと云《ゆ》ーより、ハイエナかハゲタカやな」

イボイノシシが、偽悪的に補足する。

「いや、すみません。そんなつもりで喋ったのじゃないんです。公務に携わるみなさんは、民間が出来ないことを、不偏的な立場でなさる、国家存続になくてはならない重要な職業《ポスト》です。私は学者なもので、演繹《えんえき》とか帰納で断定的に喋る嫌いがあるらしいのです。妻からいつも指摘されています。決して他意はありませんから……」

必死に取り成すハダシイタチ。彼の華々しい学歴、経歴に気圧されていた係長の面々、椅子の背に身を持たせ、寛容の笑みを送る。

「因みに、妻はイギリス人で、私の留学先だったC大のクラスメイトなんです。彼女の専攻《メジャー》は……」

伝吉は、テングザルたちを見た。彼らの顔には、ンなこと誰も聞ーてねぇーんだよ、と書かれていた。確かにこの研究は、最終的なところが不透明だ。だからといって、止めることなど、伝吉の頭にはない。退職間際の伝吉には〝亀の甲より年の功〟すなわち経験から知り得た幾許《いくばく》かの哲理があった。

〝下手の長考、上手の少考〟〝愚者の弄舌、賢者の沈黙〟〝男は黙ってサッパリ麦酒〟

伝吉は、ゆっくりと立ち上がった、

「先の事ば（先の事を）、今からあれこれ考えてもナーモナラン。今年度の研究は、**「SOSカード」**のアプリ化やケン、これぃ専念しょう。すんなり出来るとは、IT音痴のおれでも分かる。簡単に『アプリ化する』やら云いよーバッテガ、ここい居る消防のメンバーは、誰ひとり出来ん。」

伝吉は、ハダシイタチに向きを変えた。

「先生の指示に従って、自分たちは何でもします。ですから、**「SOSカード」**のアプリ化を実現して下さい。……係長、起立ッ！」

伝吉は、号令を掛けた。４人の係長は、一斉に立ち上がり、〈不動の姿勢〉を取った。

「先生に礼ッ！」

伝吉の号令で唱和された「お願いします」が、会議室に木霊した。経験したことがない制服組の行為に、ハダシイタチは、オロオロし、座ったままで何回もお辞儀をした。

13 立ち合い

ハダシイタチは、伝吉たちに、通常の１１９番・緊急通報の受信から出動指令までの手順をブレイン・ストーミングで書き出させた。スマホ、タブレットに搭載する画面の基礎データを収集するために。

すると、緊急通報が２本の大きな流れから出来ているのが分かった。それらは、火災と救急という種別ではない。

１本は、今述べた火災・救急の種別選定という流れ。もう１本は、発災場所の特定という流れ。

前者は、〔火災〕と〔救急〕に分かれ、火災は、建物・車両・原野に、救急は、種別・傷病部位・傷病程度に細分化される。

後者は、〔自宅〕と〔外出先〕に分かれ、〔外出先〕は、〔口頭説明〕、〔アンテナ表示〕、〔ＧＰＳ表示〕に細分化される。

この２本の流れが相俟って、初めて１１９番・緊急通報になる。

「まず私たちは、種別選定の流れに取り組みましょう。SDK（Software Development Kit）を使って「SOSカード」のApplicationを作ります。まず初めに、MIT App Inventorでやろうと思っています。それが上手くいったら、次にC++かJavaでやってみます。OSは、Androidを考えています。そもそもOSを動かすのはMachine Code・機械語と云われるものなのですが……」

内容ある話なのは分かっているが、伝吉たちにとっては、あまりに無感情、非情緒、専門的過ぎた。

カモノハシだけが、ピントのずれた首肯を繰り返しているが、当の指令課3係長は、眼が寄り、轟沈寸前。

「先生、お話中申し訳ありませんが、ここら辺でコーヒー・ブレイクしましょうか？」

伝吉が進言すると同時に、

「なら、私が取って来ます」

云うが早いか、テングザルが出て行った。

「おれも手伝おう」

イボイノシシが続いた。

「私も……」

語尾不明瞭なままゾウガメも席を立った。

「折角ですから、お茶請けにお土産を戴きまっしょうか？」

カモノハシが、伝吉に訊くと、

「どうぞ、どうぞ。お口に合いますかどうか。〔入山煎餅〕って云って、浅草にあるのですけど、創業は大正時代だそうです」

ハダシイタチが薦めた。走って取りに行った割りには、コーヒーは、なかなかやって来なかった。

待ち切れず、カモノハシが行こうとした時、テングザルたちが運んで来た。

「一番絞りば淹れよりましたケン、遅れました」

お運び頭《かしら》のテングザルが、分かるような、分からないようなことを云いながら、コーヒーをハダシイタチの前に置いた。到来物の煎餅は、歯が折れるんじゃないか、と思うくらい堅かった。

ハダシイタチは、話を続けたが、バリバリいう煎餅の音に掻き消され、伝吉たちの耳には届かなかった。縦《よし》んば届いていても、理解出来なかったので、双方にとって好都合だったかも知れない。

会議は、19時過ぎまで続いた。終わるや否や、ハダシイタチは、東京に帰った。

「忙しい人やね」

ハンドルを握っているカモノハシが云った。伝吉たちは、空港までハダシイタチを送ったのだ。

「連絡は、メールと電話でやりましょう。Prototype（雛形）を秋までには完成したいですね」

こう云ってハダシイタチは、保安検査場を通過して行った。

「ホンナゴト（本当に）やなー」

伝吉は、暮れなずむ滑走路を見ていた。

「……上手く行きますかね」

前を見ながら、カモノハシが訊いた。

取り組む研究の高度さ、3年での成果提出、それより何よりハダシイタチと自分たちのレベルの差。

カモノハシの不安が、伝吉には分かった。

伝吉は、消防救急デジタル無線実証実験に取り組み始めた頃を思い出していた。不安でいっぱいだった。我が国初の消防救急デジタル無線。誰も見たこともなければ、触ったこともないのだ。

しかし、伝吉に構築《つく》れと云っているのではない。構築るのは、業者だ。伝吉は、培ったアナログの

☆●△■※×÷0101……「中年老い易く学成り難し」

使用経験を生かし、消防側・使う側からの思い、意見、予測、兼ね合いなどをデジタルの実施設計に反映させた。そして構築の中で、業者には出来ない、自分たち、消防職員にしか出来ないことが多くあることに気づいた。本部《ここ》のデジタル無線システムは、業者と消防が一緒になって造り上げたのだ、という自負が伝吉にはある。

「心配するな。あれこれ考えても、埒は明かん。心配解消にゃ、actionしかなかとぞ。まず動くこと、行動ぞ。

〝何でも初めは難しい〟タイ。……学識で、ハダシイタチとおれたちを比べたら、そらー話しぃならん。そもそも比べるのが間違い。バッテガ、おれたちは、トキちゃんやらカバズラ君ば、知っとうやナカカ（知ってるじゃないか）。聴覚障がい者の気持ちば、知っとうやナカか。ヨカヤ（いいか）、この研究は、ここから始まっとーとぞ」

「はい。そーでした」

カモノハシは、ハンドルを強く握り直した。

爆音を立ててジェット機が離陸した。星が煌めく空を目指して上昇する。見る見る機影が小さくなる。爆音は消え、翼の先端の赤色灯が星になる。

7月以降、伝吉は、俄かに忙しくなった。指令課長の肩書きの他に、「デジタル無線アドバイザー」という肩書きが、伝吉にはあった。

平成28年5月31日のアナログ無線の使用期限を見据え、全国７９０消防本部が、デジタル移行へ向けて動き出したのだ。伝吉は、あちこちの研修会に呼ばれた。

7月は、青森にいた。生まれて初めての地だ。気温18度、快適だった。何せ九州大陸、イグアナ・伝吉の生息地は、連日35度超えが続いていたのだから。研修の休憩時間、会場の中庭に出てみると、背の低い樹があった。撓《たわ》わについた緑色の可愛い実を見て、伝吉は、それが林檎の樹であることを知った。

「今が一番いい季節《ころ》なんです。11月から雪が降って、4月まで続きます。ということは、半年間は、局舎や鉄塔のような屋外工事は出来ねェということですよ。分かります、アドバイザー。九州と違うんだァー、東北は。アナログの使用期限は、延びねェーんですか？」

地元の職員が切々と訴えた。帰る日、伝吉は、ホテルの傍の波止場に行った。夏空を映し、海は青々としていたが、吹く風は強く冷たく、津軽海峡は白波を立てていた。群馬、大分、鹿児島、長崎と、伝吉のデジタル伝道の旅は、年の瀬まで続いた。

そんな中、アプリ完成の報告が、カモノハシ経由で、ハダシイタチから齎《もたら》された。

14 がっぷり四つ

——大変遅れました。本当にすみません。……ええ、先のメールでもお伝えしましたように、Las Vegas の国際学会に出席したり、Lisbon のＥＵ人間工学会では発表しなくてはならなくなったりで、なかなか研究に専念することが出来ませんでした。……そうなんです。私、再雇用組なんです。給料は、半分なのに、現役と同じようにこき使うんです、〇〇電気は。

とは云うものの、電話の声は嬉しそうだった。

——で、急で申し訳ありませんが、年明けの1月25日に、こちらの聾協会の協力得て、「SOSカード」Application の動作確認をしようと考えていますので、是非上京してもらいたいのですが。……そうです、スマートフォンと同じ、タッチパネル方式です。会場は——。

上京する、と返事したものの、伝吉には、アプリ化された「SOSカード」のイメージが浮かばなかった。

東京には、雪が残っていた。伝吉とカモノハシは、定宿にしている麹町のホテルを出て、ＪＲ四谷駅に向かって歩いていた。晴れ渡り、陽の光が眩しい。

「晴れとーバッテガ、寒かですね、カチョー」

カモノハシは、背中を丸めて歩いている。

「気化熱が取られようケンタイ（取られているからだ）」

伝吉は、中学生の時、理科の教諭が云ったことを思い出していた。それにしても昔の学校は寒かった。伝吉が通った中学校は、木造だった。ちょうど今日のような日は、屋根の雪が溶けて滴を垂らし、校舎の周囲には、水溜りが出来た。素足に上靴を突っ掛けた伝吉は、授業中何度も足の裏を擦り合わせた。

左手にイグナチオ教会が見えてきた。鐘楼が天に聳える。ＲＣ造だが、以前はこの教会も木造だったに違いない。冬は寒かっただろう。特に教会は、天井が高いから……余計なお世話だな、伝吉は笑った。

中央線で高円寺まで行く。雪が麹町より多く残っている。駅から徒歩で、会場を目指した。刷り出したヤフーの地図を取り出しては、カモノハシがナビゲーションしてくれる。歩くこと約20分。

「確かここら辺やがなぁー」

カモノハシがあたりを見回す。純然たる住宅地だ。それもかなり前に開発されているようだ。

「……お前、大丈夫かい、定吉。しっかり頼むよ。あたしゃ、もう1歩も歩けませんよ」

と、落語『茶の湯』の隠居を真似て伝吉が云うと、

「ご心配なく、ご隠居様。何なら、そこの雪でも喰ってってください、レモン水と思って。黄色くポツポツ穴があいたところ。誰かの立小便の跡」

落語好きのカモノハシが応じる。

そうこうしていると、伝吉たちを呼ぶ声がした。声の方を見ると、バーバリーと思しきトレンチコートを羽織ったハダシイタチが手招きしていた。木造モルタル2階建て会場は、これまた木造モルタル2階建ての専用住宅に囲まれ、道路からは見えなかった。

通された部屋には、3人の被験者・聴覚障がい者と手話通訳者2人が待機していた。互いに簡単な自己紹介をした。みんな、ハダシイタチの知人だった。

「夏、そちらの消防本部にお邪魔した時、皆さんのお話を聞いて、この研究のためには、私も聾の方々と接触しなければと思い、地元の協会に事情を話して、賛助会員にしてもらったのです」

手話で話の内容が分かった彼らは、微笑みながら頷いた。

ダンディー・ハダシイタチには不釣合いな、草臥《くたび》れた人工皮革のバッグから、A5サイズの薄

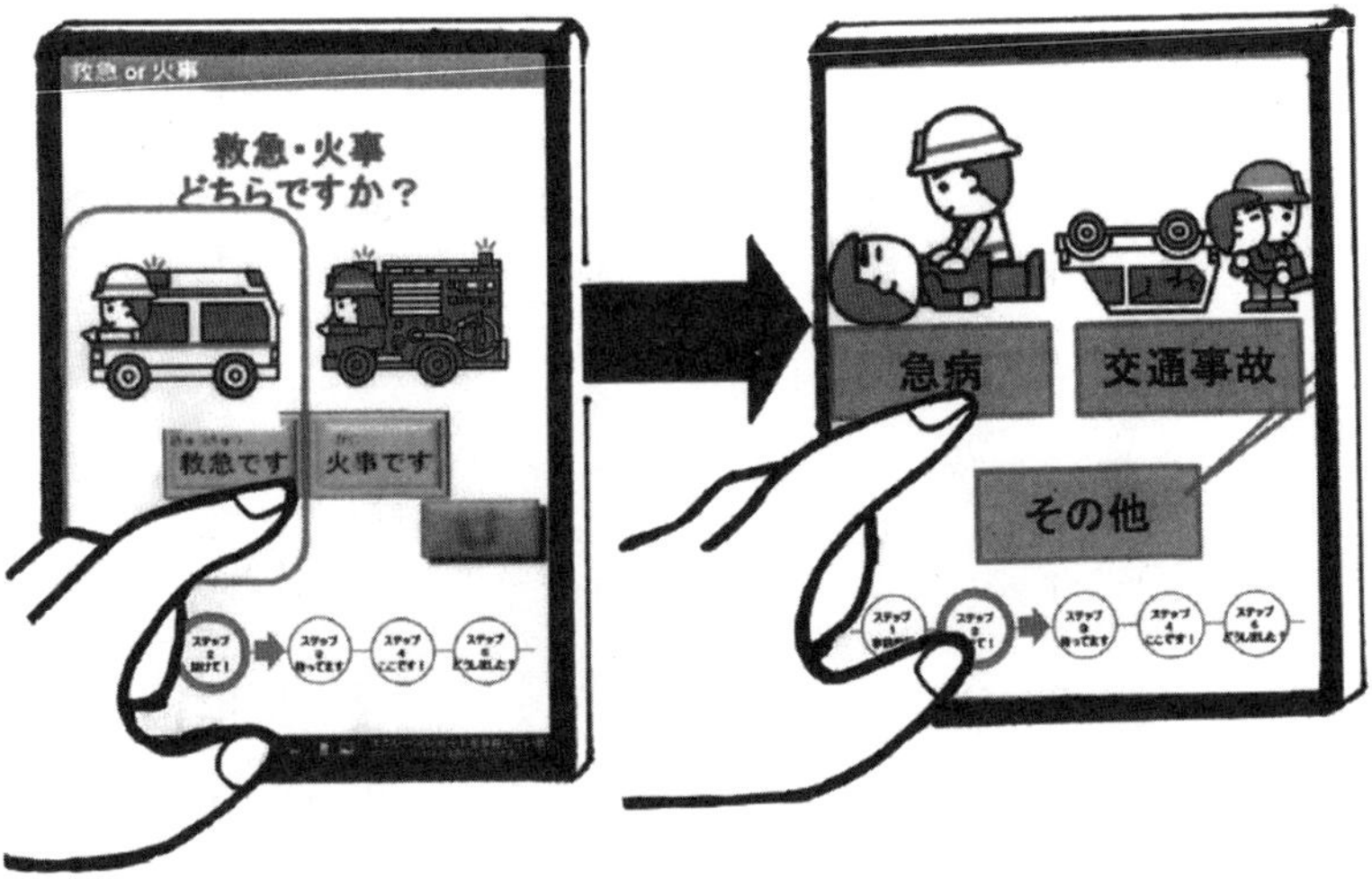

119番・緊急速報　ワンタッチ

い箱を取り出した。

「このバッグ、学生の時から使っているんですよ。苦楽を共にしたので、手放せなくて……。まずは、ご覧下さい」

箱から出したのは、**Android**系タブレットだった。電源を入れると**「SOSカード」**とアイコンが出て来た。

伝吉は、アイコンに触れる。**「SOSカード」**のファースト画面が出た。問いに答える形でタッチする。イラストを配した画面は、タッチすれば、次々に転換して行った。

1　〔火事〕か〔救急〕か？

2　通報者は、〔本人〕か〔第三者〕か？

3　1で選択した事案の種別（火事：建物・車・森林・その他、救急：急病・交通事故・その他）は何か？

4　3の種別選定が終わると、通報者氏名、住所、事案内容が文章化され、これで消防署に通報していいか、と確認してくる（スマートフォン、タブレットを入手したら、登録のページで氏名、住所、掛かりつけ病院等を事前に入力しておく）。

作成された通報文（救急要請）※事前登録

※　**通報者氏名：ハダシイタチ・次郎**

発生（通報）

※住　所：東京都杉並区××町1丁目（端末機器GPSで自動取得）
傷病者：本人
種　別：急病
※通報者障がい種別：聴覚障がい
※通報者既往症：貧血症
※通報者掛りつけ：大藪内科
※通報者住所：東京都港区赤坂○丁目○番○号
※通報者生年月日：昭和22年4月1日
※通報者家族への連絡：000-0000-0000
——この内容で通報します——


後は、画面の〔OKボタン〕をタッチすれば消防本部に通報される仕組みだ。その間わずかに5秒。伝吉とカモノハシは、思わず顔を見合わせた。ペーパー・ベースを良くぞここまで作り上げた。カモノハシが紅潮している。伝吉は、いきなりハダシイタチをハグした。それを見た、参加者たちは、驚き笑った。

「取り敢えずアプリ化は出来ました。今年度の目標は、クリア出来たと思いますが、これが使い物になるかどうかは、今日集まってくださったみなさんの判断にかかっています」

実験は、〔テキスト入力〕と〔アプリケーション入力〕の時間差を調べるために、ブラインド方式で火災事案と救急事案を3人の被験者に通報させた。伝吉は、実験風景をDVDに録画し、カモノハシは、ストップウォッチで計測した。

結果は、火を見るより明らかで、テキスト入力が70秒かかるところを、アプリケーション入力は、10秒で完了し、統計学上でもその優位性が証明された。アプリケーションの動作に、何らの問題もなかった。

「このアプリは、すでにリリースされているのか？」

「どうしたらダウン・ロードできるのか？」

「実用化の目途は？」

「このアプリは、スマートフォンに搭載出来るのか？」

実験が終わると、伝吉たちは、被験者から矢継ぎ早に質問を受けた。そして最後に、

「これこそ、われわれが求めていたものだ」手話通訳者を介して、彼らの喜びの声を聞いた。

伝吉は、満ち足りた気持ちで、試験会場を出た。

「では、また3月の研究成果発表会で」

と云って、ハダシイタチが右手を差し出した。握手した伝吉は、身体つきに似合わぬ、ハダシイタチの力に驚いた。

自宅が近所のハダシイタチと別れた後、伝吉とカモノハシは、凍った雪に足を取られながら、日が落ちた街を高円寺に急いだ。

3月、伝吉とカモノハシは、再び上京した。平成24年度の研究成果評価委員会が霞ヶ関で開かれた。研究は12本あり、それぞれの研究リーダーは、パワー・ポイントを使って成果発表を10分で行い、5分間の質疑に応答しなければならない。ハダシイタチは、卒なく熟した。伝吉たちは、随行者の席

に座っていた。

評価委員会は、安全工学、人間工学、機械工学の学者、医師、防災関係行政法人職員等10名で構成されていた。

今年度の成果については、各委員から好評を得た。来年度の研究課題を問われたハダシイタチは、

「〔通信方法の確立〕と〔直近消防本部の捕捉〕です」

と、凛とした声で伝えた。

発表を終えた伝吉たちは、「ご苦労さん会」をすることにした。時間を見ると、居酒屋が店を開くには、まだ間があった。ハダシイタチの提案で蕎麦屋に行くことにした。

「神田・須田町の交差点まで行《や》って下さい」

タクシーに乗り込むと、ハダシイタチが運転手に云った。靖国通りに当たった車は、右折した。靖国神社の桜が、枝も折れんばかりに満開だ。

「綺麗かですねー」

助手席に乗るカモノハシが、窓越しに眺めて呟く。

見事な桜だ。去年は、葉桜だった。あれからまた1年経った。伝吉は、時の早さにあらためて驚いた。

「……東日本大震災からもう2年ですよ、課長さん。早いですね、時の経つのは」

横に座るハダシイタチが、徐《おもむろ》に云った。

「いやぁー、まったく同感です。私も今それを感じていたとです。歳を取ると、時について行けなくなる」

「精神も肉体と同じなのです。年寄りが早い動きが出来ないように、老人の体内時計も、標準時に遅れるようになります。こう考えれば、時が早いのではなくて、われわれが遅くなるのですね。しかし、これは自然の摂理です」

「と云うことは、カチョー。来年は、マーダ早よー感じるとでしょうね。今見よう桜ば、1年過ぎても昨日見たごと。カチョー、ボケたくランごとね（呆《ぼ》けまくらないように気をつけなさい）。ボケっしもーたら、自分がボケたて分かランごとなるケン、ボケる前ぃ、ボケそーやなーと思うごとなったら、北九州の呆け除け地蔵に参らなよ（参って下さい）。そこのご神木・木瓜《ぼけ》ば摩ったら、ボケんゲナ（呆けないそうだ）。ボケ対策は、消防と同じタイ、予防が一番やケン。

一句、〝桜見で　花の名問うや　呆け桜〟こらぁ芭蕉じゃのうして（なくて）、馬生やな。ケッケッケッ……」

〝ボケ〟連発のカモノハシ、ひとり悦に入る。伝吉は、苦り切った顔で、神田の古本屋街を見遣る。

ハダシイタチお薦めの蕎麦屋は、混んでいた。

「仕事が終わったばっかりの時間っていうとい、何じゃろか、この混み方は！　おまけぃ、みんな酒ば呑みよんしゃよ、カチョー」

地元じゃ見掛けない光景に、カモノハシが驚いた。伝吉も驚いた。座る席がない。暫らく待たされた後、3人は座れたが、横の客と肩が触れ合う。

「東京では、名が通った店は、こんなものです」

ハダシイタチは、平然としたもの。酒と酒肴《あて》が運ばれて来た。徳利と盃が白なのが好い。お通しが並べられる。それを見て、伝吉とカモノハシが顔を見合わせる。

「〔蕎麦味噌〕です。お酒が進みますよ。……はい、では乾杯。1年間ご苦労様でした」

3人は、盃を挙げた。熱めの燗が伝吉好みだ。自分では緊張していないつもりだったが、一杯の酒が心身を解きほぐして行くのが分かった。

「旨いッ！」

〔鰊の棒煮〕を口にしたカモノハシが唸った。伝吉も摘んだ。酒を勧める味だ。〔お新香〕は兎も角、〔蕎麦掻き〕、〔焼き鳥〕（同名異種のもの。だいち串がない）、並んだ酒肴は、初めてのものばかりだった。それらがすべて美味しかった。真っ白な酒器を見た時の予感が的中した。

一日の締めが上手くいくと、その日の価値は、更に増すものだ。次の徳利が届くまで、伝吉はあらめて店の中を見廻した。時代を感じる木造建築だ。天井に大きな角行灯、ハーフ・ティンバー調の柱と壁、その壁を囲む腰高の黒竹貼り。

「このお店は、大正の末から続いています。創業は、明治初頭です」

へえー、と伝吉、カモノハシ、大いに感心する。すると、つとカモノハシが席を立って、店を出て行った。携帯でも鳴ったんだろう、と伝吉は思っていた。

酒が運ばれて来た。伝吉とハダシイタチが献酬を重ねていると、カモノハシが戻って来た。驚きと喜びが綯ない交ぜになっている表情。

「カチョー、カチョーって!ちょっと盃ば置いて、外ぃ出て見られんですか」

「何ばや（何をだ）?」

「ヨカケン。騙されたと思ーて」

カモノハシは、伝吉を引き摺るように外に出た。

「ほら見てんシャイ」

カモノハシの言葉に、伝吉は、振り向いた。おおーっ、と思わず発する伝吉。

江戸を見た。『鬼平犯科帳』の蕎麦屋だ、それも名代の。燻し瓦葺き2階建て、2階の左右には、大きな軒先提灯が掛かっている。1階中央には、〝生蕎麦〟の大きな木看板、左右出入口上部の漆喰の小壁が、松葉に刳《く》り抜かれている。

火消し番屋のＩＣＴ化はおいらにまかせな。行くぜカモ平

「……こらあ、ヨカバイ」

「でっしょうが（でしょう）」

感じ入っている伝吉の横で、カモノハシが念を押す。タクシーが店の横に着いたので、伝吉たちは、店構えを見る間もなく中に入ったのだ。

「入る時ぃ、ちらっと蹲踞《つくばい》と提灯が目に入ったとですよ。で、出てみたらこれですタイ。だいたい九州大陸には、蕎麦文化ちゅーモンがナカモン」

したり気に話すカモノハシは、伝吉の脳裏にはなく、ＩＣＴの最先端の仕事をしている自分たちが、時代を遡って鬼平の蕎麦屋で小酌を楽しむ〝いとをかし〟

を、極めて狭隘なそこに感じていた。云うまでもなく、小酌は大酒に変わった。

来年度、最終年度の課題を話し合っているうちに、ラストオーダになった。全員、〔もり〕にした。伝吉とカモノハシは大盛り、ハダシイタチは並。

「ありゃー、こら少なかーッ！」

運ばれてきた大盛りを見るや否や、カモノハシが驚愕した。

「量に関しちゃ、我が九州大陸の方が勝っとーバイ。ねえ、カチョー。……お姐さん、大盛り追加」

ハダシイタチは、カモノハシの話に微笑み、蕎麦湯を味わっていた。

15 肩透かし

5月の連休明け、研究継続の知らせが伝吉の元に届いた。

――大丈夫とは思っていましたが、継続通知を貰うまでは、落ち着かなくて。

電話の向こうでハダシイタチが云った。

――今年度は、例えば旅行中の聴覚障がい者が**「SOSカード」**アプリで発信した時、最寄りの消防本部をどうやって選択するか、です。……そうです、そうです。スマホ、タブレットは、ＧＰＳで測位が出来ますから、その緯度・経度を使って、管轄消防本部を割り出そうと考えています。

その月の第3金曜日、仕事を終えた伝吉は、久し振りに聴覚障がい者協会の集まりに出向いた。次の段階に進んだ**「SOSカード」**のＩＣＴ化――**「SOSカード」**を搭載したスマートフォン、タブレットからの１１９番・緊急通報――を話すことにしていた。開始時間の19時前には、20人くらいが集まった。もちろん、トキちゃん、カバヅラ君もいる。

伝吉が持参したスマホ、タブレットに全員が興味を示した。杉並でやった実証実験の時と同じように、何時から実用化になるのか、と一様に尋ねた。

「……で、今年度は、直近の消防本部をどうやって探し出すか、がテーマになります」

通報現場はＧＰＳ　送信は GATTEN mail

これまでの成果に自分自身満足しながら、伝吉は、会員に報告した。会場の隅の方で手が挙がった。その年配の男性は、特徴な発音と手話を交えて訊いてきた。

――スマートフォンは、幾らぐらいするのか。高価《たか》ければ購入するのは難しい、年金暮らしなので。維持費もそれなりにかかるだろう。

「『……便利で好いことは、勿論分かっているが……』。課長さん、これは高齢の聴覚障がい者にとって切実な問題ですね」

通訳してくれたトキちゃんが、云い添えた。

伝吉たちの研究は、スマートフォン、タブレットがあるという前提で進めていて、それらの取得は埒外である。伝吉は、答えを持ち合わせていなかった。

「はっきりしたことは、まだ云えませんが、**「SOSカード」**のアプリを持ったスマホが発表されたら、〔日常生活用具給付事業〕の適用を受けて購入出来るかも知れませんね」

横に座っていた市の福祉担当者が、伝吉に代わって説明してくれた。質問した男性は、右手で胸を軽くポンポンと叩いた。

「……バッテン、スマホの入手方法まで考えよったら、そらー、消防庁の研究から外れてしまおうモン、ねぇーカチョー」

一緒に来たテングザルは、質問に納得しかねる様子だ。解散した後も、伝吉たちとトキちゃん、カバヅラ君は、会場に残り話を続けた。

テングザルの云うことは尤もだ。どうやってスマホを手に入れるかなどは、研究対象にはなり得ない。

しかし、聴覚障がい者に持ってもらわないと、伝吉たちの研究成果が生かせない。研究は研究だけに終わり、〝画餅〟になる。「SOSカード」のアプリ化、ＩＣＴ化は、国民の税金を使っての研究だ。何としても実用化、生活用具化しなくてはならない。研究者にはほど遠い伝吉だが、その責務を痛感していた。

「係長さんの云うことも分かるけど、現実的にお金の問題は、避けて通ることが出来ないんです、みんな。お給料が安いんです、聾のみなさん」

トキちゃんがため息を吐く。

「昔、携帯電話が出たころ、〔アッパレ・モバイル〕が聴覚障がい者に無料で携帯をくれたことがあります。スマホもそうなればいいなぁー」

中途失聴者のカバヅラ君は、聴くことは出来ないが、話すことは出来る。カバヅラ君が云ったことに、イグアナ・伝吉、ＧＯＤＺＩＬＬＡ背ビレを光らせたかと思うと、ＧＯＤＺＩＬＬＡ声を発した。

“Gaquwaoooo〜”

伝吉の声に驚いたトキちゃんを、テングザルが掻き抱く。

「ドサクサぃ紛れて何しようかッ！」

伝吉の注意も何処吹く風、

「SOSカード・アプリ」を売り込むが…

「ヨロク、カチョー、余禄タイ。キャキャキャ……」

テングザル、頬を赤らめるトキちゃんから離れようとしない。

伝吉は、思いついた。**「SOSカード」**のアプリを携帯業者《キャリア》に見せよう。ここまで完成しているのだから、キャリアは飛びつく筈だ。社会的、公共的価値は、ゲーム・アプリ何かより、比較にならないくらい高いじゃないか。そして、**「SOSカード」**アプリのデータと交換に、キャリアは、聴覚障がい者にスマホを無償で提供する。

「じゃあ、まず初めは、携帯をくれた〔アッパレ・モバイル〕に行きましょう、課長さん」

トキちゃんは、すぐに賛同してくれた。

「ぼくも行こう。〔アッパレ・モバイル〕には、知人がいます。聾者だけど、開発の仕事をしています」

カバズラ君も乗ってきた。

「カチョー、ちょっと待チャイトッテンシャイ（ちょっと、待って下さい）。最初の研究会議でゾウちゃんが云いよったごと、キャリアは儲からんことには乗ってこん、と思う。確かに**「SOSカード」**アプリの完成度は高っか（高い）。それと企業収益は一致せんよ」

テングザルは、痛いところを衝く。

〝猿者《さるもの》は、日々に鬱陶しい〟だ、伝吉は思った。本来の諺と、かなり内容が異なっているが……。

「いや、業者がどう考えとーか分からんバッテン、この「SOSカード」アプリは、彼らの域ば超えとー、と思う（超えている、と思う）。単なる観念じゃナカッチャケン（ないのだから）。ケーして実機のあるとぞ」

「私もカチョーと変わランくらいの思い入れのあるバッテガ、業者は、レーテツ、冷徹ですバイ。用心しとかな、アイデアだけパクられるかも知れんよ……」

テングザルが、首を傾げる。

青葉が湧き上がるころ、伝吉は、トキちゃん、カバヅラ君共ども、〔アッパレ・モバイル〕九州支社を訪ねた。

３人は、11階の応接室に通された。

――私たちは、これまで〔アッパレ・モバイル〕を初め、いろいろな業者に煮え湯を飲まされました。永年温めていたアイデアを盗まれたのです。この研究は、確かに国のお金でやっていますが、アイデアは、私たちのものです。〔アッパレ・モバイル〕が、触手を動かすことになれば、「SOSカード」のＩＣＴ化は、あっという間に完成するかも知れません。投入出来る人と資金が桁外れです。世界でも屈指の携帯業者ですから。

伝吉が、携帯業者に「SOSカード」アプリを見せるつもりだ、とハダシイタチに伝えると、テングザルと同様の反応を示した。

――しかしですね、先生もご存知のように、聴覚障がい者のみなさんは、一日でも早く使いたい、と云われているじゃないですか。

東京人のハダシイタチと喋る時は、九州弁を抑え、極力標準語で話そうとする伝吉。

――アイデアのパクリは置いといて、現時点では我々は、通信網《ネットワーク》を持っていませんから、携帯業者を巻き込めば、それだけ早く我々の想いが実現することになりませんか。

――泡沫ですが、私も研究者の端くれです。手掛けた研究が盗用され、改竄されるのを、看過するわけには行きません。

――そんなことは、私も許してはならない、と考えています。だた、あと2年間で自前のネットワークが持てなかったら、携帯業者に話を持って行くことになりませんか。自前のネットワークを構築することが、如何に困難なことか、先生ご自身が一番良く分かっておられるでしょう。……私は、**「SOSカード」**アプリを、〝宝の持ち腐れ〟にシトーナカとです。

電話の向こうで沈黙が続いた。

――分かりました。携帯業者との話し合いの件は、了解しました。でも、くれぐれも注意して下さいね。相手は海千山千ですから。課長さんひとりじゃなくて、複数で訪問して下さい。出来たらＩＣレコーダーを忍ばせて、こっそり録……。

「いやぁー、ドーモー、待たせちゃったみたいで、すみません」

ドアが開いたかと思うと、パッツン、パッツンのスーツを着た若者が入って来た。伝吉の回想は中断された。若者は、イワトビペンギンみたいな頭をしている。

挨拶もそこそこに、伝吉は、〔コンジューマー・インタレスト・エクゼクティーヴ・アナラーザー〕という名刺から張り出るような肩書きを持つこの若者に、**「SOSカード」**アプリの説明を始めた。

説明の間にも、イワトビペンギンのスマホが何度も鳴った。伝吉の話を聞く傍ら、彼はスマホに出ていた。

「アイデアも素晴らしく、アプリの動作も完璧ですね」

聞き終わって、イワトビペンギンがデモのスマートフォンを触りながら云った。

「……ＯＳは、Androidで……Javaを使ったのかな……ＳＤＫをベースにして……」

ハダシイタチが喋っていた用語を、ブックサ云っている。伝吉には、それらが繋がらない。

「どうでしょう、この「SOSカード」アプリをおたくのスマートフォンに搭載してもらえませんか、標準装備で。そうして頂ければ、聴覚障がいのみなさんが、大いに助かるんですが」

単刀直入に伝吉は訊いた。

イワトビペンギンは、拳を口元に当て、考えるふりをした。また、彼のスマホが鳴った。手短に話を終え、また熟慮のポーズ。

「〔アッパレ・モバイル〕のスマートフォンだけが、「SOSカード」アプリを持っているということになれば、好い意味の差別化が出来て、売り上げも伸びると思いますが」

伝吉は、売り込んだ。

イワトビペンギンは、熟慮のポーズを解かない。

「御社は、聾の方に無償で携帯を配られたこともありますね。社会に貢献することが、社風とも聞いています。この事業は、その社風にぴったりじゃありませんか」

トキちゃんが、側面攻撃をする。

「搭載してくれたら、ぼくの協会は全員、〔アッパレ・モバイル〕に変えるって云っています」

カバヅラ君のこの発言に、伝吉は驚いた。「云っています」って、中途失聴者の君は別としても、協会の人は聴覚障がいだから、話せんメーモン（話せないだろう）。見ると、考え込んでいるイワトビペンギンは、何の疑問も抱いていないようだ。再び、着メロ。スマホを見たイワトビペンギンは、「ちょっと、失礼」、と云って、部屋から出て行った。

話し合いが途切れたので、伝吉たちが、出されたコーヒーを飲もうかとしていたら、イワトビペンギンが慌ただしく戻って来、席に着いた。そして、伝吉、トキちゃん、カバヅラ君を順に見て、

「結果を云うと、残念ながら現時点では弊社は、ご提案をお受け出来ません。最大の問題点は、「SOSカード」アプリ搭載に掛かる開発費用と需要が見合わない虞《おそれ》がある、ということです。聴覚障がい者の方に特化したサービスは、シェアが狭いので、費用対効果を考えた時、二の足を踏まざるを得ません。

また、非常に公共性の高い「SOSカード」アプリを弊社だけで独占していいものか、ということです。搭載《やる》んだったら、全携帯業者が一斉に標準搭載の形を取るべきでしょう。……課長さん、私の方から質問してもいいですか？」

イワトビペンギンは、伝吉の方を向いた。

「このアプリの１１９番・緊急通報を受信するためには、

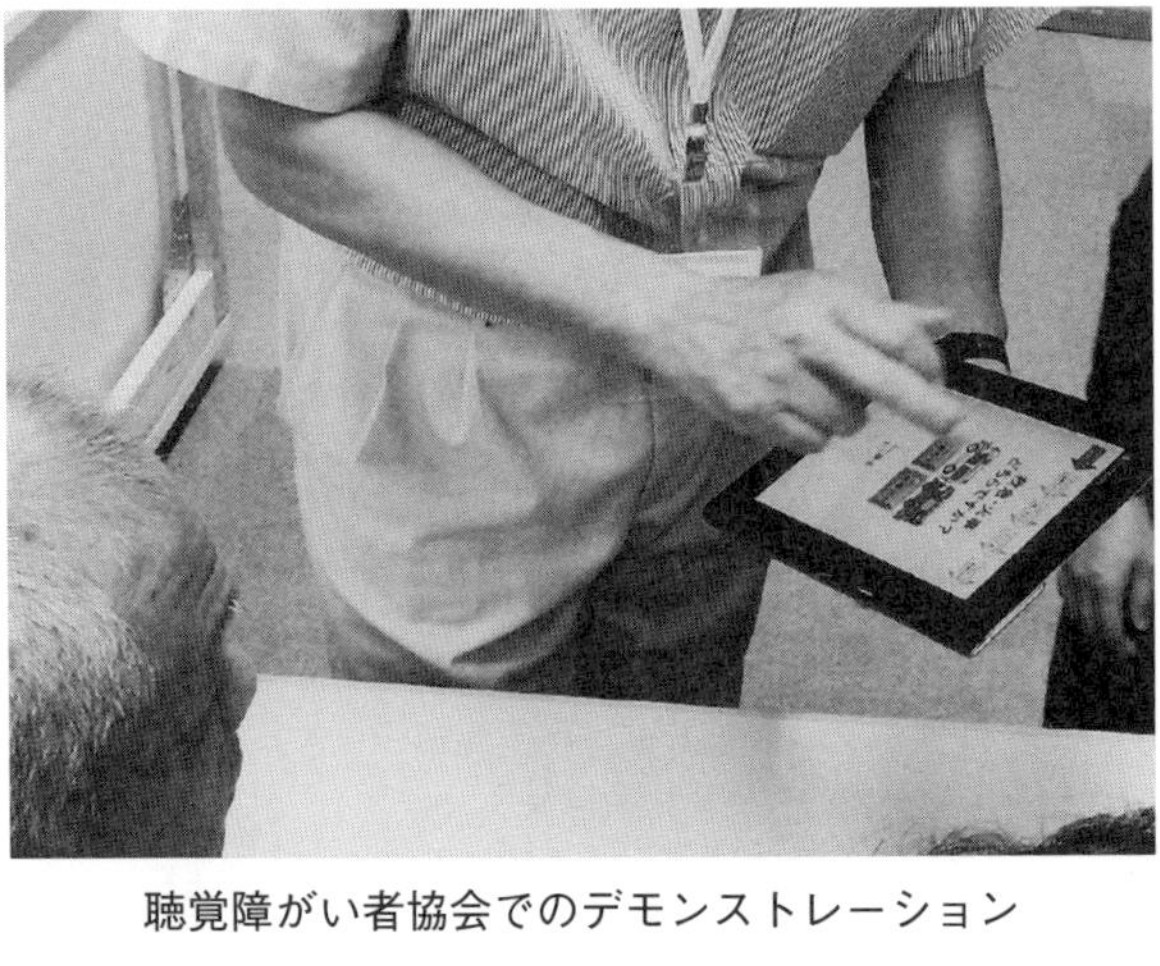

聴覚障がい者協会でのデモンストレーション

消防署の指令管制システムの改修が必要になってくると思いますが、その経費は、どのようにお考えですか？　全国の消防に波及することですから、膨大な額になるでしょう。仮に、私どもキャリアが、「SOSカード」アプリを搭載することになったら、消防は間違いなく受信してくれるのですね」

伝吉は、返答に窮した。指令管制システムの改修など、具体的に考えたことがなかったのだ。仕掛けたはずのイグアナ・伝吉が、小童《こわっぱ》・イワトビペンギンの返り討ちに遭った。

「……ご存知とは思いますが、現在通報者の位置情報などは、ＩＰ―ＶＰＮ網で取得しています。ですから、ここを通して「SOSカード」の画像伝送を出来ないかと考えています。改修費用は、補助金や起債を漠然と考えています。正確な算定などはまだしていません」

要領を得ない説明だ。伝吉は自分を恥じた。携帯業者へのアプローチもさることながら、己の側の体勢作りも重要である。何とか現行の方式で凌げないものか。

〝アイデアをパクられる〟というハダシイタチの心配は、杞憂に過ぎなかった。もっと有体に云えば、携帯業者は、「SOSカード」アプリを歯牙にも掛けなかったのだ。テングザル、ひいてはゾウガメが云っていたことが当たった。伝吉はヘコんだ。

「課長さん、ダメ。たった1回位の失敗でヘコんじゃ。こんなの、私たち織り込み済みですから」

肩を落として、〔アッパレ・モバイル〕を出る伝吉に、トキちゃんが声を掛けた。

「そうですよ。ぼくの人生なんか、失敗の連続なんだから」

カバズラ君が笑った。

この後、伝吉たちは、他の携帯業者からも同様の対応を受けることになるのだが……。

16 打棄り

——「〔通信方法の確立〕と〔直近消防本部の捕捉〕です」。

伝吉は、研究成果評価委員会での凛としたハダシイタチの声を思い出していた。

空いた盃に、伝吉は酒を注いだ。携帯業者《キャリア》への売り込みは、悉く不発に終わった。何時の間にか、夏は終わり秋風が立つ頃になった。

携帯業者とのやりとりは、逐一ハダシイタチに報告していた。「SOSカード」アプリに対する業者の反応を伝えると、ハダシイタチの声が明らかに曇った。

——分かりました。こうなったら、自前の通信方法を考えるしかありませんね。いや、大丈夫です。色々なテクノロジーが開発されていますから。少し時間が掛かるかとは思いますが。

それから、３箇月以上が経つが何の音沙汰もない。

仕事を終え、伝吉は駅前の立ち呑み屋に寄った。月に２、３度訪れる。入口に酒肴の小皿が並べてあり、客は好きなものを取って、奥の帳場で支払う。瓶ビール、冷酒も客が勝手に冷蔵ケースから取り出す。熱燗と生ビールだけは、帳場で用意してくれる。

今日の伝吉の酒肴は、〔ポテサラ〕と〔イカの煮付け〕。暮色に染まる街を見ながら、伝吉は熱燗を

永遠に続いてほしいこのひと時

呑んだ。

……「〔通信方法の確立〕と〔直近消防本部の捕捉〕です」。これに〔指令管制システムの改修〕が加わった……。

年度の下半期を迎え、伝吉の脳裏からこれらが消えたことがない。

「おひとつどうぞ」

声がしたかと思うと、酒が注がれた。驚いて見ると、トキちゃんが徳利を持っているではないか。

「浮かない顔してどうしたんですか、課長さん」

「……そんなことより、どうしてここに？」

トキちゃんは、大きなバッグをテーブルの端に置いた。

「設計の打ち合わせが、そこのビルであったんです。終わってビルを出ると、課長さんが見えたんです」

携帯業者への売り込み以来、トキちゃんには会っていなかった。梅雨時の豪雨、夏の渇水、熱中症対策、消防団ポンプ操法訓練、デジタル無線アドバイザー業務などで、伝吉は多忙を極め、聴覚障がい者協会の例会にも出席出来なかった。

「お久し振りです」

トキちゃんは、ジョッキを掲げビールを美味しそうに呑んだ。細く白い喉が、伝吉には眩しかった。

「ところで、「SOSカード」のICT化の研究は、どこまで進みました？　協会の皆さんの話題は、それればかりですよ」

「……それがね、トキちゃん。ドクター・ハダシイタチから梨の礫。こっちも、忙しかったバッテンね。多分、一所懸命研究しようとは思うよ」

「今年度出さなくちゃいけない成果は、〈通信方法の確立〉と〈直近消防本部の捕捉〉でしたね」

「そう。それぃ、トキちゃんも知《しっ》とーごと、〈指令管制システムの改修修〉。これは、求められた成果じゃないけど、不可避なことやケン、研究者として真摯に対処するって、ドクター・ハダシイタチは、云いよった」

「大変ですね、課長さん」

「いや、ぼくじゃない。総ては、ドクター・ハダシイタチに掛かっている。ましてや、テングザルたちでもない。奴らは、足手纏いこそなれ、役に立った例《ためし》がない」

トキちゃんが笑った。

伝吉は、初秋の一刻《いっとき》を、若く聡明な女性と過ごせることに仕合わせを感じた。出来の悪い野郎ばかりの消防署では、到底感じ得ない仕合わせだ。この珠玉の一刻を持ち続けるためにも、何としてもこの研究は成就させなければならない。やや酔った伝吉は、本旨をすっかり忘却し、私心に塗《まみ》れて、決意を新たにした。

「でも課長さん、あんまり無理されないでくださいね。ここまで出来ただけでも、私満足なんです。

だって、何にもないところから始めて、「SOSカード」が出来て、みんなに喜んでもらって、おまけに表彰までされて。その上、ＤＶＤまで作ることが出来て。充分すぎますよ、課長さん」

トキちゃんが、潤んだ双眸《そうぼう》で見つめる。吸い込まれそうになるのを、必死に踏み止まり、〔ポテサラ〕を頬張り、盃を呷《あお》った。

トキちゃんがクスリと笑った。「ジッとしてて」、と云うとバッグからティッシュを取り出し、伝吉の口元を拭ってくれた。

「ポテサラが付いてますよ、課長さん」

一合２００円の酒が、純米大吟醸の酔い心地。伝吉のＧＯＤＺＩＬＬＡ背ビレは、光りっ放し。この時ほど、〝生きてて好かった〟と感じたことはなかった。

「戴いても好いですか？」

「それとも〔ポテサラ〕？」

どうぞどうぞ、と云って、伝吉は、〔イカの煮付け〕を勧めた。

「いえ、お酒を戴いても好いですか？　建築の仕事とお酒は、切っても切り離せないものでしょ。鍛えられて、この頃、日本酒に目覚めたんです」

「これは、気が付かないことで。じゃあ、盃を貰って来……」

「わざわざ取りに行かなくても、課長さんのがあるじゃないですか」

「ソーよねー、ソーやったねー。ここにあるモンねー」

伝吉、口から持って行って盃を空けた。トキちゃん、事もなげにそれを受け取り、注がれた酒を呑んだ。トキちゃん、一瞬口を結び、「……美味しい」、とひと言。

「じゃ、ご返盃」

トキちゃんが、盃を差し出した。一合２００円の酒が、純米大吟醸を超えて、中取り純米大吟醸35%レジェンドになった。

「心配いりませんよ、課長さん。**「SOSカード」**のＩＣＴ化は、必ず成功します。予感がするんです、上手く行く。こう見えて私、霊感が強くて、先のことが、よく分かるんです……人の心も」

トキちゃんが伝吉を見た。平静を装っていたものの、伝吉の心は幾分波立った。

「だから課長さん、今日はふたりで前祝いをやりましょう」

「バッテガ、立ち飲みで前祝いじゃ……ましてトキちゃんが一緒なら、もう少し……」

「いいんです、ここで。私たちにピッタリです。……それに、お酒は、場所じゃなくて、相手が大切です。そうでしょ、課長さん？」

小首を傾げるトキちゃんに、伝吉、溶解寸前。

トキちゃんが、両手に徳利を持って来た。チャコール・グレイのパンツ・スーツが好く似合う。ストライプのシャツの襟元を、シルバーのネックレスが締める。髪をひとつに束ね、耳元には、ネックレスとセットのイヤリングが光る。

「お待ちどうさま。熱いのをグッと、課長さん。前祝いと慰労会ね、今日は。課長さんの慰労会。本当にお世話になっています」

「ンなことはないよ。こちらこそ、だよ。さあ、トキちゃんもどうぞ」

一気に呑むと、トキちゃんは小皿を取って来た。通路を通る彼女を呑兵衛たちが振り返る。

「ハムエッグ、一緒に食べましょう。美味しそうでしょ」

身悶えするような幸福に伝吉は包まれた。盃を置こうとして、伝吉は、誤って箸を下に落とした。それを見たトキちゃんが、

「食べさせてあげる」

と云って、伝吉の口にハムエッグを運んでくれた。躊躇いながらも、折角の好意だから遠慮なく戴いた。人生で最高の〈ハムエッグ〉だ。

さっきは、〝生きてて好かった〟と思ったが、今は、〝死んでも好い〟と思う伝吉。トキちゃんが微笑んでいる。ひとつの盃が往き来する。

「はい、次ね。アーン」

促されるまま口を開けた時、携帯が鳴った。

「この大事な時に、一体何処のボケナスだッ！」と悪罵を吐きながら、伝吉は店の外に出た。

――喜んで下さい。ついに完成しました。これで一挙に、〈通信方法の確立〉と〈直近消防本部の捕捉〉、それと〈指令システムの改修〉が解決します。長い間連絡もしなくて済みませんでした。パリでの国際学会に出席したりしていたものですから。……課長さんは、お変わりありませんか。

詳しいことは、上京された時にご説明しますが、「SOSカード」のApplicationをGATTEN mailを使って、直近の消防本部に送信します。これには、発信位置の地図が添付されます。直近消防本部の選定は、全国の消防本部の緯度・経度を予めスマートフォンに入力しておき、そのスマートフォンのGPSでの緯度・経度に最も近い消防本部をヒットする仕組みを作りました。

現在は、DeployGateですが、将来GATTEN Play Storeなどにuploadすれば、誰でもfreeでdownloadすることが出来ます。

〔指令管制システムの改修〕ですが、これは指令管制センターにパソコンが1台あればこと足ります。古くても構いません、インターネットに繋がれば……。

興奮気味のハダシイタチは、際限なく話す。

頬杖をついてこちらを見ているトキちゃんが気になりながらも、伝吉は、急き込むように訊いた。

画像も送るぞ「SOSカード」アプリ

——本当ですか、先生ッ⁉　専門的なことは聞いても分かりませんが、要は、**「SOSカード」**アプリが、全国何処で発信されても、直近の消防本部に届き、通報場所の地図表示が出来るようになったのですね？……フムフム、凄いじゃないですか。……もちろん、上京します。……ええ、カモノハシを引っ張って行きます。……フムフム、じゃあこのやり方だと、〔通信方法の確立〕、〔直近消防本部の捕捉〕、〔指令管制システムの改修〕3つのハードルが一挙にクリアー出来るわけで、〝一石三鳥〟〝一刀三断〟〝一粒で三度美味しい〟のトリプル・プレイじゃないですか。

トキちゃんに知らせよう、と伝吉は携帯を握ったまま店に戻った。

……5年前の救急事案が切っ掛けになり、聴覚障がい者の119番・緊急通報に取り組んだ。聴覚障がい者協会にも足を運んだ。会員を消防署に招き、指令センターや消防車両を見学してもらった。トキちゃんやカバズラ君たちとの交流が始まった。「SOSカード」が出来、そのアプリが出来た……これまでの出来事が去来した。トキちゃんも喜ぶに違いない。伝吉は、呑兵衛どもを掻き分けるようにしてテーブルに辿り着いた。

……いない、トキちゃんがいない。伝吉は、辺りを見回した。徳利の下にメモが挟んであった。

「クライアントから急な呼び出しです。お忙しそうなので、お声掛けはしませんでした。この続きは、近い内に必ず……。

大好きな課長さん　×××　トキ」

膝から崩れ落ちそうな絶望感の後、伝吉は、天にも昇りそうな絶頂感に包まれた。×がある。それも三つも。伝吉は、込み上げてくる喜びを止めることが出来なかった。クックックと声にもならぬ音を吐き、思わず伝吉は、テーブルを叩いた。

「「ポテサラ」が喉ぃ詰まったとな（詰まったのか）？　おろたえて（急いで）喰うケンタイ。大丈夫な？」

伝吉の様子を見て、常連の呑兵衛が訊いた。

17 千穐楽

ここで復習。消防救急デジタル無線の構築に係わって、伝吉たちは、日本初、いや世界初の聴覚障がい者専用の１１９番・緊急通報システムを造ることを発起する。彼らの創意はこうだ。

1 「SOSカード」――聴覚障がい者の救急事案の際、現場で使うコミュニケーション・カード。提示するカードには、種別、部位、程度などがイラストで描かれ、聴覚障がい者は、それを指で差す――をアプリ化出来ないか。

2 そのアプリをスマートフォンやタブレットに搭載出来ないか。

3 搭載した「SOSカード」で１１９番・緊急通報が出来ないか。

4 その１１９番・緊急通報を直近の消防本部に送信出来ないか。

これらのアイデアの実現に呻吟していた時、救い主、エジソン、大国主命の如きハダシイタチが忽然と登場。

1は、SDK (Software Development Kit)、MIT App Inventor、C++、Java を駆使し、

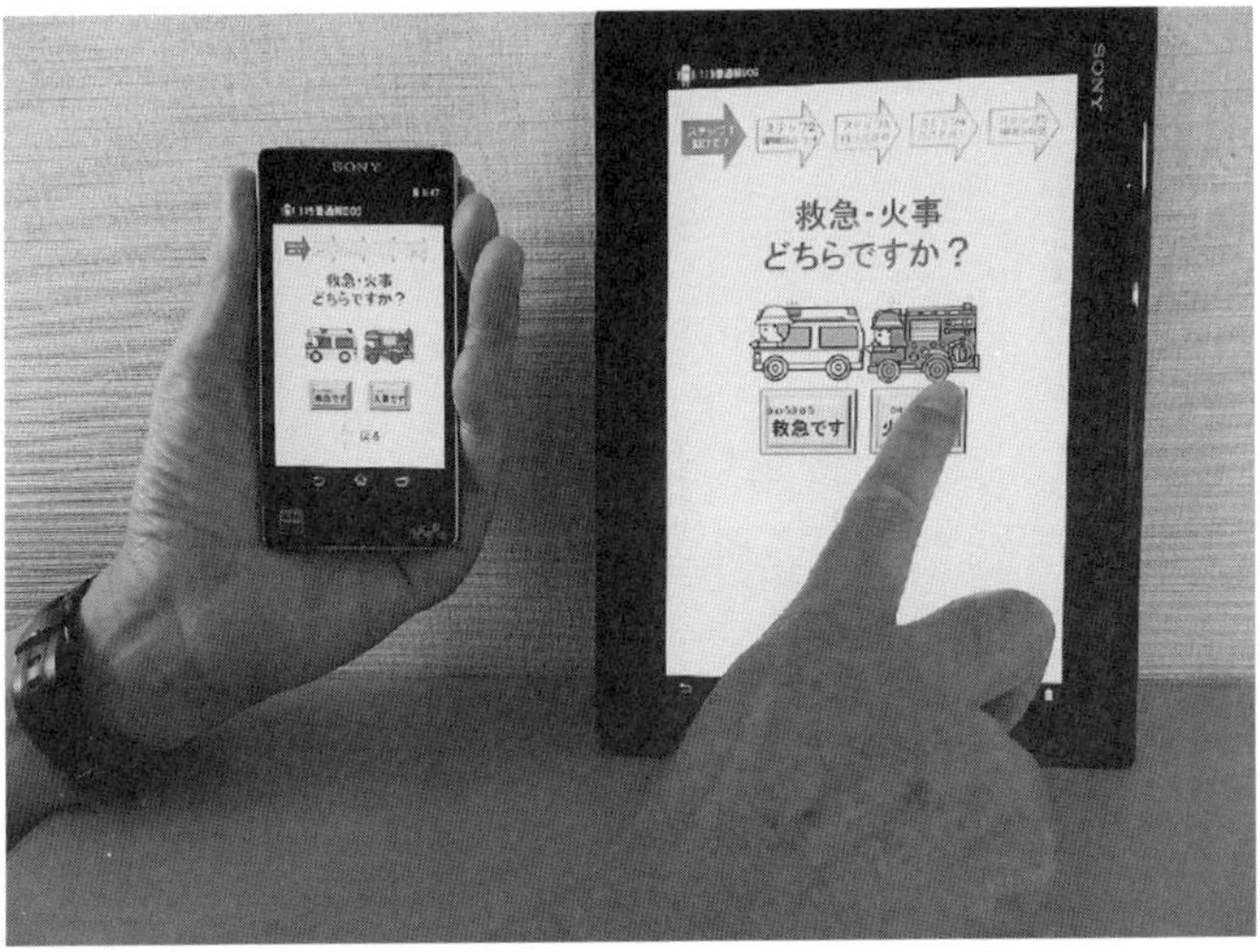

スマフォとタブレットで表示した『ＳＯＳカード』の初期画面

OSは、Android で完成。
2は、DeployGate でOK。
3は、GATTEN mail で楽勝。
4は、全国の消防本部の緯度、経度と端末（スマートフォンやタブレット）のGPSを整合させることにより可能。

ハダシイタチは、ＩＣＴの研究者に相応しい能力を発揮し、伝吉たちの想いを叶えた。時正に、11月9日、１１９番の日だった。因みにこの日は、伝吉の誕生日でもあった。

「これで今年度の研究成果評価委員会は、クリア出来ると思います。ひとまず安心です」

東京・田町、〇〇電気別館４階の例《いつも》の会議室で、伝吉とカモノハシは、ハダシイタチの話を聞いている。ここに来るようになって、２度目の秋だ。設《しつら》えは古いが、真鍮のドアノブは磨き込まれ、砕石模様のコンクリートの床は光り、大振りのサッシで囲まれた窓には、一点の曇りもなかった。大きな机の上には、何もない。〝明窓浄机〟……やな（だな）、伝吉は思った。うちの指令課とは、雲泥の差だ。

耳元に熱気を感じた伝吉が横を見ると、俎板顔《まないたがお》のカモノハシの鼻孔がある。鼻息が荒い。ハダシイタチの話に興奮を抑えきれない様子だ。

「こっちは、〝迷走蒸気〟やな……」

伝吉は笑った。自分を見て、伝吉が笑ったので、カモノハシは訝しげだ。

「……で、課長さんが最初に云われた、通報者が開いている画像をそのまま指令センターに送ることですが、まずは通報回線の伝送容量の不足、次に指令システムの大掛かりな改修を伴い、われわれの能力範囲を超えています。通報者情報を取得《とり》に行くIP―VPNもテキストデータ以上を送ることは難しい。その上、このIP―VPN網に新たに**「SOSカード」**を重畳《ちょうじょう》させるには、おそらく国の電波監理審議会などの承認を必要とするでしょう」

「……テンテレヤスーウ（簡単に）考えとりましたね、私たち……」

「そやなー。やっぱー、〝餅は餅屋〟ぞ。いや、分かりました。先生が構築《つく》られた方法がベストと思います。第一に、利用者にも消防にも経済的負担が殆んど掛からない、ということが画期的ですよ、先生」

「ソーですタイ。そして『今からでも使える』ということが凄か。さしずめ先生は、現代の平賀ゲンダイ、ケッケッケッ……」

伝吉は、カモノハシの座布団を全部取りたくなった。「山田君ッ！」、と心中で呼んだ。

「SOSカード」アプリの通報試験は、この会議室で行われた。

「この会議室を指令センターに見立てて、ここの緯度、経度をこのスマートフォンに落としています。事前登録事項は、私のを入力《いれ》ています」

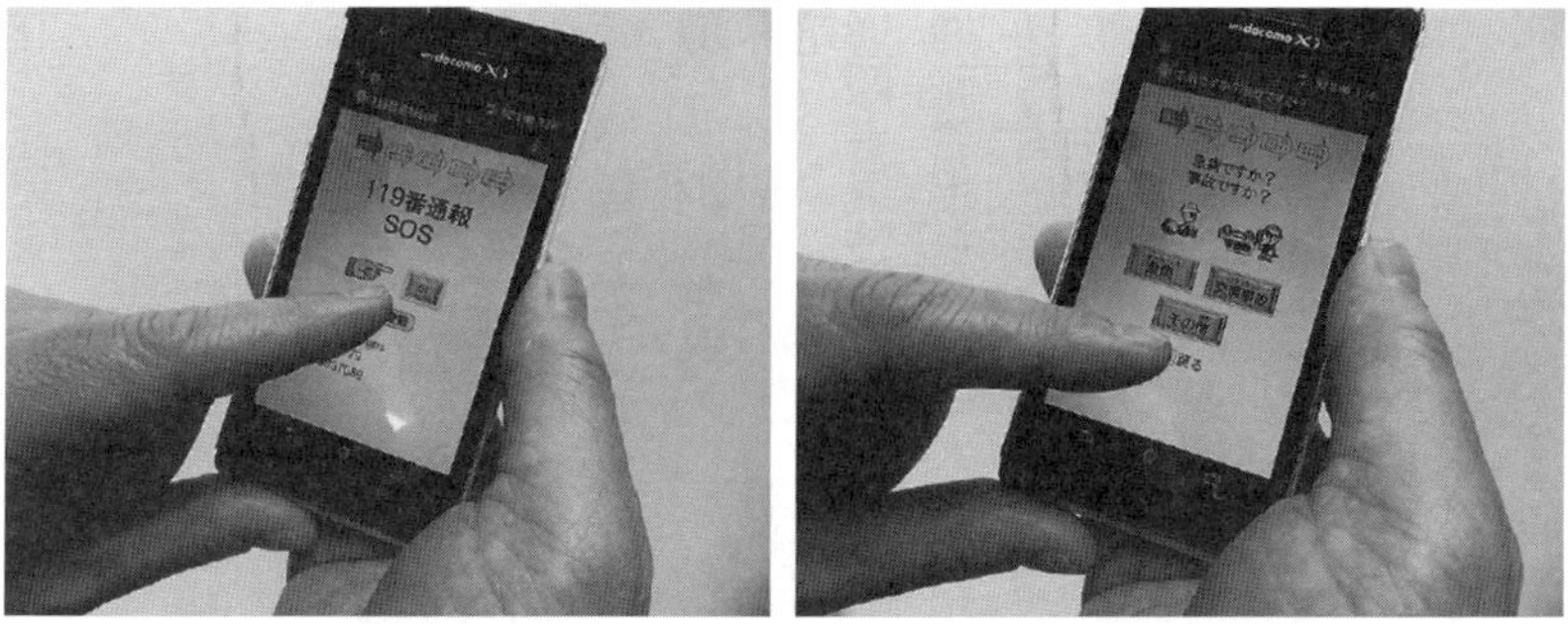

『ＳＯＳカード』アプリを聞いて次に「救急」「交通事故」「その他」を選択

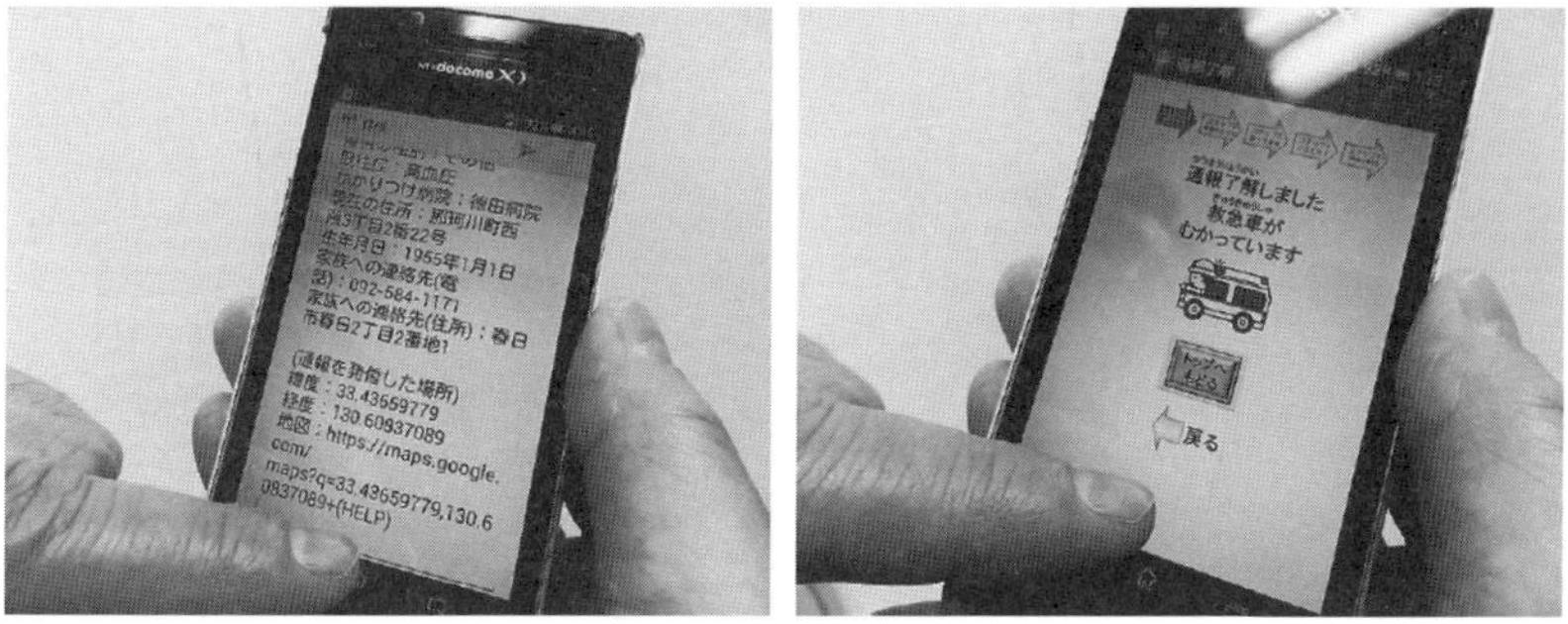

事前入力済みの個人情報を確認したら、〔ＯＫボタン〕をタッチで終了

そのスマートフォンをカモノハシの前に置いた。

「これが受信用のパソコンです。インターネットで**GATTEN mail**を開いています」

取り出したノート・パソコンを伝吉の前に置いた。

「じゃあ、カモノハシ係長さん、**「SOSカード」**アプリで通報して下さい」

カモノハシは、アイコンに触れる。**「SOSカード」**のファースト画面が出た。問いに答える形でタッチする。イラストを配した画面は、タッチすれば、次々に転換して行った。一年前、杉並でやった動作確認試験と同じだ。

1　〔救急〕をタッチ

2〔通報者は?〕のところは、〔本人〕をタッチ

3〔種別〕のところは、〔急病〕をタッチ

最後に「この内容で通報します」と訊いて来て、下記のように送信内容が表示される。

通報者氏名：ハダシイタチ・次郎

発生（通報）住所：東京都港区芝浦　○丁目○番（カモノハシが、今いるところ。端末GPSで検出。
入力の必要なし）

傷 病 者：本人

種　　別：急病

通報者障がい種別：聴覚障がい

通報者既往症：貧血症

通報者掛りつけ：大藪内科

通報者住所：東京都港区赤坂○丁目○番○号

通報者生年月日：昭和22年4月1日

通報者家族への連絡：00-0000-0000

※は、事前に入力している。

――この内容で通報します――

〔OKボタン〕をタッチ。

ここからが、新たに開発されたところだ。GATTEN mail の〔送信マーク〕が出て来た。カモノハシが、それをタッチする。

待つこと数秒。ノート・パソコンのGATTEN mailの〔受信トレイ〕にカモノハシの通報が来た。すなわち、「SOSカード」アプリを搭載したスマートフォンが、直近の消防本部を選択したことになる。

伝吉は、受信メールをクリックした。カモノハシの送付文が表示される。その下に、発信場所の緯度、経度と地図が添付されている。

伝吉は、地図を開いた。カモノハシと伝吉がいるビルがポイントされ、付近の建物、道路がディスプレイに映し出された。

伝吉、カモノハシ、思わず感嘆の声を洩らす。

「……カチョー、こらー、凄過ぎる……」

「……」

伝吉、声を失う。聴覚障がい者の１１９番・緊急通報が可能になった瞬間だ。伝吉の拙《つたな》い着想が具現化された。細かい差異などどうでもいい。これで、トキちゃん、カバヅラ君を初め協会のみなさんに顔向けが出来る。伝吉は、ハダシイタチの手を両手で握り込み、頭を下げた。

「いやあ、素晴らしい。想像を遥かに超えたものです」

「そんなに喜んで戴いて、恐縮です。でも、もっと実証を積まなくてはなりません。複数の消防本部に受信用のパソコンを置いて、発信地直近の消防本部が選択出来るかを視る必要があります。また、民間のサービスを使っていますから、セキュリティーの問題、サービス体制の維持、確実性の保障など色々な課題があるのも事実です」

「一般の１１９番・緊急通報も、ＮＴＴその他民間サービスがあって初めて成り立っていますから、問題はナカでしょう」

カモノハシが意見を述べた。

「インターネット網を使った１１９番通報は、まだ充分に認知されていませんし、重要なインフラを民間サービスに頼っていることに、批判が出るはずです」

「バッテガ、自前のインフラば造ろうとしたら、莫大な経費と時間が経るとでしょう？　私たちが知り得んだけで、聴覚障がい者は、今この時も１１９番・緊急通報ば必要としとーかも知れんとですよ」

伝吉の言葉に、ハダシイタチは大きく頷いた。


平成26年2月某日、月例の指令担当係長会議が終わり、一服していると、テングザル、イボイノシシ、ゾウガメ3係長が打ち揃って伝吉のところに来た。

「カチョー、今度の評価委員会もカモノハシば随行《つれ》て行くちゃろ？」

テングザルが訊いた。

「ションナカローモン（仕方がないじゃないか）、行き掛かり上」

伝吉が答えると、

「……で、ものは相談ですタイ、カチョー。ゾウガメの調べたところによると、旅費が結構残っこと一らしかです、総務課ぃ。年度末のチャンスば、逃すこたーナカですよ、カチョー」

イボイノシシが、ニヤリとしながら教唆《おし》えた。

「……？」

「わっしの嘗めた（調べた）ところじゃ、係長3人分の東京出張なんて軽い軽い」

イボイノシシ、『鬼平犯科帳』の嘗め役と化す。

「全国初、フルスペックの消防救急デジタル無線システムを整備している我が凸凹消防本部は、全国800に垂んとする消防本部の崇敬を集めております。北は北海道・稚内から南は沖縄・石垣島に至るまで、デジタル無線整備の威光に与らんと詣でる本部引きも切らず、……」

テングザル、古刹の法主《ほっす》口調。

「これも偏に消防救急デジタル無線実験試験に採択してくださった、総務省・消防庁の御御心の賜物。東方、総務省・消防庁に遥拝。一同、最敬礼」

3係長が深々と低頭するもので、伝吉もつられて頭を垂れた。

「ソヤケン（そうだから）、カチョー、消防庁にお礼参り行かないかん、って消防長に云うて、総務課からおれたち3人分の旅費ば取って来んシャイ。来年度、継続になるかどうか分からんっちゃケン。そーしてタイ、江戸でカチョーの〝お別れ桜花《はな》見〟ばしょう。卒業まであとちょっとやろーが。……分かったね、カチョー。消防長ば、都合よー騙くらかさなよ（騙すんですよ）。総務課が四の五の云うたら、みなの者、強訴、焼き討ちじゃッ！」

テング法主、山法師に豹変。テングザル、イボイノシシ、ゾウガメたちに背中を押されるように、伝吉は交渉に向かったものの、私心見え見えの発案は、あっさり一蹴された。

と云うわけで、平成25年度研究成果評価委員会の成り行きを見極めようと、伝吉、カモノハシを追うように、トリオ・ザ・係長は、テングザルの〔おともdeマイル〕を使い、空路東京を目指すことになった。

成果発表は、順調に進み、

・通報地点直近消防本部選定の精度の向上
・聴覚障がい者等及び全国消防本部への本システムの周知
・GATTEN mail（フリーメール・サービス）の安全性、確実性の確保

を、来年度・最終年度の課題とした。終わりに近づいた時、ひとりの評価委員が質問をした。

「この研究は、双方向通信が可能ですか？　聴覚障がい者の方がBY STANDERになることも大いにあり得ることですから、双方向通信が可能であれば、指令センターからＣＰＲ指導が出来ることになります」

「この研究では、聴覚障がい者のＣＰＲを想定していませんでしたが、緊急通報した相手に、消防本部から受信した旨を送信するシステムになっていますから、双方向通信は可能です。これに関しては、当然実証実験が必要になりますので、今のご質問から類推しまして、私どもの研究が来年度の継続を頂いたと判断して宜しいでしょうか」

ハダシイタチの回答に、評価委員の笑いが起こった。

「カンパーイ」

伝吉たちは、缶ビールを挙げた。九段の桜は、ほぼ満開。茶屋に座り、桜花を愛でつつ、おでん、焼きそばをアテに一献。一陣の風に花弁が舞う。

「間違いなかろー、カチョー。研究の継続は」

テングザルの言葉にみんな頷く。

「聞いたとこじゃー、只今現在使いモンになるたー（なるのは）、ウチの研究だけらしかバイ」

おでんの大根を頬張りながら、イボイノシシが伝えた。

「まあ、何はともあれ、この研究のお蔭で、みんなで東京で桜が観られるっちゃケン、幸せやなぁ」

ゾウガメがしみじみ云う。

「ほんと、ほんと」

焼きそばを掻っ込みながらカモノハシが、何度も首を振る。伝吉が立ち上がった。

「改めて云うことでもないバッテガ、みんなご苦労様でした。特に先生《シェンシェイ》には、一方ならぬご苦労をお掛けしました。ありがとうございました」

伝吉の言葉に、「ありがとうございました」と4人の係長が唱和した。とんでもないと、ハダシイタチが慌て手を振る。

「評価委員会の判定がどうであれ、所期の目的が達成されたことは、間違いない事実タイ。今度の大震災の教訓が、**「SOSカード」**のアプリ化、ＩＣＴ化を後押ししてくれたこともある。バッテガ、今まで世の中になかった聴覚障がい者の１１９番・緊急通報システムば作り上げタター（作り上げたのは）、トキちゃん、カバヅラ君を含めたここに居るメンバーぞ。これを誇りに思おー、みんな。そやケン、今日は呑むぞッ！」

桜花に誓う「ＳＯＳカード」ＩＣＴ化

「オーッ！」と、一同から鬨《トキ》の声が上がる。

缶ビールが熱燗に替わる。名残りの寒さが、酒に合う。蒼い空には星が煌めき、桜と妍を競っているようだ。いい酒だ。判定が出るのは、５月の連休明け、と二等釜事務官が云っていた。慌てず騒がず、それまでは、泰然自若といこう。

「まあ、一杯、カチョー」テングザルが注しに来た。

「ねっ、好かったろーが、東京で桜花《はな》見して」

「ソー、ソー、おまえの云うとーり。持つべきものは、サルとバーベル。ハハハ……」

愉快だ。伝吉は酔った。３年前、こんな気持ちで九段の桜が観れるとは、思いもしなかった。

……と、携帯が鳴った。トキちゃんからだ。伝吉は、椅子を蹴倒す勢いで立ち、急いでみんなから離れた。

――評価委員会の反応はどうでしたか？　……ええ、そうですか。それは、好かったですね。で、お戻りは何日《いつ》ですか？　……課長さん、この前のデート憶えています？　……ホントに？　じゃ、続きをやりましょ、来週の金曜日、場所は……。

いきなり無音になった。肝心なところで、通話が切れた。見ると〔電池切れ〕。「おのれ、この大事な時に」思わず伝吉は、ガラ携を千鳥ヶ淵に投げ込みそうになった。

「何しよーと（何をしてるんですか）、カチョー？　あらー、こら、バッテリーの切れとーモン。ボサ（役立たず）かー、カチョーんたー、ガラ携やモン。捨てらな、シェーなたー（そんなのは）」

小用帰りのテングザルが云い立てながら、脇を過ぎて行った。伝吉の憂鬱は続く……。

コラム風ノ巻　老兵は死なず、ただ消え去るのみ

……ナカムラさん……ナカムラさん。寝ちゃダメですよ。……どこまで話しましたっけ。ああ、市町村警察の話でしたね。

市町村の小さな単位で、国民の負託に応える警察行政が出来ると思いますか、ナカムラさん？　人事は停滞し、忖度、癒着が蠢き、広域捜査、財政にも問題が出た。

警察内部からも改革の必要性が問われていたのに、なぜそれが実行できなかったのか？　どう思います、ナカムラさん？　当時の日本は、独立国ではなかった。国会はありましたが、ＧＨＱから統治され、独自に法律を作るなんて出来なかったのです。

『サンフランシスコ講和条約』って聞いたことがあるでしょう、ナカムラさん。この条約で、日本は、他国の干渉を受けない独立国になったのです。ＧＨＱ・占領国の検閲を受けることなく法律を作ることが出来るようになったのです。

『憲法』はいうまでもなく、『消防組織法』、『消防法』の原典は、英文で書かれています。それは、これらが作られた時は、『サンフランシスコ講和条約』以前だったからです。大体、〔消防対象物〕なんて言葉、日本語に馴染みませんよ。

独立国になったのを機に法改正し、警察は、都道府県単位にしたのです。消防はというと、『消防組織法』により、昭和23年（1948年）警察から分離していたので、同調することなく、現在の市町村単位のままで残るのです。

当時の消防の常備化率・３％。都道府県単位にしようにも消防そのものが存在しない、こんな時代があったんですよ、ナカムラさん。

消防本部が増え始めるのは、昭和40年代以降です。まだ生まれていないですね、ナカムラさん。組合消防の形で次々と誕生し、昭和45年、58本部しかなかったのが、昭和50年には、約７倍の378本部になっています。ナカムラさんの本部は？　……そう、やっぱり組合消防。そして、現在の常備化率は、98.2%、全人口の99.9%をカバーするまでになったのです。

P.223へ続く

18 WALK DON'T RUN

話の途中で、中年の男性から質問手が挙がった。伝吉は、彼を指した。男性は、席を立ち前に出て来た。こうしないと、みんなに質問の内容が分からないからだ。講師の伝吉のところに来た男性は、手話と聞き取りにくい発話を交えて質問を始めた。会場のみんなは、その男性の手話に注目する。

伝吉たちは、地元の聴覚障がい者協会の例会に来ている。「SOSカード」アプリ再紹介のためだ。それが搭載されたスマートフォンとタブレットを持参して来た。去年の1月、東京・杉並の聴覚障がい者協会で動作確認したものにVersion upを加えていた。質問事項を削り、画面転換を早め、救急隊、消防隊にその端末自体の位置を知らせるように、発光し、警報音が出るようにしていた。

「痛い時に、何回も画面をタッチすることなんか出来ない。1回のタッチで消防署に通報出来るようにならないのか」

男性は、伝吉に訴えた。会場のみんなも「そうだ、そうだ」という仕草をしている。伝吉は、横の講師席に座って、パソコンを操作しているカモノハシ・指導係長を見た。

首を捻るカモノハシ……。

3月に開催《ひら》かれた「消防庁・消防防災科学技術研究推進制度」の研究成果評価委員会の結果が6月

に出た。伝吉たちの研究・「聴覚・言語機能障がい者のための緊急ユニバーサル・コミュニケーション・システム開発」は、継続になった。これで、平成26年度も研究出来ることになったのだ。

しかし、この消防防災科学技術研究推進制度は、最長で3年なので、今年度が最後になる。

――泣いても笑っても、来年3月までです。

継続の通知を教えてくれたハダシイタチが、電話の向こうで云った。伝吉は、言葉に決意を感じた。評価委員会で、双方向通信――**「SOSカード」**（聴覚障がい者の救急事案の際、現場で使うコミュニケーション・カード）アプリで緊急通報してきた聴覚障がい者に、指令センターから初期消火、心肺蘇生など応急処置を指導する――の可能性を問われたハダシイタチは、この実現にも取り組んでいた。

――聴覚障がい者が健常者を助ける。いいじゃないですか、この発想。とかく社会的弱者と思われがちな聴覚障がい者のみなさんが、一朝有事に活躍する。助けられるばかりじゃなく、**「SOSカード」**アプリがあれば、助ける側にもなれるんです。

……社会は、相身互いで成り立っている。人は、他者を助け、一方で他者から助けられるのだ。心肺蘇生法と同じだ、自分がいくら上手くそれが出来ても、自分に施《な》すことは出来ない。じゃあ、心肺蘇生法を学ぶのをやめるか。みんながそう思ったら……。自分が倒れた時、その人は、誰からもmouth to mouth・心臓マッサージを受けることなく、限りなく死に近づく、ということになる。

心肺蘇生法を学ぶのは、畢竟自分のためだ。そして、人は、他者を助けることに大きな喜びを感じる。その喜びは、決して物質では贖えない崇高なものだ。それを知っているから、人は長い時代を生き延びて来ることが出来た。

耳が聞こえようと聞こえまいと、話しが出来ようと出来まいと、みんなが社会の一員、必須の構成員であることは間違いない。大体、肉体的にも精神的にも完璧な人などいない。まして、人は歳を取る。重軽問わず、みんな何らかの障がいを抱えている。それが人だ。だから、人は助け合う。みんな価値ある存在なのだ……。

ハダシイタチと話しながら、伝吉は、取り留めもない考えに浸った。

——課長さん、評価委員会で発表した3つの課題、

・通報地点直近消防本部選定の精度の向上

・聴覚障がい者等及び全国消防本部への本システムの周知

・GATTEN mail（フリーメール・サービス）の安全性、確実性の確保も鋭意研究、検討を加えています。

さらに、「SOSカード」アプリのInnovationのために、エンド・ユーザーの聴覚障がい者の意見を聞きたいので、そちらでまた実証実験をやってもらえませんか。

この依頼に応えるべく、7月中旬、伝吉とカモノハシは、この例会に来た。第2回目の「SOSカード」アプリ・デモンストレーション（実証実験）だ。

例会は、夜7時から始まる。日勤の伝吉は、仕事が終わって、隔勤のカモノハシは、今日は週休の

中日だった。

「カチョー、ワンタッチ通報ばＯＫやらしたら、誤報、偽報で指令管制センターが、テンヤワンヤぃなりますよ。「ＳＯＳカード」アプリは、誰でもダウン・ロード出来るごとしよっちゃケン（してるんですから）」

カモノハシが助言する。伝吉も同感だ。

「おっしゃることは、良く分かります。消防車、救急車に少しでも早く、1分でも1秒でも早く来てもらいたい。それは、障がいのあるなしに拘わらずみんな同じです。でも、私たちは、現場に着くだけで、業務が終わるわけではありません。むしろ、それからが本当の業務が始まるのです。

例えば、『救急・急病』だけの通報で、現場に出動することは出来ます。でも、何が原因なのかが分からなければ、二度手間三度手間を要し、結果的には無駄な時間が経過《かか》ることになるのです。単なる腹痛も急病ですし、妊婦の陣痛も当事者にとっては、急病です。救急車の出動は同じですが、隊員の準備、病院の手配などは全く違います。この妊婦さんがマンションの5階に住んでいたら、人手がいるので、消防隊も出動することになります。現場に着いて、それから処置を考えていたら、救える命も救えなくなります」

伝吉は、口を大きく動かし、ゆっくり話す。それをトキちゃんが手話通訳する。伝吉たちが、この例会に行くと云ったら、トキちゃんも来てくれた。トキちゃんは、一級建築士で、ボランティアで手話通訳をやり、伝吉たちとは、ペーパー・ベースの「ＳＯＳカード」作成時からの付き合いだ。待ちわびていた「ＳＯＳカード」アプリ実証実験ということで、息を急き切ようにして駆け付けてくれた。

会場は、静かになった。みんな頷き、納得した様子だ。トキちゃんが、伝吉を見て、ニッコリ笑う。

ＩＣＴ社会

それを見逃さなかったカモノハシ、大きな嘴を尖らせる。

「なるほど、分かりました」

質問者が、胸に手を当てている。トキちゃんが、質問者の言葉を声にする。

「でも、ディスプレイの文字が小さすぎる。わたしは、眼が悪いから、もう少し大きくしてもらわないと……」

すると、奥に座っていた年配の女性が立ち上がり、聞き取りにくい音声と手話で何かを云った。

「『もう老眼なんだから、眼鏡を掛けなさい』ですって」

トキちゃんが教える。笑いながら、その女性は座った。質問者は、頭を掻いている。

会場の後ろのドアが開いた。カバヅラ君だ。遅れてすみません、という仕草をする。手に大きな紙袋を持っている。おそらくその中には、自分の店・〔カバコウジ〕のパンが入っている。

カバヅラ君は、パン職人で、伝吉たちと会う時には必ず持って来てくれる。

目敏く紙袋を見つけたカモノハシ。俎板のような嘴に沿って舌が廻る。生唾を飲み込む。伝吉の話していることなんか、聴いていない。

「……こら、係長、スライドば替えんか」

カモノハシ、注意がパンに注がれ、**「SOSカード」**アプリ説明のパワー・ポイントの操作を失念してしまっている。

「あらーっ、スイマッシェン」

気がついたカモノハシ、慌ててマウスをクリックした。

すると、前のスライドが出た。

「こらー、前ンとやろーが（前のだろうが）、次ンとば出さんか」

「……パワー・ポイント使こーたことナカケン、ドゲンしたらよかとかいな……」

「早よせんかッ！　剥製ぃするぞッ！」

叱咤されて、余計に舞い上がった。クリックしたした所が悪かったのか、画面が待ち受け画面・壁紙になった。

プロジェクターからスクリーンに映し出される伝吉、テングザル、ゾウガメ、イボイノシシandカモノハシ。みんな、子供がよくやるVサイン。それぞれ目の縁を赤く染め、大分聞こし召している風情。テーブルの上には、ビールの空き缶が並び、食べ散らかしたおでんと焼きそばの大皿がある。頭上には、満開の夜桜。今年の3月、評価委員会に託《かこつ》けてやった伝吉の〔お別れ桜花《はな》見〕のワン・ショット。

会場のあちこちから笑い声が起こった。

「あっ、こらいかん。早よ消シェ、消さんか。馬鹿タレがッ！」

伝吉たちが慌てれば慌てるほど、会場は、大きな笑いに包まれた。聞くこと、話すことが困難でも、笑うことは健常者と同じだ。

19 SURF RIDER

何とか、パワー・ポイントを再起動させことが出来、伝吉は、ひと通り話しを終え、実機を使ってのモニタリングを開始した。みんなをスマート・フォンとタブレットの周りに集めた。伝吉は、カバヅラ君を指名し、それを操作させた。

・ファースト画面の起動開始の〔OK〕ボタンにタッチ
・〔火事〕か〔救急〕を訊いてくる。〔救急〕ボタンにタッチ
・〔本人〕からか〔第三者〕からの通報かを訊いてくる。〔本人〕ボタンにタッチ
・〔急病〕・〔交通〕・〔その他〕と訊いてくる。〔急病〕→〔部位〕ボタンにタッチ
・消防署への通報文が表示される。それには、事前入力していた氏名、既往症、掛かりつけ病院、通報者（患者）がいる場所（GPSで獲得ったタブレットがある場所の緯度・経度）が書かれている。通報〔OK〕ボタンにタッチ
・GATTEN mailの〔送信マーク〕が現れる。それにタッチ
・「通報了解しました。救急車がむかっています」と、画面に指令センターからの応答表示

これで通報完了。この間わずかに６秒。みんなから、感嘆のため息が洩れる。Version upを聴いたトキちゃんも、興奮を隠せない。

「……凄い、一段と反応が速くなってるじゃないですか、課長さん。この前は、通報文作成までで５秒だったんだから。これは、送信して応答まで入れて６秒だから」

トキちゃん、伝吉の右手を両手で握り締め、胸に掻き抱いた。

「……いやー……まあー、そのー……SDKを使って「SOSカード」のアプリを作って、……MIT App Inventorをジョイントさせて、その上からC++とJavaをパラパラと降りかけた……ようなもの……」

伝吉は、知ってるＩＴ用語を並べ立てた。これらはみんな、一昨年《おととし》（平成24年）６月、伝吉の消防本部で開催《ひら》いた第１回目のシステム開発会議でハダシイタチが喋ったもの。どんな動きをするのかなど、まったく知らない。

「それで、ＯＳは、Android。そもそもＯＳを動かすのはMachine Code・機械語と云われるもの、って知っとった、トキちゃん？」

すっくと立ち上がったカモノハシ、〝門前の小僧〟よろしく薀蓄を垂れる。同じくハダシイタチのパクリで、トキちゃんにアピールする。

「課長さんも係長さんも、ＰＧかＳＥみたい。いつからそんなに詳しくなったんですか」

「いや、まだまだ。でも、○○電気の研究者と一緒に開発しよーケン、こんくらいは、知とかんとね。なあ、係長」

伝吉、そっくり返る。

「ソーですタイ。こんくらいは、国費投下研究「聴覚・言語機能障がい者のための緊急ユニバーサル・コミュニケーション・システム」の開発に携わる者《モン》の常識、イロハ、云わずもがな、やが（だよ）、トキちゃん」

実態を知っている者がいないことをいいことに、ふたりは、吹き捲る。

「開発研究は、今年度で終わりバッテガ、目処さえつきゃー、消防庁事業として取り上げられる可能性《カノーシェー》もあるとよ。ねー、カチョー」

カモノハシ、拍車が掛かる。

「……そっ、ソータイ」

想定外の方向に話が進み、伝吉、動揺を隠せない。一方、カモノハシは、馬耳東風、蛙面小水、平然としたもの。

（コイツは、根っからの詐欺師かも。大体、カモノハシ自体が、その風体からして、イタチなのかモグラなのかアヒルなのか判然としない）

「ある時はイタチ、ある時はモグラ、またある時はアヒル、

「……杉作、オジサンは昔からオジサンじゃないのだよ」
「知ってるよ。カモノハシでしょ」

而《しか》してその実体は……」

多羅尾伴内《たらおばんない》（松尾伴内じゃない。七つの顔の男。知ってる人は、手を挙げて）かって、お前は。伝吉は、同僚に疑惑を抱く。

「……その消防庁事業になると、どうなるんですか、課長さん？」

「いや、係長の話は、まーだ仮定の……」

伝吉が釈明を交えて説明しようとしたら、カモノハシが祭りの大団扇のような嘴を差し挟み、

「事業になると……。杉作《すぎさく》、よぉ～くお聞き。この「ＳＯＳカード」アプリに始まる総てのシステムの実用化にむけて、公儀・幕府（消防庁・国）が本腰を入れることになるのだよ。予算も当然、数十万両、いや数百万両（数十億、いや数百億‥一両・十万円）になるかも知れない。事業になると、金子《きんす》なんか目じゃない。公儀の事業は、出来上がらないと意味がないのだ。オジサンはね、正義の味方だから、こうして困っている人のため、一所懸命働いているのだよ、分かるかな、杉作……」

『鞍馬天狗』――大仏次郎の小説。「だいぶつじろう」と読まないように――になりきるカモノハシ。それを当り役とした嵐寛寿郎――「あらし・かんじゅうろう」と読みます。往年のＴＯＰ　ＳＴＡＲ。大河内伝次郎、片岡千恵蔵など、当時の名優は、独特な台詞回しをしていた。筆者もよく真似をした。

「シェーはタンゲ、名はチャジェン」――の口跡を真似るカモノハシ。「杉作」とは、鞍馬天狗を慕う「角兵衛獅子」――これは、各自調べるように――の少年。

トキちゃん、ポカンとしている。

「……杉作、こんなシステムは、まだどの異国にも存在しないから、完成すれば、オジサンは、世界的な名声とそれに見合う金銀財宝を受けることになるのだよ。田舎消防の一介の係長は、世を忍ぶ

仮の姿。オジサンは、本当は凄いのだよ。だから、杉作、おじさんと遠くに行って楽しく暮らそう。いいかい杉作、オジサンは、昔からオジサンじゃないのだよ」

呆気に取られているトキちゃんの頬を撫でんばかりの話し振りだ。

「キエタ、キエタッ！」

誰かの声がした。

「……『北へ、北へ』か。杉作、オジサンはね、寒いところは、嫌いなのだよ。オジサンは、元々南方系、カモノハシの生息地は、豪州、伴天連たちは、オーストラリアと呼んで……」

「『北へ、北へ』じゃナカ（じゃない）。『消えた、消えた』って云ーよっタイ。カバヅラ君が呼びよろーが、早よ行ってこい」

伝吉、カモノハシを一喝する。どうもタブレットの画面が消えたらしい。シェカラシカー（あー、面倒臭い）、と吐きながら、カモノハシは、杉作……間違った、トキちゃんから離れた。

カバヅラ君は、中途失聴者。3歳の時に、聴こえなくなった。自分の声は聴こえないけど、発話は出来る。

「ココヲサワッタラ、キエチャッタヨ。カカリチョウサン、ナオシテ」

仕事柄指が大きいカバヅラ君は、〔HOME〕に触れてしまった。カモノハシは、**DeployGate**のアイコンにタッチし、**「SOSカード」**アプリを出してやる。操作ボタンにタッチすると、元のように画面が次々に転換していった。周りのみんなも、安堵の表情。

去年（平成25年）5月の第1回目の実証実験と同じように、**「SOSカード」**アプリの通報時間は、ファクシミリ通報、メール通報に比べて、桁違いに速かった。操作もシンプルだ。

SURFER・TOKI

「こんなにいいものを、どうして早くリリース出来ないんですか？」

トキちゃんが、頬を膨らませる。ブルーのシアアッカーのシャツにコットン・パンツ。足元は、ブラウンのローファー。伝吉の趣味《センス》だ。涼しげなショート・ヘアーも好い。

・**「SOSカード」**の**Application**を搭載したスマートフォン、タブレットは完成した。ただし、今は、ＯＳが**Android**の機種のみ。

・これを使っての〔１１９番通報〕の送出は、**GATTEN mail**（フリー・メールサービス）で行う。その際には、発信位置の地図が添付される。

・〔１１９番通報〕を受信する直近消防本部の抽出は、送出を行うスマートフォン、タブレットで行う。事前にそれらに、全国７７０消防本部（平成25年4月1日現在）の緯度、経度を入力しておき、自機の緯度、経度（ＧＰＳにて取得）と照合し、差分を判定して行う。

・この〔１１９番通報〕は、インターネットを介して送られてくるから、各消防本部には、それに繋がったパソコンを備える。

伝吉は、復習も兼ねて、ここまでの「SOSカード」ＩＣＴ化の進捗を話した。

「今年度は、iPhone対応も考えているんでしょ?」

「もちろん。Androidで出来たから、iPhoneでも簡単って、一緒に取り組んどる○○電気の研究者が云っていたけどね。人間工学の博士で、さっき喋ったことは、みんなこの人が教えてくれた。われわれの師匠だな」

「じゃあ、何が問題なんですか、課長さん?」
・GATTEN mailという民間フリー・メールを使うことへの不安。確実性、安全性、堅牢性、守秘性に問題はないか。
・７７０消防本部は、各々自決権を持っている。「SOSカード」ＩＣＴシステムによる１１９番緊急通報受信の合意が取れるか。
・その受信の伴う財政措置は、自己財源か補助金か。
・「SOSカード」ＩＣＴシステムの啓蒙・普及活動はどこが主体になるか。
・「SOSカード」ＩＣＴシステムの統一的な保守管理、更新を行う機関の創設が必要ではないのか。
・その機関の人員確保はどうするのか。etc
「……と、ざっと考えただけでも、実用化に向けては、これくらいのハードルがある」

「今云われたハードルは、この取り組みが進むため、聴覚障がい者の想いを叶えるものですね、課長さん。決して、ネガティーヴなものじゃない。ハードルと云うより、波、波乗りの波だわ」

「……波ねぇ」

「そうよ、波よ、課長さん。波乗りは、大きな波ほど楽しいわ。こう見えても私、サーファーなんだから。明日、友達と一緒にＤＡＩＫＯＫＵビーチに行くんです。よかったら、一緒に行きません、課長さん？」

最後に行ったのは、何時だったか……ＤＡＩＫＯＫＵビーチが、伝吉の脳裏に浮かんだ。海と砂丘だけだ。海の家なんかない。煌めく波と白い砂しかない。

陸イグアナの伝吉は、丁重に断った。が、トキちゃんの云わんとしていることは分かった。さもご大層に云ったけど、それは自分の仕事を過大に見せたかったからかも知れない。特に公務員は、この傾向が強い。


――重箱の　隅で十露盤　小役人　一が百なり　百が万なり――　不知詠人

20

PIPE LINE

さらに進化した「SOSカード」は、予想通りの好評を得た。例会が終わり、伝吉とカモノハシが、片付けていると、トキちゃんとカバヅラ君がやって来た。

「これを、ぼくたちが使うことが出来るためには、まだ問題がたくさんある、とトキちゃんから聞きました」

カバヅラ君の話をトキちゃんが通訳する。

「何か、私たちに出来ることがありますか？　遠慮なく云って下さい。何でもします。……お金のこと以外だったら」

カバヅラ君は笑い、プロジェクターを抱えて駐車場まで来てくれた。カモノハシとカバヅラ君が公用車に機材を積み込んでいる時、トキちゃんが話し掛けてきた。

「私には予知能力がある、って云ったこと憶えています、課長さん？」

忘れるはずがない。去年の秋、駅前の立ち呑み屋で偶然出会い、ふたりだけで小酌をした時のことだ。

「……そんなこと、トキちゃん、云ったかなぁー」

夏休み　遠い日々

伝吉は惚けた。

「もう、意地悪なんだから」

また、頬を膨らませるトキちゃん。

「それで、分かるんです、私。問題の解決策、分かってるんでしょ、課長さん」

駐車場の照明に、トキちゃんの笑顔が輝いた。湿気を含む夜気を一瞬忘れた。

翌週の月曜日、伝吉は、指令担当3係長を集めて、例会の内容を伝えた。

「そらー、みんな欲しかて云うクサ。ケーな便利な物《モン》はなかモン。タッチするだけで、１１９番出来るちゃケン」

テングザルが、タブレットを弄《いじり》ながら云った。

「バッテン、カチョー、あんまり期待さシェたらいかんっちゃないとー。システムの完成シェンやった、ドゲンするとー（どうするのですか）?」

「ドゲンもコゲンも、あるモンかい。カチ

ヨーが辞職《やめ》るクサ。ねー、カチョー」

心配しているゾウガメに、イボイノシシがあっさりと答える。

（救助出身《あがり》は、これだから……。モイスチャーってものがない、心に。白か黒、○か×、喰うか寝る。突進か停止、曲がることを知らない。だから、お前はイボイノシシなんだ）

伝吉は、心中で毒突いた。

「……と、まあ実用化の前には、こげな（こんな）問題のある。お前たちの考えば、訊きたい」

伝吉は、3係長に訊いた。訊いたけれども、伝吉は、既に答えを用意していた。得てして人は、問題提起した時には、その解決方法が分かっているものだ。追認のために、訊いているに過ぎない。トキちゃんの云う通りだった。腕を組んだり、額に手を当てたり、口を真一文字に結んだりの係長たち。一様に熟慮の表情だ。

会議室の窓から、青空に湧き上がる入道雲が見える。夏の陽が輝いている。

……夏といえば必ず海だった。地表棲《ちひょうせい》の伝吉だが、親戚には、水棲のものもいるので、泳げないことはない。

伝吉の管内の北側は、海に面している。伝吉は、ここで生まれ育った。都心から車で10分も走れば、国定公園に指定された綺麗な海に着く。子供の頃は、友だちと自転車で行っていた。

適当な場所に自転車を停め、松林の中に入って行く。

松脂の匂い。降り注ぐ油蝉の鳴き声。重なり合う枝葉を突き刺す木洩れ陽。

潮の香りがする。潮騒が聞こえる。思わず、伝吉たちは走り出す。松の枯葉が、コンニャク草履

DAIKOKU ビーチでトキちゃんと…

（ゴム草履）の踵に痛い。潮騒が大きくなり、潮の香りが強くなる。

松林が道の先で切れている。伝吉たちは、我勝ちにそこを目指す。手に持った水中メガネ、手製の銛を振り回すようにして走る。

松林を通り抜けた。砂丘の上に出た。木立の闇に慣れていた眼に、強烈な光が跳び込む。一瞬、眼を瞑る。海風が身体を吹き抜けるのが分かる。

ゆっくりと眼を開ける……眼下に群青の海がどこまでも広がっている……。

ＤＡＩＫＯＫＵビーチか、トキちゃんの誘いに乗っときゃ好かったな、伝吉は、苦笑した。

「何《な》ーン、ニヤニヤしよーと、カチョー。また、トキちゃんのことば、考えよろーが?」

テングザルに図星を突かれて、伝吉は狼狽《あわ》てた。

「カチョーとは、長～か付き合いやケン、顔見たら分かると。ゴボゴボした顔やケン、昨日今日会《お》ーた人は分からんよ。バッテガ、おれは、人生《ジンシェイ》の半分以上、家内《カーチャン》よりも長ごー、カチョーと居《お》るっちゃケン、すぐ分かる。金のことば考えよー時の顔、飯のことば考えよー時の顔、パチンコのことば考えよー時の顔、麻雀のことば考えよー時の顔、仕事のことば考えよー時の顔……この顔は、あんまりなか。とにかく、カチョーの顔見ただけで、何んば考えとーか、全部《ジェ〜ンブ》分かる。で、トキちゃんのことば考えとったろーが？　白状しねェーか、伝吉。さもねェーと、遠島だ。トキちゃん故に〝佐渡送り〟と思ったら大間違ェだ。御赦免はねェ、遠《と》ーい遠ーい南米〝ガラパゴス送り〟となるんだぜ」

後半は、腹黒い目明し風のテングザル。

「……な、何んがモンか。トキちゃんのことやら考えとラン。お前たちと一緒ぃ、諸問題の解決策ば考えよったっタイ」

伝吉は、顔を触りながら云った。

下手の考え休むに似たり、で時間ばかり経つ。伝吉は、立ち上がった。

「問題ていうたー（いうのは）、考えりゃー考えるだけ、いくらでも出て来る。切りのナカ。でタイ、おれは考えた。もー、考えんことにした」

「どー云ゆーことですか？　問題は、放置したままですか？」

ゾウガメが訊ねた。

「GATTEN mail の確実性、安全性について、お前はどー考えるや？」

逆に、伝吉がゾウガメに訊いた。

「……出来たら、民間のサービスよりも閉鎖性のある公的なものの方が良かですよ」

「お前は、どう思うや？」

伝吉は、イボイノシシに訊いた。

「公的サービスの方が良かろーバッテガ、構築までには、バサラカ（途轍もなく。「婆娑羅」と表記し、中世の流行語。派出は、サンスクリット語）時間と金が掛かろーモン。この事業の優先順位一番は、時間やろ」

「公務員という自分の立場で考えるのと、聴覚障がい者の立場で考えるとじゃ、かなりズレの出て来るなぁー」

テングザルが呟いた。

「ゾウガメとイボイノシシ、お前たち2匹……間違ごーた、ふたりの云うこたー、両方とも正解《シェーカイ》」

「……なら両方ともするとね？」

怪訝そうなテングザル。

「大体消防は、即物的・Sachlichやろーが。お前たちは、動物的バッテガ。主観を排して、極力客観視シェないかん。〝今を、現実を見ろ〟タイ……」

伝吉は、3係長を順に見て云った。

「おれたちは、GATTEN mailで行こう。民間サービスの脆弱性は、確かにあるかも知れん。その検証とか追求は、おれたちの任務じゃなか。おれたちの任務は、あくまで聴覚障がい者の119番・緊急通報受信システムの構築。

あの時ゃどーするか、この時ゃどーするか、ばっかり云いよたっちゃ埒ゃ明かん。とにかく、おれたちゃ、この仕事ば一日《いちんち》でも早《はよ》ー完成さシェらないかん。国の財政支援も今年度までやし、カバヅラ君たちも待っとーやナカカ（待ってるじゃないか）」

「……未完成で年度末ば迎えても、研究継続やらなかちゃろーね、カチョー？」

ゾウガメが訊いた。

「なか。二等釜《じらふ》事務官が断言した」

二等釜事務官は、今年3月の研究成果評価委員会で、伝吉たちのシステムを見ている。立場上、コメントはしなかったが、驚愕の色を隠せなかった。

「GATTEN mail の件は、これでよかとして、「SOSカード」アプリで119番ばすることに対しての全国消防本部の合意は、ドゲンして取ると？」

テングザルが訊いた。

「実用化となったら、二等釜事務官と話して、消防庁で対応してもらおう、と考えとぉー。おれたちに、他の本部に対して、ああせい、こうせい云う権利はなかモンなぁー」

「それの受信の伴う財政措置は？」

イボイノシシが問う。

「お前も知っとーごと、このシステムやったらインターネットに繋がったパソコン1台ありゃーよか。それがボロでも構わん。係長、聴覚障がい者からのファックス119、救急出動は、年に何件や？」

伝吉は、イボイノシシに質問した。

「……年に1、2件。ない年もある……」

伝吉の管内人口は、約40万人。その内、聴覚障がい者は、約1000人。人の命に重軽はない。しかし、それを守る財源には、限りがある。行政が、費用対効果を考えなくてはならないのも事実である。

「カチョーの云うとおり、〝命に重軽はない〟とは云《ゆ》ーモンの、こと消防行政じゃ、聴覚障がい者は、割を食ートートとは思わん（割を食ってるとは思いませんか）、みんな？」

ゾウガメは、同僚ふたりを見る。ふたりは、黙っている。

「いくら件数が少なかろーが、ボロパソコンで作った聴覚障がい者用の119番通報システムやら、差別の臭いのプンプンシェンですか、カチョー」

ゾウガメは、伝吉を見た。

「『ボロパソコン』って云《ゆ》ーたーたー（云ったのは）、言葉の綾タイ、ゾーちゃん。カチョーは、何《な》ーも差別やらしとラン。カバヅラ君たちのためぃ、一所懸命働きようとが、カチョーと云《ゆ》ーたー係長も知っとろーが。カチョーは、ただ金が掛からん、って云いたかっただけタイ」
テングザルが、伝吉を庇う。
「ゾーちゃん、おれたちは、システムば作る側バイ。ゾーちゃんの云いよーとが、聴覚障がい者から出たとやったら分かるバッテガ。ボロでも型落ちでも、おれたちゃー、作り上げらな意味のなかっちゃケン。それも、今まで世の中ぃなかったモンば、作りよっちゃケン。おまけい、予算は、前立腺肥大と来《き》とー」イボイノシシの筋肉的主張を聞いていた伝吉、ゾウガメ、テングザルの３人、最後の喩え分からず、お互い顔を見合わせる。

「チョロっとのこっタイ」

笑いながらイボイノシシが教えてくれたけど、何んかスッキリしない。双方向通信、システムの啓蒙・普及活動、その保守管理・更新の機関設立は、自分たちの範疇ではない、と伝吉は判断した。

如何なる評価、如何なる批判があろうとも、このシステム、「SOSカード」ＩＣＴシステムを、今年度中に実用化の目処をつけることを確認して、７月の指令担当係長会議は終わった。

伝吉は、独り会議室に残った。昔観た『BIG WEDNESDAY』という映画を想い出していた。大波・BIG WEDNESDAYに挑み、襲い掛かる波頭をかわし、PIPE LINEを楽しむサーファーたち。先鋒・ゾウガメ、次峰・イボイノシシ、中堅・テングザル、副将・カモノハシ、大将・イグアナの順でサーフボードに乗った画が頭に浮かんだ。

大波にノーズを向ける。迫り来るBIG WEDNESDAY。海面が盛り上がる。ボードがバックするかと思われるほど、波の斜面が屹立し、三日月になる。

「今だッ!」伝吉たちは、ボードを反転させる。波の頂からボードが滑り出す。初めは止まったようにゆっくりと。この一瞬に、デッキに立ち上がらなくてはならない。

「もたつくなゾウ、早すぎるぞイボ、ケソつくなテング、早く立たんかカモ。右手で波を刺せッ!」

バランスと制動。左右に振れながらも、波を滑空するボード。……イボの前に誰かいる。ドクター・ハダシイタチだ。６人乗ったロング・ボード、BIG WEDNESDAYのPIPE LINEを無事抜けることが出来るか……。

21 DIAMOND HEAD

8月中旬、平成26年度第1回目のシステム開発会議が開かれた。場所は、江戸・芝濱、○○電気本社ビル……の横に控えめに建っている旧本社ビル。ここで、ハダシイタチが働いている。

「暑かー、カチョー、暑かー」

後ろから付いてきているイボイノシシが五月蝿い。……にしても暑いな、伝吉は思った。田町駅の階段を下りた途端、焦熱に曝された。息をすると気管が火傷しそうだ。

白く燃える太陽が真上にあり、微動だにしない。光冠《コロナ》が輝く。……と、イボイノシシが伝吉の脇を擦り抜けて行った。正に猪突猛進、見る見る姿が小さくなる。

（熱にやられたか）

伝吉は不安に駆られて、イボイノシシの後を追った。

「こら、何処行いよーとか（何処に行っているのだ）？　会社は、そっちじゃなか、こっち、こっちぞぉー」

伝吉の声など聞こえないかのように、イボイノシシは直《ひた》走る。一軒の古ぼけた喫茶店に向かっているではないか。入口にガラスケースがあり、ソフトクリーム、ナポリタン、ミックスサンドなどの蝋細工が所在なげに並んでいる。どれも陽に焼けて変色しているのが、遠目にも分かる。

何故そんなところに、イボイノシシは向かうのか、伝吉は訝った。

「カチョー、これこれ」

イボイノシシが、軒先の招き旗を指して云った。それには、波と千鳥が藍で描かれ、真ん中には、太々と朱書きされた「氷」の文字があった。

「暑か時ゃ、これが一番」

と云って、伝吉たちは、特大のかき氷に挑んだ。これは、イボイノシシが、九州人の厚かましさで、初見のマスターに頼んで作らせたもの。舟形のカレー皿に氷を掻いてもらった。高さは、20㎝はあっただろう。

汗は引いたが、五合目ぐらいで、眼と眼の間、鼻の麓に金属的な痛みが走って来た。堪らず伝吉がスプーン（カレー用）を置くと、

「食べんと（食べないのですか）？」

と、云うや否や、イボイノシシは、伝吉のものにも挑み掛った。皿の端から流し込むように食べる。まるで除雪車のような勢いだ。氷山二峰を征服した時、流石のイボイノシシも、大きな身震いをした。

「ハハハ……、カチョー、顔がイチゴ色ぃなっとーよ」

伝吉は、イチゴ・シロップの特大のかき氷を食べた。

「お前は、緑と茶と赤の縞ぃなっとーぞ」

イボイノシシのは、〔宇治金時〕だった。

「なかなか年季の入った建物やね」

会議室に通されたイボイノシシは、室内を見回しながら云った。イボイノシシが、ハダシイタチの会社に来たのは初めてだ。今時、木枠の窓など珍しい。それも、レースのカーテンを左右に束ねた縦長の窓だ。

「ここい居《お》ると、財閥のお邸に居《お》る気分になるバイ、カチョー」

「それも、戦前、昭和初期やな。不景気、軍備拡張、列強圧力、格差社会……この部屋な、そげな時代ば想起させる」

入口の木製ドアが開いた。ペットボトルを３本抱えて、ハダシイタチが入ってきた。

「お待たせしました。別の会議が長引いてしまって」

伝吉とイボイノシシの前にペットボトルを置き、「さて」と発し、ハダシイタチは、書類を開いた。

「今日は、カモノハシが建物の完成検査で来れなかったので、イボイノシシの出席です」

伝吉が告げると、

「お久しぶりです。カモノハシからは、充分申し送りを聞いておりますから、ご心配なく」

イボイノシシが云い添えた。

「課長さん、全国の消防本部のE-mailアドレスをデータで入手することが出来ますか？　出来たら指令管制センターのが欲しいのですが」

ハダシイタチが訊いた。

その手立ては、すぐには浮かばなかったが、伝吉は、何とかなりそうな気がした。

「消防庁や全国消防協会に知人いますから、尋ねてみます」

「**「SOSカード」**アプリで１１９番すると、その地点の緯度・経度と、既に入力済みの全国消防本部の緯度・経度を使って、〔三角測量〕で差分を出して、直近消防本部を抽出します。ここまでは、今までお話した通りです。

直近の消防本部は、判明した。次に行うことは、その本部に通報内容を送らなくてはなりません。そのためは、その本部のE-mailアドレスが必要になります。ですから、全国の消防本部のE-mailアドレスが必要なんですね」

ハダシイタチは、イボイノシシにレクチャーした。

「これで行けば、相互通信も可能ということになりますね」

イボイノシシが応えた。

「そうなんです。心肺停止の患者を見て通報して来た聴覚障がい者に、ＣＰＡを指導することが出来ます」

「イラストで心臓マッサージの要領ば送ったり、〔ＡＥＤ〕があればそれを使え、とイラストで送ったり……」

「係長さん、発想豊かですね」

イボイノシシ、満更でもない顔。

「ＣＰＡの通報があった時は、今、電子メトロノームで1分間に１００回の心臓マッサージのリズムを通報者に流して、ＣＰＲをしてもらっていますが、聴覚障がい者からのＣＰＡ通報の場合は、スマホやタブレットの画面が、そのタイミングで発光するようにしたらいいと思うのですが」

何時になくイボイノシシ、饒舌である。ハダシイタチが、感心して聞き入っている。日ごろ見せな

い側面を、イボイノシシが覗かせた。伝吉は納得しながらも、

「係長、あんまり研究の枠ば広げたらいかん。唯でさえ、先生は今年度の課題で忙しかっちゃケン」

と、諭した。

「いえいえ、構いません。これこそブレイン・ストーミングなんですから。素材がたくさんないと、好いものが出来ません。対峙するようなものでもいいんです。甘さを増すには、塩が要るじゃないですか、課長さん」

ハダシイタチは、鷹揚としたものだった。

会議は、夕刻5時半まで続いた。

〔KJ法〕で会議は進められ、伝吉たちは、カードを何枚もホワイト・ボードに張った。必要に応じて、それをデジカメに収めた。

ハダシイタチと別れて、伝吉とイボイノシシが、○○電気旧本社ビルを出た時には、陽が大分西に傾いていた。

「緯度の高っかシェいか、東京は日の暮れるーとの早かね、カチョー」

ハダシイタチと話す時は、努めて標準語を喋っていたイボイノシシが、伝吉と差しになった途端、九州大陸標準語に戻った。

「時差の1時間ぐらいある」

イボイノシシが時計を見る。何が時差だ。おれたちは、SINGAPOREから来たのかって。そんなのは、時差とは云わん、と心中で窘《たしな》めながらも伝吉は、

「ちょっと一杯、行こうか?」

水を向けた。

「ヨカですねー。カチョー、おれぃ付き合わんですか。消防大学ン時、よー行きよった店《ミシェ》のあるとですよ」

イボイノシシは、消防大学の救助課程に入ったことがある。

「場所は？」

「おれが消大に居おったころは、新宿線の森下で降りよったバッテガ……」

胸ポケットから「地下鉄路線図《メトロネットワーク》」を取り出して、イボイノシシ、矯めつ眇めつ眺める。

「……おれが居ったころは、清澄白河て云ー駅はなかったな。……大江戸線やら初めて聞くバイ」

ブツブツ独り言を云うイボイノシシに、

「早よ云え。場所は何処か」

と、西陽に照らされ苛立つ伝吉。

伝吉たちは、大門《だいもん》で浅草線から大江戸線に乗り換えた。

「新しかバッテガ、ちょっと狭かごたー（狭いようだ）、ねぇカチョー」

伝吉も初めて大江戸線に乗った。ご大層なネーミングだ、と以前から思っていた。日本の地下鉄の中で、最も深い所を走っている路線らしい。

「わざわざ地下鉄ぃ乗っていく価値のある呑み屋か、そこは？」

寿司詰めの車両の中で、伝吉が訊いた。何か云いたそうだったが、満員で話せる状況じゃなかたので、イボイノシシは、ただ頷いただけだった。

田町のガード下で好かったのに、と伝吉は思っていた。2年前、ハダシイタチとの初顔合わせの後に、カモノハシと一緒に立ち寄った居酒屋に行きたかった。伝吉は帰りしな、そこのお姐さんから、お土産に屋号が入った一合コップを貰った。

　時折伝吉は、そのコップで呑む。あの時と酒も酒肴《あて》も違うけど、この事業キック・オフ時の気分になる。期待と不安、理想と現実、意欲と能力、相反するものが胸の中で葛藤していた。誰も手掛けていないものへの挑戦は、毀誉褒貶《きよほうへん》に晒されると覚悟して、伝吉はキック・オフのボールを蹴ったのだ。

「カチョー、到着《つい》たよ」

　イボイノシシの言葉が、伝吉の回想を堰き止めた。

　伝吉たちは、押し出されるように車両を出た。新しい駅だ。銀座線の駅と大分違う。改札を出たイボイノシシが正面の黄色い案内看板に進む。

「……えーっと、〔Ａ１〕やな。カチョー、こっち」

　伝吉は、イボイノシシの後について行った。迷いながら、地下通路を結構歩いた。最後に階段を昇って、地上に出た。また、汗が噴き出て来た。目の前に、暮色に包まれた、何処にでもありそうな家並みの低い街があった。

　微かな汐の香りがする。すると、左手の方から涼風《すずかぜ》が吹いて来た。伝吉は、顔を風に向けた。川がある。

「これは、小名木《おなぎ》川だ」

と、『鬼平』フリークの伝吉は、鋭い〔勘ばたらき〕で察知した。

「カチョー、この川ば渡って、５、６分やケン」

　イボイノシシの言葉も上の空の伝吉。

「……ということは、この清澄通りは、二ツ目通り。そしてこの橋は……、やっぱり」

親柱に「高橋《たかばし》」の二文字。この橋は、鬼平犯科帳・第九巻・『雨引きの文五郎』に出て来る。今渡っている
小名木川は、『――文五郎』をはじめ、『掻堀のおけい』、『尻毛の長右衛門』などに登場する。この川を東に進めば三ツ目通り。それを北上すると竪川。上を首都高速が走っている。往時、ここは本所三つ目、放蕩無頼で本所の銕《てつ》と異名を取った鬼平青春の地だ。

伝吉は、左右に眼を移し、川の佇まい眺めながら、ゆっくりと高橋を歩いた。暮れなずむ街が、『鬼平』の舞台へと暗転して行く気がした。

「カチョー、遅かー、もー。早よ歩かんね（早く歩きなさい）」

イボイノシシが振り向いて声を掛けた。

歩くこと5分、目指す店に到着した。〔金剛〕と染め抜かれた古びた藍の暖簾が掛かっている。

「むかしと変わっとらんバイ」

暖簾を触りながら、イボイノシシが云った。入口の引き戸は、明け放たれており、それを潜《くぐ》ると店内だ。馬蹄型のカウンターがふたつあり、客はその周りの丸椅子に座って呑んでいる。それぞれのカウンターの中には、年季を顔と身体に刻んだ女性が一人ずつ、阿吽《あうん》の狛犬よろしく入っている。

満席。注文と会話が錯綜する店内。噎《む》せ返るような熱気が、伝吉たちを包んだ。

「……あの時のおばさんは、もう居《お》ランなー」

イボイノシシが、阿と吽を見遣る。ふたりが、やや気圧されて立っていると、

「こちらへどーぞ」

と、吽のお姐さんが声を掛けてくれた。

「山田さん、もう充分呑んだでしょ。帰んなさいよ。中村さんも。あんた、このごろ酒癖わるいわよ。さあ、ふたりとも帰った、帰った」

鬼平散策・二つ目通り「金剛」

吽姐さん、グレイ・ヘアーと禿頭の常連を追い立てた。

件《くだん》のふたり、笑いながら立ち上がり、伝吉とイボイノシシに席を譲った。

「申し訳ありません」

と、思わず云ってしまう伝吉とイボイノシシ。常連たちは、軽く手を振り、暖簾の外に消えた。

「……凄まじい店《とこ》やね。」

「でっしょう。バッテガ、値段は、見らんですか、カチョー」

伝吉は、店内に張り巡らされた短冊を見た。〔〆さば〕330円、〔鮪中落ち〕380円、〔うなぎ蒲焼〕580円、〔大とろ〕830円などとあり、何と〔お酒〕180円と書かれているではないか。

「吃驚するぐらい廉価《やす》かでしょうが。廉価だけじゃな……」

「はい。お待ちおどう。生ビールと〔中落ち〕ね」

叶姐さんが、イボイノシシの話しを遮った。伝吉たちは、まだ注文していない。でも、酒と酒肴が届いた。一体どういうことだ。

「これで始めなさい。今日は〔中落ち〕が好いから」

ふたりの思いを察するように、叶姐さんがニコリとした。これはこれで、注文する手間が省けていい。まして、こっちは初めてだ。どの酒肴が好いか、見当がつかない。

「消大に入ったとは、もう10年以上も前バッテガ、値段はその時とあんまり変わってまっシェんよ、カチョー」

生ビールを一口呑んで、イボイノシシが云った。

「入った瞬間、〔パンジー〕に来たかと思ーたぜ」

伝吉は、ニヤリとした。〔パンジー〕とは、地元のスナック。市長、議員、消防長《TOP》が頭が上がらない消防団長《ドン》・ガバチョの行き付け。オヤジしか行かないので、ママがオヤジ顔になっている。

伝吉は、〔中落ち〕を口にした。赤身の鮪が削ぎ切りされでいる。旨い。

「消大は、金が掛りまっしょうが（掛かるでしょうが）。金銭感覚のおかしゅーなって、入校した端、週末は万札が飛び回りよったですよ。バッテガ、何か月も続かんですモンね。最後の方は、何い時つもここでした。教えてくれたたー（教えてくれたのは）、同室の東消のヤツで、早稲田出の秀才でした」

伝吉も係長の時に消防大学に行った。入校の打診がある度に、いろいろ理由を付けて断っていたが、最後はＴＯＰが説得に来た。卒業時には、結構な額の借金が出来ていた。

「私、50万借金しましたよ。カーチャンの腹はら掻かく、腹掻く（怒る、怒る）。ハハハ……」

アッケラカンと話すイボイノシシ。

次の酒肴を注文《たの》もうと顔を上げた時、対面《トイメン》のお客が、

「課長さん」

と声を掛けた。

見ると、伝吉たちの研究の元締め・消防庁の二等釜《じらふ》事務官が座っている。

「どうして此処に？」

二等釜がカウンター越しに話しかける。応えようにも距離がありすぎるので、伝吉は、カウンターを廻って二等釜のところに行った。

「詰めてあげて」

吽姐さんの命令で、隣の客が横に移り、椅子を空けてくれた。ここでは、客は、呑ませて戴いている、という自覚を持たなければいけないらしい。有体に云えば、主客転倒だ。

二等釜とは、3月以来だが、足掛け3年の付き合いになる。

「奇遇ですね。事務官」

「それは、私の科白ですよ、課長さん。……でも、こんなdeepな場所《ところ》、よくご存知でしたね」

伝吉は、掻い摘んで説明した。

「……そうでしたか」

「あいつが、イボイノシシです」

イボイノシシが、椅子から立って、

「宜しくお願いします」

と、最敬礼する。二等釜も会釈した。

「違反処理の会議で、群馬県庁からの帰りです」

足元に黒い大きなバッグがある。

「ここは、私のシマ、故郷みたいなところなんです。この近くの深川小学校に通っていました」

その後、杉並区に引っ越したとのこと。

〝故郷忘れ難し〟というか、最初に摺り込まれた場所を、なかなか忘れることが出来なくて、時間があるとつい来てしまう。知っている人は、殆んどいないのに」

二等釜は、汗をかいたジョッキを傾けた。その気持ちが、伝吉には好く分かった。

「……ここでお会いしたのも何かの縁でしょう。今、来年度の予算案を策定《つく》っているんですが、実は、課長さんたちの研究と関連する事業を考えています」

先月、トキちゃんの気を惹こうと、カモノハシと一緒に広げた大風呂敷が現実になるのかッ！

「……じっ、じっ、事業といいますと?」

割った卵の黄身がふたつだった時の狂喜に、優るとも劣らない喜びに打ち震えながら、伝吉が訊いた。

「年明けの常会——通常国会のことです・筆者注——で予算が確定すると、課長さんたちの研究などを参考にして仕様書を作ります。そして、新年度に入札に掛けます」

二等釜は、さらりと云ったが、伝吉にとっては驚愕の出来事だ。握った芋ミズが波立つ。慌てて片手を添える。

「……えッ！　マジッスカ！　**「SOSカード」**アプリによる119番・緊急通報システムが……国

家事業として認知される……それも来年度に」

喋りながら伝吉は、何の脈絡か、龍之介の『魔術』を思い出していた。石炭が金貨に変わる……。伝吉は、芋ミズの氷を掴み、床に投げた。氷は砕けたが、氷のままだった。

明らかに伝吉は、急展開の状況に対応しきれていなかった。さながら、気がついたらハワイ・ワイキキビーチにいたコウテイペンギンといったところ。

その刹那、伝吉の眼を鋭い光が射た。眩くて眼が開けられない。国家事業の威光か、はたまたワイキキビーチだけに、ダイヤモンドヘッドの輝きか。

「あら、また戻って来たの中村さん」

吽姐さんの声に、薄っすら眼を開けると、さっき出て行った禿頭の中村さんが、暖簾から頭を突き出していた。

22 GINZA LIGHTS（二人の銀座）

「ねっ、好よかったでっしょうが、〔金剛〕に行って」

イボイノシシが得意気に云う。横で伝吉は、何度も頷かなくてはならない。事実そうだ。あの主客転倒の店〔金剛〕に行かなかったら、二等釜事務官に会うこともなく、取り組んで来た研究と関連する事業の話しも聞けなかったのだから。

伝吉たちは、銀座を歩いている。夜になって暑さは幾分治まったものの、湿度が高く、肌に纏わる風が日比谷公園の方からゆっくりと吹いていた。

「〝銀ブラ〟しまっしょう、カチョー」

久し振りの東京を楽しみたいイボイノシシが誘った。叶姐さんから、9時閉店を告げられていた伝吉たちは、刻限30分前には〔金剛〕を出ていた。ラストオーダーは、１００円の吸い物だった。

和光の前でポーズを取るイボイノシシを、伝吉はヤツのデジカメで撮ってやった。木村屋に差し掛かると、イボイノシシは、吸い込まれるように店舗《みせ》に入って行き、〔酒種あんぱん五色〕を買って来た。

「カチョー、食べんですか」

イボイノシシは、〝桜〟を差し出した。中年と後期中年があんぱんを頬張りながら、銀座を歩く。酒の後の甘味も乙なものだ。

あんぱん片手に、山野楽器を過ぎ、ミキモト真珠のショーウィンドを覗き込むふたり。気品漂うディスプレイだ。

伝吉は、京橋の方を見た。振り返って新橋の方を見た。光と闇が織りなす、魅惑的な夜景だ。地元では、ついぞ見たこともないＳＣＥＮＥ。絵画のようだ。

「東京の顔、日本の顔やね、ここは」

二つ目のあんぱんに噛み付きながら、イボイノシシが云った。その通りだ。宝石のような街だ。伝吉は、暫し佇んだ。

（でも、皮肉なことに銀座は、火災を契機に生まれた街だ。１８７２年（明治4年）の大火を教訓にして銀座は、不燃都市に生まれ変わり、文明開化のシンボルになった。しかし、この街を2度の災禍が襲う。ひとつは、〈関東大震災〉、もうひとつは、〈太平洋戦争〉。どちらも壊滅的な打撃を与えた。その瓦礫で、広大な土地が出来たほどだ。

しかし、銀座は甦った。逍遥を誘うペーヴメント。車を整然と走らせる車道。林立する洗練されたビル。星のようなイルミネーション。……今度の震災で被害を受けた街も、斯くの如くならんことを）

「何ば考えよーと、カチョー。そらー、考えるクサね、「ＳＯＳカード」の新たな扉が開こうとしよちゃモンなー」

銀座のど真ん中で九州弁を捲くし立てるイボイノシシ。伝吉の心中を察したかのような口振りだが、

的を外している。しかし、

「ソータイ、ソータイ。新あたらしか扉の開く」

伝吉は、話しを合わせた。

「それこそ、ゾーちゃんの云ーた〝開けゴマ〟ぃなったね、カチョー」

2年前、**「SOSカード」**のアプリ化がハダシイタチから持ち込まれた時、それについて侃々諤々《かんかんがくがく》、口角泡する割には、云ってる方も聞いてる方も意味不明の会議で、ゾウガメがOS**（Operating System）**のことを、アプリを動かすための呪文〝開けゴマ〟だ、と云ったのだ。

伝吉たちは、指令課に席を置きながら、全くのIT音痴だった。アプリが何なのか、OSが何なのか、CPUが何なのか知らなかった。それどころか、ハードとソフトの違いも分からず、ソフトと云えば、喋る犬の〔ソフトバンク〕のことだ、と思っていた。……今もその域をあまり超えていないが。

「カチョー、これ見たら裕次郎ば思い出さんね（裕次郎を思い出しませんか）?」

伝吉たちは、銀座二丁目の交差点を松屋側に渡り、四丁目の交差点の方に引き返していた。イボイノシシが云ったのは、時計台がシンボルの和光ビルだった。

「ちょうどおれン所《とこ》立って、裕次郎が。カチョーん所ぃ金子信雄――灰汁が強い名BY PLAYERでしたが、知ってる人は50代以上か――が立ってクサ。ロー・アングルで、バックにライト・アップされたあの時計台。深夜を教える時計の針……。よかったバァ〜イ、日活映画ッ！」

何でお前が裕次郎で、おれが金子信雄なんだ。おれが金子信雄なら、お前は殿山泰司――これまた奇漢の名脇役。知ってる人は、60代以上か。銀座の泰明小学校に通う――だろう、と伝吉は思った。その映画は、伝吉も観《み》た気がする。トイレの臭いが漂う町内の映画館で。そう、あのころは、小さな映画館が町々にあった。スクリーンの東京・銀座は、子供の伝吉にとって夢の街だった。

♪心の底まで痺れるような～　吐息が切ない囁きだから～

少し前を歩くイボイノシシが、小声で唄い出した。両手をポケットに突っ込み、肩を聳やかし、大股で左足をちょっと引き摺るようにて歩いている。その気になっているが、如何せん脚が短い。臀部からすぐに踵、後ろを行く伝吉は思った。

イボイノシシは、何も云わず左の店に入って行った。さも、行きつけのようにして。伝吉は、戸惑いながらイボイノシシに続いた。

泰司、信雄、裕次郎、知ってる人は……

鷹揚迫らぬ態度でボーイに接し、席に着くイボイノシシ。伝吉は、内部を見回す。テーブルが幾つもあり広々としている。

「まあ、カチョー座《すわ》ランですか」

「……年季の入った店舗《とこ》やね」

伝吉は、正面の大きなタイル画、意匠を凝らした高い天井、大柱も共にタイル張りだ。時代を感じさせる。

「昭和9年創業のビヤホール

です。ここも消大の時、好《ヨ》ー来よりました」

肉厚のジョッキに注がれたビールは旨かった。一気に干した。夜とはいえ夏の銀ブラをしていたので、喉が渇いていた。

「カチョー、銀座は不思議な所《とこ》ですタイ。新しかとか古かとか（新しいのか古いのか）、イッチョン（ひとつも）分かラン」

二杯目を一口呑んだイボイノシシが云った。入口の懐かしい蛍光灯２灯式大形〔避難口誘導灯〕を見ながら、伝吉もそうだと思った。

――課長さんたちの研究のお陰で、アプリを使った１１９番・緊急通報が可能なことが証明されました。聴覚障がい者、外国人が、音声に依ることなくスマートフォン、タブレットをタッチするだけで、状態を直近の消防本部に通報出来る。これは、画期的なことです。

――１１９番・緊急通報は、遅延が許されません。音声通報と同じようにリアル・タイムじゃないといけません。課長さんたちは、フリー・メールサービスのGATTEN mailをお使いですが、今回の事業では、堅牢性、迅速性、秘匿性を考えて、独自のネットワークを考えています。こうすれば、責任、保守管理の所在などが明確になります。これは私見ですが、〔位置表示システム〕のようなＩＰ―ＶＰＮ網の構築が必要かも知れません。

――受ける側の消防署のシステムは、スタンド・アローンのパソコンではなくて、指令台組み込みを前提にするべきではないでしょうか。そうしないと、要請者が管内居住者の場合、支援情報の遣り取りが上手くいかない、と思います。

店内の喧騒をよそに、伝吉は、先ほどの二等釜事務官の話しを反芻していた。

……と云うことは、「SOSカード」119番・緊急通報システムの研究は、おれたちの手を離れることになるのか、と伝吉は思った。複雑な気持ちだ。テングザル、ゾウガメ、イボイノシシの3係長と始めたこの取り組みは、指導係長のカモノハシを取り込み、〇〇電気のハダシイタチが加わることによって研究になり、所期の目的を達成した。勿論、トキちゃん、カバヅラ君の協力も忘れてはならない。しかし、これは、あくまでも研究だったのだ。伝吉たちは、研究と事業を峻別していなかった。「研究」=「事業」だった。実際は、「研究」≠「事業」なのだ。研究と事業の決定的な違いは、研究は失敗が許されるが、事業はそれが許されないことだ。

国が事業化の価値あり、と認めてくれたのは心底嬉しい。が、ここで研究を何処かの事業者に渡さなくてはならないのか、と思うと寂しいのだ。丁度、育て上げた娘を嫁に出す感じ。送り出す娘には、素晴らしい未来が待っているけど……。

「デーンしたと(どうしたのですか)、カチョー? 元気のナカヤナカネ(元気がないじゃないですか)」

芋ロック――ここは、老舗のビヤホールなのに、焼酎もあれば日本酒だってある――に切り替えたイボイノシシが訊いた。ふとわれに戻った伝吉は、ビールを口に含んだ。ビールは、すっかり温《ぬる》くなっていた。

「……いや、事業ぃなったら、この研究はおれたちの手ば離れるちゃなー、って思ーてクサ」

「そやねー。事業になったら予算規模が違うモンね。零細企業の伝吉組で対応出来るような代物じゃなか。全国規模やし、専用ネットワークが必須やし、ケーなとが出来るとは、通信系の民間企業しかなかろー」

「伝吉組は、アンテナ建てたり、ケーブル張ったり出来んモンな」

憫笑《びんしょう》を浮かべる伝吉。

「見ようによっちゃー、おれたちゃー、盲導犬のパピー・ウォーカーやったね、カチョー」

「……パピー・ウォーカーか」

盲導犬の仔犬を預かり、可愛がって育て、時期が来ると手放さなければならない、割が合わない役目……云われてみれば、その通りだ。

「そのうち、どのスマホ、タブレットにも**「SOSカード」**アプリが標準で搭載される時代《とき》が来る。カチョー、おれはそう思うよ。バッテガその時、**「SOSカード」**アプリのためぃ、悪戦苦闘したおれたちことやら、誰《だーれ》も知らんっちゃろーね（知らないだろうね）」

イボイノシシは、グラスを空ける。

伝吉は、周りを見た。哄笑《こうしょう》が響き、紫煙が漂うホールに、若者からシルバーまで、男女共に集い、テーブルを挟んで歓談している。それぞれの人が、それぞれの人生を持っているのだ。

〝功を成り、名を遂げる〟だけが人生じゃない。功を成さなくても、名を遂げなくても、人生は人生。それでいいじゃないか。ここにいる人は、自分も含めて、殆んどそうだ。そんな人たちが、この国を支えている。

「誰も知らんめーな。バッテガ、それはそれでよか。おれたちゃー、公務員・消防士。ここに居《お》る人たちが、日々

パピー・ウォーカー伝吉

安心して暮らせるごとするとが、おれたちの責務タイ。主役は、ここに居《お》る人たち。おれたちゃー、あくまでも脇役。目立ったらいかん。差し詰め肌の黒かお前は、黒子やな。ハハハ……」

「なら、やっぱー（やっぱり）、カチョーは、金子信雄タイ」

「そう。お前が、殿山泰司。ハハハ……」

有楽町線に乗ってホテルに帰るために、伝吉たちは、数寄屋橋の方に歩いていた。ホテルは、麹町だから、気候が好ければ歩くところだ。伝吉は、何度も歩いたことがある。驚いたのは、深夜というのに、皇居の周囲・内堀通りを走るランナーがたくさんいることだ。地元では、見慣れない光景だ。闇の中を、息急き切った者が近づいて来るのは、あまり気持ちの好いものじゃない。

屋上にヘリポートを備えた大きなホテルの前の地下鉄入り口から、ふたりは地下に潜った。狭い階段を、伝吉が先に、イボイノシシが後から降りて行った。時間的に、昇ってくる人はいなかった。

「ドサッ」、と後ろで物が倒れる音がした。と同時に、

「カチョー、危ないッ！」

イボイノシシの叫び声が、階段に響いた。

伝吉は、反射的に身体を左に寄せた。

その瞬間、脇を人が転がり落ちて行った。白の半袖シャツに、黒のズボンを穿いている。律儀に手に黒いビジネス・バッグを握ったままだ。

伝吉を追い越して、イボイノシシが、階段を三段跳びで駆け下りて行った。伝吉も後に続いた。階段を降りきったところで、仰向けのままその男性は呻《うめ》いていた。

「はい、大丈夫ですよ。動かんで下さい。消防の者《モン》です。何処が痛いですか？」

転げ出でたるエチゴモグラ
（挿絵師・締込み虎次が本文を読まないまま描いたので、
エチゴモグラの服装が違っています。スミマセン。筆者）

イボイノシシ、すかさず患者の状態把握に当たる。

「カチョー、救急要請ッ！」

見ると、イボイノシシの右《みぎ》掌《てのひら》が真っ赤だ。

「後頭部から出血。頚椎損傷の虞《おそれ》あり。四肢、外傷なし」

伝吉は、１１９番・緊急通報した。

〔発信地位置表示システム〕で東京消防庁・指令センターは、通報地点を捕捉した。受信要領も無駄がない。大分《だいぶ》ウチと違うな、と伝吉は思った。

患者の状態を伝えていると、その内サイレンの音が聞こえて来た。

伝吉の通報内容が、救急隊に伝えられたのだろう、彼らは、ネック・カラーを携えていた。患者の処置状況を、伝吉とイボイノシシは見ていた。機能的で、自信に満ちた動きだ。

「どちらが通報者の方ですか？」

小隊長がふたりのところに来たので、伝吉は身分を明かした。

「そうですか。よかったなぁ｜。すいませんが、搬送補助をお願いします。担架に載せたまま、階段を昇りますんで」

伝吉が担架を持った時、

「先輩ッ！」と、患者が声を上げた。

23 BULL DOG

――銀座で呑み廻るやら、豪勢やね。……いや、何はともあれ、大事に至らんで好かった。これも偏におれの指導のお蔭、ラグビーのお蔭タイ。……ふむ、ふむ。また、上京する予定のある。その時ぃ、会おう。命の恩人に精一杯奢れよ。期待しとーケンね。……バッテンねー、お前が、ウエスト・エレクトリックにおる（居《い》る）とはねー。縁《えにし》の不思議ば感じるな。

伝吉とイボイノシシが救護した救急患者は、何と伝吉の高校の後輩・エチゴモグラだった。後輩と云っても、年齢は親子ほど違う30代。伝吉が、母校のラグビー部のコーチをしていた時の教え子だ。〝名は体を表す〟で、ポジションはスクラム・ハーフだった。しかし、執拗かつ獰猛なプレーをやり、〝ブルドッグ〟の異名を冠していた。

怪我は、後頭部の切創のみで、翌日地元に戻った伝吉は、早々にエチゴモグラからお礼の電話を貰った。

――東京に転勤になって未だ半年。仕事も立場も変わって、何をやっていいのか分からない、右往左往の毎日。おまけに単身赴任ですよ。あの日は、来期の戦略会議があって、その後、一杯ということになって……。靴の紐を結び直して身体を起こしたら、急に立ち眩みになって、あっと云う間もなく〔階段落ち〕です。でも、もっと驚いたのは、先輩が東京メトロの階段に居たことですよ。頭の痛いのなんか吹っ飛びました。

久し振りで嬉しいのか、エチゴモグラの話は続いた。

――ところで、先輩、今ぼく、消防救急デジタル無線の仕事をしているんですよ。……ええ、そうなんです。この特需も平成28年まで……実質的には、27年ですね。で、さっき云った戦略会議は、その後の事業展開の会議だったんですよ。それで、消防職員である先輩に訊きたいのですが、タッチ方式の１１９番アプリの開発が……ええ、そうなんです。音声に依らない通報なので、聴覚障がい者や外国人にも利用出来るらしいです。このアプリについて、先輩何かご存知ですか？

ご存知も何も、その当事者、仕掛人・藤枝梅安は、おれだ、と云いたかった。が、微妙な問題があるような気がした。所謂、〔勘ばたらき〕というものだ。可愛い後輩と云えども、軽々に話せないこともある。伝吉は、一瞬真顔になった。

伝吉たちの研究、「聴覚・言語機能障がい者のための緊急ユニバーサル・コミュニケーション・システム」は、「消防庁・消防防災科学技術研究推進制度」の採択なので、研究者、研究内容などは、公になっている。インターネットですぐに検索出来る。

まったく知らん振りをしていて、後で分かるのも拙《まず》いので、検索出来ることだけは伝えた。エチゴモグラの驚く顔を想い浮かべながら。

一方で、伝吉は、エチゴモグラの会社、ウエスト・エレクトリックが、伝吉たちの研究をどう捕らえているのか、興味があった。ハダシイタチの〇〇電気とウエスト・エレクトリックは、わが国通信業界のＢ１Ｇ２なのだから。

——先輩、ウチの社是は、"There is no road in front of you"なんです。

……ええ、そうなんです。"Frontier Spirit"で仕事に当たれ、と何時も上から云われているんです。アメリカナイズされた会社ですから、常にkeep on movingなんです。遣り甲斐もあるけど、結構キツイです。ハハハ。

洋酒メーカー〔三等狸〕の〝やってみなはれ〟か、伝吉は思った。

——ですから、何処の社もやってないもの、何処の社もやりたがらないものをやろうとするんです、ウチは。〝スマホ時代の１１９番〟、これは好いですよ、先輩。

９月。夏が終わりかけていた。雨の多い夏だった。

「カチョー、それでウエスト・エレクトリックから連絡のあったとね?」

指令担当係長会議で、テングザルが訊いた。

１週間ほど前、消防署に、当のエチゴモグラが伝吉を訪ねて来た。伝吉が「SOSカード」１１９番・緊急通報システムの当事者であることを知ったからだ。エチゴモグラは、このシステムの教授を願い出た。

聴覚障がい者が、１１９番・緊急通報する際の問題点。

・最大の問題点は、「話せない」ということ。
・「話せない」から、消防本部が事案内容を把握出来ない。
・発災現場を特定出来ない。
・代替通報手段のファクシミリは、それが設置されているところからしか通報出来ない。

伝吉、「119番通報ＳＯＳアプリ」を
後輩・エチゴモグラにレクチャー

・メールによる緊急通報は、通報者が何処にいても、登録している消防本部にしか届かない。

・したがって、彼らは、これだけ進んだICT社会に暮らしながら、昔と変わらない第三者を介しての緊急通報しか出来ない。

・その迂回通報は、時間がかかり、重大な事態を惹起することになりかねない。

「話せんなら、イラストで状況を知らせることが出来んか。これが、おれたちの研究の発端やった。聴覚障がい者の救急要請の時に使う**「SOSカード」**と云《ゆ》ーとがある。聴覚障がい者が、イラストを指で差して、救急隊に身体の具合を知らせるカードで、これもおれたちが開発した。これをアプリ化して、消防署に通報出来んか……」

伝吉は、エチゴモグラに**「SOSカード」**１１９番・緊急通報システムの製作意図、経緯を話した。エチゴモグラは、出されたコーヒーにも手を付けず、一心にメモを取っていた。途中で、ＩＣレコーダーも取り出した。

伝吉は、**「SOSカード」**アプリを搭載したスマートフォンとタブレットをエチゴモグラの前に置いた。

〔救急要請〕でスタート。画面の問いにタッチで答えて行く。すると、送信内容が作成される。この間数秒。驚きを隠せないエチゴモグラ、無心にそれを触る。

「その〔ＯＫボタン〕にタッチしてんヤイ」

云われるままにエチゴイタチは、タッチ。

〔メール送信中〕の表示が出、間髪を容れず消防署からの〔通報了解〕のメッセージが出た。

「今、お前が送った〔救急要請〕は、ここに来とお（来ている）」

伝吉は、机のパソコンを見せた。

「本当は、指令台に組み込むとバッテガ、今は研究の段階やケン、このパソコンで受けるごとしとお。GATTEN mail い（に）〔凸凹１１９CALL CENTER〕ていう試験用のアドレスば作った。この〔凸凹１１９CALL CENTER〕が、全国７７０の消防本部に当り、それぞれの緯度・経度と発信地点のそれらを計算して、直近の消防本部に飛ぶ仕組みタイ。で、ここば開くと……」

瞬（まばた）するのを忘れたかのように、エチゴモグラは、伝吉の話に聞き入っている。

「ほら、一番上にお前の〔救急要請〕がある。発信地もここタイ。ＧＰＳで捕捉した。そして、〔地図〕を開けば……」

画面に、発信地である伝吉の消防署にマークが打たれた地図が出た。

「〔画像〕を開けば……」

〔Street View〕が出る。エチゴモグラは、画面を食い入るように見つめている。ヤン・ボール・スクラムのボールを狙っている眼だ、伝吉は思った。青春が光っている。

　話が一段落したので、伝吉はコーヒーを勧めた。

「温《ぬる》ーなったろー？」

「いえ、丁度いいです。今日は暑いし……だいたいコーヒーの味が好く分かりませんから、ハハハ……」

「……で、今日の宿は？」

「先輩、九州大陸は、日帰り出張の範囲なんです。お話しを伺ったら本社に戻ります」

「久し振りやケン、飯でも喰おうかと思いよったトイ（思っていたのに）」

「ありがとうございます。プライベートで帰省した時に誘って下さい。先輩こそ、今度上京されたら、是非ご連絡下さい。この前のお礼をさせて頂きます」

　夏合宿で扱《しご》かれ、半ベソでボールを追っていた少年が、凛とした青年に成長していた。伝吉は、コーチ冥利に浸っていた。

「……いやぁー、間違いなくこの研究は、事業化されると思います。２０２０年の東京オリンピックを考えても、頷《うなづ》ける話です。先輩たちの研究が今年度までで、時期から考えると、来年度に国は実証実験の予算化を考えているかも知れませんね」

　エチゴモグラの洞察に、伝吉は舌を捲いた。

「……それなら嬉しいな」

　伝吉は微笑んだ。エチゴモグラは、キラキラした眼で伝吉を見つめた。ほんの一瞬の対峙。

　有り難う御座います、と云ってエチゴモグラは、相好を崩した。

「この「SOSカード」119番・緊急通報システムには、魅力があります。国・消防庁の取り組み方を見ながら、弊社はビジネス・チャンスを探ります。……って、偉そうなことを云ってますが、ぼくはまだ下っ端で、何の権限もないんです、ハハハ……。でも、今日伺った話には、必ず上司は乗って来ます」

「ウエスト・エレクトリックは、国とか消防庁にパイプがあるっちゃろ（あるんだろ）？」

「パイプというか、好くご相談を受けているようです。国が考えたアイデアが実際に可能なのか、製品化されるのか、などの問い合わせがあります。今回の消防救急デジタル無線の共通仕様書の作成には、関わらせて貰ったみたいです。これは弊社だけではなくて、○○電気さん、ＯＫ電機さん、日の丸電機さんも一緒だった、と聞いています。……ところで先輩、ラグビーはまだやっているんですか？」

エチゴイタチのコーチをしていた頃、伝吉は消防本部のラグビー部に所属していた。退職を目の前に控えた身でラグビーはないだろうと思うが、今でも部員である。ただ、赤いラグビー・パンツでグラウンドに立つ。赤パンは、還暦を意味する。もちろん、伝吉は、還暦には少し早いが、55歳の誕生日に部員たちからプレゼントされた。今でも草ラグビーをしているというエチゴモグラと、一頻《ひとしき》りラグビー談義に花が咲いた。

伝吉の机の電話が鳴った。カモノハシからだ。

――カチョー、〔OUT LOOK〕を開いて下さい。先生（ハダシイタチ）からメールです。まあ、見て下さい……魂消《たまげ》ますよ、カチョー。

エチゴモグラは、メモ、ＩＣレコーダーなどをバッグに仕舞い、帰る準備をしている。云われた通り、伝吉は、〈OUT LOOK〉をクリックした。

——学会出席のため、今カナダ・トロントにいます。さきほど当地から「SOSカード」アプリで１１９番・緊急通報をしました。〈凸凹119CALL CENTER〉をチェックして下さい。地球の裏側からの１１９番がちゃんと届いていますよ、地図添付で。

との連絡。伝吉は、〈凸凹119CALL CENTER〉を開いた。

ハダシイタチからの〔救急要請〕が出ている。緯度・経度も添付されている。〔地図〕を開く。道路に"King St West" "Blue Jays Way" "Peter St" などと書かれている。カナダ・トロントだ。通報したハダシイタチの場所にマークが入っている。〈Street View〉も出る。

絶好の機会だ。早速、エチゴモグラに見せた。息を呑み、そして大きな吐息。

「イタダキです、この研究。直近の消防署は、緯度・経度で検出。イタダキです、そのアイデア。……決めました。ぼくの事業目標は、「SOSカード」１１９番・緊急通報システムの実用化です。先輩、ご教授ありがとうございました。お蔭様で、仕事に対する新たな意欲が湧いてきました。もう、〔階段落ち〕をしなくて済みそうです。先輩もご存知の通り、ぼくは、執拗《しっこ》い性格ですから、一回噛み付いたら離しませんよ。何せ〝ブルドッグ〟ですから。Grrr…Bow-wow!」

24 CARAVAN

「カチョー、それでウエスト・エレクトリックから連絡のあったとね、って?」

再度、テングザルが訊いた。

１週間前の回想から、ふとわれに戻った伝吉。思わずニヤリとする。

「あった、……あったどころやないッ!」

——先日は、どうもありがとうございました。早速ですけど、先輩のシステムの話を、ＥＯ（執行役員）が聴いて、是非先輩に会いたい、と云っているんですが、ご都合は如何ですか。細かい話は、その時お話ししますが、彼は、『これは、わが社だけで取り組むべきものじゃない。電機、通信会社が一丸となるべきものだ』と、力説しています。弊社は勿論、ＯＫ電機、日の丸電機、○○電気、並びに携帯各社に声を掛けて、協議会を立ち上げるつもりです。

「……話が大きゅーなり過ぎて、よーと（良く）理解出来ん……」

ネガティーヴなゾウガメが、頸を引っ込める。

「……総ては、ペラペラ紙の**「SOSカード」**から始まったことやなー」

イボイノシシが、誰に云うともなく呟く。

話すことが出来ない聴覚障がい者とのコミュニケーション・ツール、**「SOSカード」**。描かれたイラストを指で差すことによって、意思を伝えるカード。Ａ４サイズで、ラミネート加工を施した。これの製作に、伝吉とカモノハシが関わった。

「いや、本《もと》ば正《ただ》しゃー、消救無線のデジタル化タイ。カチョーが、デジタル無線の実証実験に応募ばシェンやったら、ケーなことにはならんやった」

伝吉を非難しているのか、賛美しているのか分からないテングザルの発言。

「……バッテガ、ゾーちゃんの云ーごと、こげん話の大きゅーなったら、おれたちの出る幕はなかろー、ねぇ、カチョー？」

テングザルが伝吉に訊いた。

「正直云ーて、おれも分からン。おれたちとドクター・ハダシイタチが組んで**「SOSカード」**のアプリば作り、アプリ操作でメール１１９番・緊急通報が出来るシステムまで漕ぎ着けた。バッテガ、エチゴモグラの云う協議会の出来たら、あっと云ー間ぃ解決するっちゃナカローカ、と思う」

伝吉たちが乗った「コンティキ号」大海原を漂う……

「私もそー思います。私たちどころか、ドクター・ハダシイタチも出る幕がナカデッショー（ないでしょう）」ゾウガメが、小首を傾げる。

「民間の動きも気になるバッテガ、消防庁も事業化に乗り出すつもりやケン、線引きは、どーなるとかいな、カチョー？」

伝吉と一緒に、本所・二つ目通りのdeepな居酒屋・〔金剛〕で事業化の話を聴いたイボイノシシが問うた。

伝吉たちが肩寄せ合って乗っている「SOSカード」という小さな筏は、嵐に襲われ、猛り狂う大波にのまれそうだ。

「狼狽《うろた》えるなッ！　みんな、しっかり摑まれッ！　夜が必ず明けるように、嵐はきっと治まる」

不安げに見つめる3係長に、伝吉は、眼で叱咤激励した。コンティキ号——１９４７年、ポリネシア人のルーツを探るため、太平洋８０００㎞を航海したインカ時代仕様の筏——のリーダー・ヘイエルダールに自分を重ねる伝吉。ヘイエルダールの旅は、正にOdysseyあり、それに比べると自分たちのは、TripそれもOne Day Tripだ、と伝吉は思った。何せ、死ぬことがない。

「よか機会タイ。ちょっと整理しょう。何でもそーバッテガ、行き先に迷うた時は、出発点に戻らないかん。ヨカカ（いいか）、消防の人事は、ビックリ・仰天・トコロテンやケン、お前たちもその内、管理職になる。面子とか権威ば笠に着て仕事ばしたらいかん。セーなことしたら部下が泣く。何時《いっつ》も云ーバッデガ、『八甲田山』（東宝映画・１９７７年公開。主演・高倉健）の神田隊になる。

それともうひとつ、希望的観測ば持ったらいかん。〝一か八か〟は、必ず遣り損なう。指揮者は、私心を殺して物事ば見る……」

テングザル、ゾウガメ、イボイノシシの3係長は、居住まいを正した。

・平成19年　伝吉、カモノハシ、**「SOSカード」**（聴覚障がい者用指差しカード）の開発に関わる。これで、日本消防協会から表彰さる。
・平成21年　伝吉、消防庁の「消防救急デジタル無線実証実験」対象消防本部募集に応募、採択さる。
・平成23年　消防救急デジタル無線システム運用開始。伝吉、デジタル機能で、**「SOSカード」**を送る聴覚障がい者用１１９番・緊急通報が出来ないか考える。
・平成24年　○○電気研究員・ハダシイタチ、「聴覚・言語機能障がい者のための緊急ユニバーサル・コミュニケーション・システム」の開発のため、**「SOSカード」**のアプリケーション化を伝吉に持ち込む。
・平成24年　「聴覚・言語機能障がい者のための緊急ユニバーサル・コミュニケーション・システム」の開発を「消防庁・消防防災科学技術研究推進制度」に連名で応募、採択さる。
・平成25年　**「SOSカード」**のアプリケーション完成。試験用スマートフォン、タブレットに搭載。東京での実証実験成功。
・平成25年　発信された**「SOSカード」**アプリでの１１９番緊急通報を、直近消防本部に送信するシステム開発に着手。
・平成26年　発信端末（スマートフォン、タブレット）に、消防本部から「避難・誘導」、「心臓マッサージ」等の情報を送信するためのシステム（相互通信）開発に着手。

「直近消防本部の捕捉は、スマホのＧＰＳと全国の消防本部の緯度・経度を使って出来た。送信方法は、GATTEN mail で実現出来た」

と、テングザル。

「『聴覚・言語機能障がい者のための緊急ユニバーサル・コミュニケーション・システム』の開発でスタートした研究は、『「SOSカード」１１９番緊急通報システム』で完成を見た」

と、イボイノシシ。

「そこで、消防庁は、２０２０年の東京オリンピック・パラリンピックなどを見据え、事業展開を考えた。その中には、GATTEN mail のようなフリー・メールサービスを使う気持ちはない」

ゾウガメが続ける。

「一方、ハダシイタチの〇〇電気は、独自に事業化を模索し始める。そこに、おれの後輩・エチゴモグラの電機業界最大手ウエスト・エレクトリックが攻勢を掛けて来た。この三つ巴の状況で、おれたちは、右往左往、周章狼狽《しゅうしょうろうばい》、右顧左眄《うこさべん》の今日この頃」

伝吉が締めた。

会議室のドアが開いた。

「スイマッシェン、立ち入り検査の長引いて……」

カモノハシが入って来た。相変わらず長い顔だ。年を重ねるにつれて、伸びている気がする。

「……遅れて来て云《ゆ》ーとも何ですが、周りがどうであれ、われわれは、消防職員の立場ば堅持しましょう。念頭に置くたー（置くのは）、聴覚障がい者、発話困難者。これでよかでっしょうモン」

会議内容を聞いて、カモノハシが云った。

「消防庁は兎も角、民間業者には、『これで儲けたらいいかん』って云いまっしょう」と、云い添えた。伝吉も同じ思いだった。どこがどう関わろうと、「SOSカード」１１９番緊急通報システムが、実用化されればいいのだ。そして、実用化は、エンド・ユーザーである聴覚障がい者の希望、意見を反映したものでなければならない。これこそ、BOTTOM UPでいかなくてはならない、伝吉は、強く思った。

「……よし、取りにいくぞッ！」

椅子から立つと同時に、伝吉は、虚空に吼《ほ》えた。あまりの大声に係長たちは、椅子からずり落ちそうになった。そして、４人の係長の頭の上には、〝?〟が舞い踊った。

「……どっ、どーしたと、カチョー?」

椅子を前に突き出し、逃げの体勢を取りながら、テングザルが恐る恐る訊いた。伝吉は、それには応えず、ニタリとした。背中に寒気を感じるニタリ顔。落語『野ざらし』じゃないが、

「……陰にこもって物凄く……」の伝吉の顔。固唾を飲む係長たち。

「SOSカード」１１９番緊急通報システム』が本予算に計上《あが》ったら、発注仕様書が出来る。恐らく初年度は、実証実験やろうから（だろうから）、それようの仕様書タイ。実証実験に最適の消防本部て云ーたら……」

伝吉は、ゾウガメを見た。

「……我が凸凹消防本部……?」

泣きそうな顔をして、ゾウガメが答えた。そして、大きく頷く伝吉。

歓声とも驚愕とも落胆ともつかぬ声が、４人の係長から上がった。

「ドクター・ハダシイタチとの研究も今年度まで。研究としては、大成功。研究から事業、理論から実践、来年度はこれいなる（これになる）。おれたちは、ここで手を引くわけにゃーいかん。消防庁の仕様書がどうなるか分からんバッテガ、消防本部指令課・指令管制センターが関わるたー、間違いなか。みんな、また取りにいくぞッ！　この件に関しちゃー、全国の消防本部に〝一日の長〟どころか〝三年の長〟がある」

伝吉の顔が紅潮する。ダーク・ブラウンに赤みが差して、ドドメ色だ。

「……『取る』って云ーたっちゃ、消防本部は、応札出来んメーモン（出来ないだろう）？」

テングザルが、伝吉に糺《ただ》した。

「その通り。お前の云ーとおりタイ。バッテ、おれが云いたかとは、民間業者の気持ちで、この件に当ろうというコッタイ。公務員の生活習慣病・〈待ち〉はいかんぞ。仕事は、創るモンぞ。ボーッとしとってもよか仕事は出来ん。ことは、消防庁の仕様書が出来てから、じゃなかとぞ」

25 OUT OF LIMITS

伝吉が乗ったボーイング９１１は、定刻11時に九州国際空港を飛び立った。機首が上がる。身体にGを感じる。初秋の陽に輝く街が見る見る小さくなる。

（平成19年に消防庁が出した「消防救急デジタル無線共通仕様書」は、同庁が独自に策定したものではない。技術的な面は、無線メーカーからの意見を参考にした。今回の**「SOSカード」**１１９番緊急通報システムの仕様書も同じように、通信メーカー、携帯事業者などの意見を参考にするはずだ）

瞑目して考えた。体型が普通席では窮屈な伝吉は、自前で差額を払って、〝J〟に座っている。

〔消防救急デジタル無線アドバイザー〕という肩書きを持つ伝吉は、今、岐阜に向かっている。消防救急無線は、平成28年5月31日までにアナログからデジタルに切り換えなくてはならない。今年度で、全国消防本部の殆どが工事を終える。

しかし、来年度・平成27年度に工事契約をする消防本部もある。伝吉は、そこに行っているのだ。３日間に渡って県内の完成が遅れそうな消防本部を経巡《へめぐ》る。平成28年5月31日以降、アナログ波を使うと違法になるのに、ことの重大さがまだよく認識されていない。消防本部もさることながら、財政

「事業」と「消火」は早くする　分かった？　幹部殿！

を握る本庁が理解を示していないところが多い。こうなると、消防本部は、にっちもさっちも行かなくなる。今回行く5消防本部は、何れもこのケースだ。

　名古屋で前泊した伝吉は、JR中央本線で岐阜に入った。列車は、東に進む。山間を縫うようにして走り、右手に渓流が流れている。紅葉が映える。

　1時間ほどで目的地の駅に着いた。同行者の姿がまだ見えないので、駅前で昼食をとることにした。見ると、ロータリーの向こう側に、街の佇まいにそぐわない小洒落れたカフェがあった。伝吉は、旅行バッグがわりのラグビー・バッグを肩に掛け、そこに向かった。

　中に入ると、客は誰もいなかった。カウンターについた伝吉は、メニューのトップにある、「まかないカレー」というのを注文《たの》んだ。量があればいい、という伝吉だが、いつになく味も堪能した。

HOME MADE の味で、作り手の想いが籠もっていた。

食べ終わり、お冷をカウンターに置いた時、そのカウンターが、分厚い銀杏で出来ているのに気づいた。

「父が、鮨屋をやっていたんです」カウンターを撫でていると、声がした。厨房のスクリーンの端から、お運びの女性が顔を覗かせた。

「結構永く営業していたんですけど、父が亡くなって鮨屋は止めたんです。でもこのお店が勿体ないので、娘の私が喫茶店にしたんです」

カウンターの内側から、お冷を足しながら、FAMILY HISTORY を話してくれた。

「調理は、母の担当。私は、接客。どうでした、お味は？」

アフター・コーヒーを頂き、伝吉は、他に客がいないことをいいことに、自分にとってはうら若き女性との会話を楽しんだ。

「……新卒が、この町で働くとしたら、市役所か農協ぐらいしかないでしょ。で、私、京都で卒業したので、そのままそこで働いていたんです。約10年間、銀行勤めをしてました。そろそろ結婚でもと……」

他生の縁を感じるこの一時《いっとき》を粉砕する雷鳴の如き呼び出し音。伝吉のガラ携が鳴ったのだ。

「ンチワー、今着きました。課長、今どこ？ っていうか、眠っているような街ジャン、ここ」

甲高い声でタメ口《ぐち》をきくのは、今回の同行アドバイザー・横浜消防のブーメラン。サーファー小僧で、必須のアイテムは、喜平のペンダントと綽名の由来、ブーメラン。やたらと脱ぎたがる。

帰りに寄りますと言い残し、伝吉は店を出た。改札のところに、サングラスを頭に載せたブーメランが立っていた。玉虫色に光沢を放つ、肩が凝りそうなパッツンパッツンのスーツでキメている。靴は、ノーズが長いアリババ仕様。

消防本部は、車で10分くらいのところにあった。職員数80名、人口8000人、管内面積800㎢。

「……何を云っても、本庁の財政課が『うん』と云わないんですわ、前倒し。金《ぜに》は、途轍もなく好《え》え起債があるちゅーって云ーんやけど、『計画通りせーへんと、議会がうるさい』の一点張り。『雪降ったら、工事出来ませんよ。期限に間に合わんっだたら、どーしますぅ。アナログ発射《とば》したら、罰金100万、懲役1年でっせ』って脅してもアカンのですワ」

担当の警防課長が、ため息を吐く。会議室に居並ぶ幹部たちが、一様に頷く。

「前の消防長が、再任用で本庁で厄介になっとるんで、喧嘩するわけもいかんし。ホンマ、頭の痛いとこです」

こう云って、警防課長は、冷め切ったお茶を飲んだ。

「平成27年度の着工予定だけど、契約、議会承認何かを考えると、実質着工は、早くて7月ジャン。……山上基地局は、……えーっと、……3つも在るジャン。ワイハじゃないんだから、ここは。ユネスコの世界遺産になった御県の白川郷・合掌造り。合掌造りは、豪雪対策じゃないですか。何を考えてるんだか、本庁は。ねえ、警防課長」

寂しく笑う警防課長。

「デジタル無線整備は、みなさんの本部のためだけじゃないんだから。当地の大規模災害時に、全国から参集する緊援隊のためでもあるんだから。〔統制波〕で緊援隊は活動するのに、その基地局がないということは、集結した部隊を、組織的に動かすことが出来ない、ということですよ、警防課長。

消防庁は、緊援隊絡みのものは、国の事業だと看做《みな》してるんで、補助金をつけているんですよ。昨年度、補正予算が出たとき、この補助金は、当初予算の4倍が付いていたでしょ、ねっ、総務課長」

いきなり名指しされたので、総務課長の眼が泳いだ。慌てて、横の警備課長を見る。その警備課長もまた、横の庶務係長を見る。

その光景を、したりげな顔でブーメランが見ている。

「何度も折衝したでしょうが、今日こうして消防庁から私たちが来て、再度前倒しを促された、と本庁に伝えたら？　補正予算が出るかどうかは、今のところは、分かんないけど、今年度、当面起債でしといて、出たら乗り換える、って手段《て》で」

ブーメランがアドバイスをする。

「どうですか、時間もまだあるし、一緒に本庁の財政に行きましょうか？」

伝吉が提案した。顔を見合わせる幹部たち。

「ちょっ、ちょっと待って下さい。本庁に連絡取ってみますから……」

と云うと、総務課長が飛ぶようにして会議室を出て行った。そこにも電話はあったのに。

「そいじゃー、時間も都合が好いし、ＴＡＫＥ５《ファイブ》・休憩と云うことで」

時計を見ながら、ブーメランが椅子から立ち上がった。

伝吉とブーメランは、会議室のベランダに出た。色付いた葉が、午後の陽を受けて燃えているようだ。

「……あの様子じゃ、本庁折衝は、ナシですね」

「そうだね」

伝吉は応えた。

「まあ、各本部それぞれ事情があるからな。……しかし、今のままじゃ、君が云うように、山上基地局建設を抱えた期限内竣工は、限りなく不可能に近い」

木々の向こうに、壁のように連なる鋭峰が遠望できる。

「ここの地形を考えて、単年度完成のここの〔実施設計〕に応札する業者がいますかね」

ブーメランが、伝吉の方を向いた。

「問題は、山上基地局やケン、雪が降る前に、資機材搬入をヘリで実施《す》るとか、セーなことの出来る業者に限られろー」

努めて東京標準語で話していた伝吉だが、熟慮のせいで九州標準語が、思わず口を衝いて出た。

「ここの予算規模で、ヘリ搬入までする業者は、いないでしょう」

薄笑いを浮かべるブーメランを尻目に、業者は近視眼ではない、ということを伝吉は知っている。業者は、5年先10年先を見据えて商売をする。目先の利益を求めるのではなく、投資的性格を持った商売をする。トップクラスの業者は、みんなこれだ。

まして、消防救急無線のデジタル化は、国民の危機管理に関わる事業である。公器の度量が業者に求められている側面がある。まあ、有体に云えば、税金であんまり儲けるな、ということだ。

「……あのぅ、すんません」

後ろから声がした。総務課長が、恐縮しきった顔で立っていた。

「本庁の方は、12月議会の準備で時間が取れん、と云ーとるんですワ……」

案の定、待たされた割には、想定済みの回答。

「消防長からも云ーてもろうたんですけど……」

事業前倒しを再度勧めて、伝吉は、会議を締めた。伝吉たちは、公用車で駅まで送ってもらった。

暮色に染まる通りに、〔まかないカレー〕の店が見えて来た。しかし、会議が長引き、伝吉は、約束を果たすことが出来なかった。

伝吉ゴジラ　議事堂を襲う！

二日目の会議も、大同小異、似たり寄ったり、**50 STEPS or 100 STEPS**。

「――わが町は、日本で初めてであり、かつ最後であろう、かの独身女帝・元正天皇所縁《ゆかり》の地であり、平城京の時代から連綿と続くこと2000年。掘れば出て来る銅鐸、銅鏡、文化財――」

町の来歴を滔々と話し、観光ボランティアもやっている消防長のまくらに、伝吉は何度も欠伸を噛み殺さなければならなかった。

3日間の出張を終えた伝吉は、17時40分の飛行機に乗るために、大阪・伊丹空港にいた。手荷物検査場を通過した伝吉は、ゲート前の椅子に座り、缶ビールを開けた。周りに乗客はいない。伝吉の好みは、発泡酒か雑酒。しかし、売店には、real McCoyしか置いていない。一口呑んだ伝吉の口から、吐息が洩れた。

今年のデジタル無線のアドバイザーの仕事も終わった。伝吉は、落日を見ながら、この1年を振り返った。素晴らしい年だった。何せ、「SOSカード」119番緊急通報システムが、研究から事業になるのだから。誰がこんな展開を予想出来ただろうか。

——開発の研究は、今年度で終わりバッテガ、目処さえつきゃー、消防庁事業として取り上げられる可能性《カノーシェー》もあるとよ。ねー、カチョー。

7月、地元聴覚障がい者協会で、トキちゃんの気を惹こうとして云ったカモノハシの大法螺が本当になった。〝瓢箪から駒〟とはこのことだ。全部のスマホに「SOSカード」アプリが搭載される日が来るのだ。思わず伝吉の頬が緩む。もう一口呑んだ。

アテの〔柿の種〕を摘んだ時、携帯が鳴った。エチゴモグラからだ。早速、事業化の話か、愛《う》い奴め。

——先輩、……カイサンです。

——……?.?.?。

——もしもし、聞こえますか、先輩。……電波状況がわるいのかな?

——聞こえとーぞ、ブル（エチゴモグラの綽名）。カイサンするっちゃろー（するんだろう）?

——そうです。どう思います、先輩?　何でこの時期なんでしょうね?

——ソーヤ（そうか）、いよいよ解散か。12月で丁度ヨカタイ。おれもこのごろ、会費ば払ろーとランやったモンな。お前は、ちゃーんと払いよったか?。

——会費って?　何の話をしてるんですか、先輩?。

——何の話って、OB会の話やろーモン、ラグビーの?。

——ンなことで、わざわざ出張先まで電話するわけないじゃないですか。年末の忙しい時に。シューギイン、シューギインのことです

——シューギイン?……シューギイン……えッ、衆議院が解散ッ!

——伝吉は、思わず立ち上がった。手にしたビールが噴き出した。

解散ということは、来年度の予算の審議は、STOP。

STOPということは、暫定予算も白紙になる。

白紙になれば、**「SOSカード」**119番緊急通報システムの事業化もなかったことになる……。

伝吉は、足許から地の底に吸い込まれる気がした。……何でこの大事な時期に。冗談は、**吉田茂**バイ、まったく。伝吉は、椅子に崩れ落ちた。

目の前に大願成就が見えていたのに。研究3年。聴覚障がい者の思いを知って10年近く。全国600万の聴覚にトラブルの抱える人々の願いが叶う寸前だったのに……。捌け口のない怒りが、勃然と沸き起こる。

イグアナ・伝吉、**GODZILLA**擬き背ビレを光らせたかと思うと、**GODZILLA**声を発した。**"Gaquwaoooo～"** 人影も疎らなロビーに響き渡る咆哮。滑走路を見渡せる壁面ガラスが、割れんばかりに振るえた。

ンナリョーッ!(コノヤローッ!)1954年(昭和29年、「ゴジラ映画」の第一作公開)以来、国会議事堂をぶっ壊すのが、**GODZILLA**の趣味ってことを忘れたかッ! **GODZILLA**だけじゃない。**KING KONG**も**MOTHRA**も**MECHA-GODZILLA**もだッ!

六根清浄…大願成就…喝ッ！

解散なんて、ばかやろーッ！　解散のバカヤロー、解散のバカヤロー。バカヤロー、解散ッ！……ン？　何処かで聞いたな、このフレーズ？伝吉の憂鬱は続く……。

送信にGATTEN mailというフリー・メールサービスを使っているとはいえ、「SOSカード」１１９番緊急通報システムは、音声に頼らず、アイコン・タッチで全国何処にいても、直近消防本部に緊急通報が出来るのです。

インフラ整備も不要、したがってロー・コスト。斬新で可撓的、独創で画期的。世界初のシステム！　まさに次世代・スマホ時代の緊急通報システムです。海外対応も可能です。こんなPotentialityの高い研究が日の目を見ないなんて、国家的損失だ、と筆者は考えるのですが……。

一方、伝吉はというと、事業化を期して、厳冬というのに滝行の真最中。

「ノウマク・サマンダ・バザラダン……ドーカドカドカドカ・ヨサンケージョー・ジギョーカショ

ーニン……」

冬枯れの頭頂に霊水を受けながら、印契を結び、真言を唱えている。南方系、イグアナ・伝吉とって、これ以上の荒行はないのです。

「ドーカドカドカドカ・ネンマツジャンボ・ハツユメ……ハッ・ハッ・ハクションッ！」

さあ、新年度予算に事業として計上されるでしょうか……。

コラム 水ノ巻　老兵は死なず、ただ消え去るのみ

そこでナカムラさん、消防は、現状の市町村単位でいいと思いますか？「阪神・淡路大震災」、「東日本大震災」を想起するまでもなく、近年、台風・豪雨・河川などの災害は、広域化かつ常態化していますね。その度に、緊援隊が出動しますが、自本部対応とのタイムラグは否めない。指揮系統も自本部対応のようにはいかない。

ナカムラさん、緊援隊でどこかに出動したことあります？　……そう、「熊本地震」の時に。……無線統制、情報伝達に苦労した。そうでしょうね。周波数、バラバラですもんね。

ナカムラさん、どうします広域災害。緊援隊対応も限界があると思いませんか？　内閣府が、「30年以内に起こる確率が70%」、と明言している「首都直下型地震（M7）」と「南海トラフ地震（M8～9）」。市町村消防で、これらに対処し、国民の負担に応えられると思います？

……モゴモゴ云ってちゃ分かりませんよ、ナカムラさん、はっきり云って下さい、何ですって？　……そう、その通り！『消防組織法』第6条の改正。「当該市町村」を「当該都道府県」に改正して、指揮権者を明確にし、その下に統合した組織を置く。広域災害に迅速・的確に対処するには、これしかないでしょう。「日本は、纏まると強い」んです。

都道府県消防の話は、今に始まったことじゃありません。あなたが生まれる前、昭和の時代から、延々と話されていることなんです。これこそ、「小田原評定」。提灯の品評会じゃありませんよ。

人口減少と税収減少、この強烈なダブルパンチが日本を襲っています。公務員のナカムラさんは、ピンと来ていないでしょうけど。……「ピンと来る」って。……指令システムの更新延期、消防車もですか。それに昇給延伸、採用見送りも考えられている……それは大変。

でも、それはナカムラさんの本部だけじゃない。全国の消防本部が抱えている問題です。これに加えて災害の広域・巨大化。正に内憂外患の状態に市町村消防は在る、と云っても過言ではない。

P.305へ続く

26 新風

4月9日、平成27年度国家予算が成立した。で、伝吉の至誠は通天したのか……。

「したモンね～♪」

新聞片手に、嬉しさのあまり指令管制センター内をスキップする伝吉、込み上げてくる喜びを抑えることが出来ない。

「春先に、いっぱい出て来る手合いやな……」

伝吉の喜ぶ様を、事務室の窓越しに見て、当務係長のイボイノシシが呟いた。

「バッテガ、よー（よく）事業化ぃなったモンタイ。カチョーな、何ンか持っとーバイ」

一緒に見ていた非番係長のテングザルが云った。

今日は、今年度初めての指令担当係長会議。

「スイマッシェン、遅れました」

歩速が人間の半分くらいしかないゾウガメ（歩速・3・3㎞／h）が、事務室のドアを開けた。

ゾウガメは、今日は週休日。指令担当係長会議は、3係長の内、誰かひとりが週休で出て来ることになる。

会議の冒頭、伝吉は、3月に開催《ひらか》された「消防庁・消防防災科学技術研究推進制度」研究成果評価発表会の報告をした。この発表会は、今回が最後となる。

概して、学者、研究者から成る評価委員の反応は良かった。

・実際に「SOSカード」アプリを完成させたこと。
・聴覚障がい者が被験者になり、実証実験を実施したこと。
・119番通報に要する時間が、既存の音声通報に比べて格段に速いこと。
・スマホ、タブレットなどの端末に個人情報が保存されているので、情報の漏洩がないこと。
・既存のフリー・メールサービスを使うので、ネットワーク整備が不要なこと。

などが評価された。

平成23年から、伝吉たちと○○電気コンサルティング・イノベーション研究員のハダシイタチが取り組んで来た「聴覚・言語機能障がい者のための緊急ユニバーサル・コミュニケーション・システム」の研究は、終わった。

伝吉たちとトキちゃん、カバヅラ君たちで作った聴覚障がい者のコミュニケーション・カード「**SOSカード**」。描かれたイラストを指で差し、聴覚障がい者の救急要請を円滑にする。これを基に「**SOSカード**」アプリが出来たのだ。

「考えてみりゃー、平成18年に「**SOSカード**」ば作ったちゃなー」

伝吉は、感慨一入《かんがいひとしお》である。

「その10年後に「SOSカード」アプリが出来《でけ》た。カチョー、もう思い残すコター、何《な》ーもナカロ(思い残すことはないだろう)？　ちょっと早かバッテガ、退職《やめ》るね？　後の閊《つか》えとーケン」伝吉の後釜を狙うテングザル、すかさず退職を促す。伝吉、笑って応えず。

「アプリは、出来たバッテガ、実用化にはなっとラン」

イボイノシシが、腕を組んだ。

「アプリだけじゃ、消防本部に繋がラン。専用ネットワークの構築が要《い》る。フリー・メールサービスを119番・緊急通報のそれぃしたら、色々な心配が起こる。第一、フリー・メールサービスは、民間の任意行為やケン、継続の保証がない。研究の時は、よかったバッテガ、実用を考えたら、責任の所在ば明確《はっきり》させとかないかんケン、どうしても専用ネットワークになるモンね」

ゾウガメが追《お》い次《すが》う。

「まあ、おれの退職は置いといて。去年8月、消防庁予算概算要求に、東京オリンピック・パラリンピック絡みで、119番通報の多様化が挙とった。二等釜《じらふ》事務官が頑張ったちゃろう。こらー、紛れもなく「SOSカード」アプリのことやろう。衆議院の解散・総選挙やらがあったバッテガ、本年度予算は政府原案どおり可決し、この事業は残った。これで、間違いなく「SOSカード」アプリは、消防庁事業119番通報の多様化の一翼ば担うこといなった」

伝吉は、胸を張った。

「……思い起こせば、10年前。不肖このイグアナ・伝吉が予防課長の時、聴覚障がい者の救急事案で、みなさんの苦境を知り、縦割り職場を横に生き、頑迷固陋《がんめいころう》、旧套墨守《きゅうとうぼくしゅ》、十年一日の輩との四面楚歌の戦いの末《すえ》に作りましたのが、かの「SOSカード」。「SOSカード」が、消防庁の御支援でアプリ化され、それがこの度、今年度の消防庁事業に生かされるとは……。齢六十路《いそじ》に手が届く老生ですが、このような感激を身に感じたことは、今を去る48年前、メキシコ・オリンピックのマラソンで、同郷の君原選手が銀メダルに輝いた時以来であります。嗚呼、何たる感激！　胸打ち震え、感涙頬を……」

「ハイ、ドウドウドウ。抑えて抑えて……。ゾウちゃん、カチョーに水ッ！」

テングザルが、激昂した伝吉の背中を擦って宥める。ゾウガメ、水を取りに走った。

「ハイ、ドウドウドウ。血圧の高かっちゃケン、カチョー、用心シェナ。ハイ、ドウドウドウ」

思わず反応し、「ブルブルブル」と嘶《いなな》く伝吉。

一頻《ひとしき》り首を振った後、ふと、我に返り、

「止めれ。おらー、馬か」

「消防界のムスタング・暴れ馬やろー、カチョーな（課長は）」

テングザルが揶揄《からか》う。

MUSTANG——発音は「マスタング」が正しい——と聞いて、伝吉は、今は亡き、猿顔・マックイーンの“BULLITT”思い出した。

……ブリットが着ているブラウンのヘリンボーン・ジャケット（エルボー・パッチ付き）、ブリットが住んでいるアパートメント・ハウス（玄関ドアを室内のレバーで開ける）、ブリットの冷凍食品の買い方、市水道局に勤務している、ブリットのガールフレンド・キャシー（ジャクリーン・ビセット）の服装——特に事務所のシーンで着ている黄色のワンピース——そして、ブリットの愛車・マスタングＧＴ３９０……全てが恰好よかった。サン・フランシスコ市街地のカー・チェイスにシビレた。

『ブリット』　スティーブ　マックイーン
ホルスターがカッコイイ!!

観たのは、高校生の時だった。学生服で観た。二番館に掛かっていたのを開映から終映まで何回も観た。40年前、映画にも出て来るが、ファクシミリが出来たころの話だ。そのファクシミリ・Telecopierが容疑者の顔を複写し、事件は、急展開する。受話器を嵌め込んで、カーボン紙をセットし、ドラムを回す機器《もの》だった。当時、最新鋭のOA機器だ。

伝吉は、周りを見廻した。所狭しと並んだOA機器も40年後には、影も形もなくなるのだ。伝吉は、ふと笑った。

「すまん。年甲斐もなく、ちょっと力が入り過ぎた」

伝吉は、ゾウガメが持って来たコップの水を口にした。

「カチョー、これば食べんね（食べませんか）」

ゾウガメが、机の抽斗《ひきだし》に隠し持っていた非常食・グリコを差し出した。

「カルシウムがいっぱい含まれとうケン、気分の落ち着くよ」

伝吉は、ハート型のキャラメルを口に入れた。

「……さて、今年度おれたちがすることは、去年国の予算編成《ヘンシェイ》の時ぃ話したごと、消防庁・主要事項119番通報の多様化の実証実験の消防本部に選ばれること。名称は変わったバッテガ、こらー

（これは）、紛れもなく、おれたちとドクター・ハダシイタチが研究した「SOSカード」１１９番緊急通報システムのことぞ」

「カチョー、選ばれる手立てはあるとね？　ここまで来っちゃケン、おれたち3人も「SOSカード」アプリの実用化ば見届けたか（見届けたい）」

イボイノシシ言葉にも熱が入る。

「……手立てや？」

「お前は、どう思うや？」

逆に伝吉が訊いた。上司は、自分の考えを伝えるのも大事だが、それと同じくらい、いやそれ以上、部下に考えさせることが大事である。

――君が事業責任者だったらどうする。前例踏襲だったら、君の存在価値　はない。消防サイドで考えるのでなく、住民サイドで考えること。常に、自分を事業成果を受ける側に置く。これが不可侵の要諦――「消防庁の研究助成制度で、おれたちの「SOSカード」１１９番緊急通報システムが完成したちゃケン、消防庁は、おれたちの能力を認めとぉー、と思う」

「ダケン（だから）、充分１１９番通報の多様化の実証実験対象消防本部になる資格はある」

テングザルが継ぐ。

「多分ですよ。なりたか本部やらなか、と思う。ソーヤナカですか。大体公務員は、新規事業やら好かん。すぐ、シェーなたシェン（そんなのは実施《しな》い）って云《ゆ》ーやなかですか。消防も同ンなじでっしょうが（同じでしょうが）」

「ゾーちゃんもやろーモン（同じだろ）。係長が、一番好かんちゃなかと。ハハハ……」

正しくは “TELECOPIER” ファクシミリの原型

ゾウガメの発言に、テングザルが突っ込む。ゾウガメ、苦笑い。

「ソータイ。みんなが云《わ》ーごと、事前活動シェんでも、我が凸凹消防本部に白羽の矢が立ったー間違いなかろー」

伝吉は、一口コーヒーを飲んだ。

「おそらく、この事業は、公益性《シェイ》の高っかケン、エチゴモグラ――伝吉の若き後輩。電機大手、ウエスト・エレクトリック社に勤務。出会いの経緯は、既述――の云いよったごと、電機、通信、携帯各社が一丸となった協議会が起《た》ち上がろうや（起《た》ち上がるだろう）。……それか、消防庁が集めるとしたら、検討会になるやろー」

伝吉は、仕切りガラス越しに、指令管制システムの端末機器を眺めた。ひとりの指令課員の前に三面（指令系・地図系・支援情報系）のディスプレイと総合操作盤。受信から出動指令まで、総てコンピューター制御。通報者からの聞き取りをしながら出動指令が出せる。受信から出動指令まで、10秒とかからない。

30年前、伝吉が入署したての頃は、通報者の聞き取りが最も重要で、これがなければ、現場も分からないので、出動指令が掛けられなかった。１１９番・緊急通報する者は、発話が出来るのが前提だった。

通報者から現場を訊き、ゼンリンの地図で確認し、通信員が肉声で出動指令を出した。桁違いの時間がかかった。

戦後、自治体消防が出来て、70年近く経つ。消火、救急、救助などの業務は、時代と共に進展して来た。しかし、指令業務ほど、変革を遂げた業務は、他に類を見ない。

電話での１１９番・緊急通報は、当たり前と思いがちだが、普通の家庭に電話（固定）が普及したのは、１９７０年代以降である。伝吉が小学校4年生の時に、家に電話が来た。それまでは、先に引いた隣の家の人が、

「お宅に電話が掛かっていますよ」

と、取り次いでくれていた。厚かましい話だが、隣家の電話番号を知人に知らせ、用がある時は、ここに掛けろと云っていた。当時は、これが普通だった。電話は、高価なものだった。

〔ＮＴＴ〕が〔日本電信電話公社〕と云っていた時代のことだ。

こんな状況だから、１１９番・緊急通報は、今からは想像もつかないくらい少なかった。当時、伝吉の消防本部では、１１９番の入電は、半日に1本くらいだった。指令課などなく、通信員に指名された当務員が、黒電話で対応していた。繁華街には、〔火災報知機〕が立っていた。これが、酔っ払いによく悪戯された。

ダイヤル式の電話機が、プッシュフォンになり、携帯、スマートフォン、タブレットへと進化する。家族に1台だった電話は、個人に1台に移行《かわ》る。

これに比例して、１１９番・緊急通報は増加し、伝吉の消防本部《ところ》では、今1日に40本入電している。増加の一途を辿る１１９番通報・緊急通報を処理するために、高機能指令管制システムが出来た。

コンピューターを搭載したもので、受信と同時に通報位置の地図が表示され、通報者の情報も入手出来、通報内容も自動録音され、事後対応に備えている。

一方で、要請事案に応じた車両を自動選別し、自動音声で出動指令を掛け、出動車両の走行ルートをスクリーンに映し出すことが出来るのだ。救急車を初めとする消防車両には、車載端末（多機能ナビ）が装備され、指令管制センターとの情報共有、地図上での自車・他車位置の確認しながら現場に向かう。

30年前、黒電話で119番を受信《と》っていた伝吉世代にしたら、この高機能指令管制システムは、正に007・JAMES BOND の世界だ。ショーン・コネリー演じる初代ボンドに、心酔した伝吉は、MI6（イギリス秘密情報部）で働くことを密かに願ったものだ。

「……BOND, JAMES BOND」

決め科白が、思わず口を吐いた。

「ゾーちゃん、今度《こん》だー、ボンドば持って来ちゃり（来て下さい）。カチョーがボンドが要るゲナ（要るらしい）。……で、何ンに使うと、ボンド？」

尋ねるテングザルに

（テメーの鼻の穴に詰めるんだよ）

と、心中で云い放つ伝吉。米茄子を彷彿とさせるテングザルの鼻。詰め甲斐がありそうだ。青函トンネルか、お前の鼻の穴は。

27 春風

——先日は、どうもお疲れ様でした。……ええ、研究成果評価発表会、思いの外、好評だったですよね。

指令担当係長会議の翌日、ハダシイタチから電話が入った。

——ところで、消防庁事業の１１９番通報の多様化のことですが……。

長い電話だった。受話器を置いた後、伝吉は、喫煙場所の３階のベランダでひとり煙草を燻《くゆ》らした。

——確かに、私たちの研究は、先月で完了しました。実用化には至りませんでしたけど、その道筋はつけたつもりです。アイコン・タッチで１１９番・緊急通報出来る仕組みは、私たちのアイデアです。これを弊社が本格的に取り組めば、ことは簡単なんですが、残念ながらその意向はありません。上層部が、採算が取れないと判断したみたいです。私のような傍系会社の研究員には、本社経営会議の詳しい情報などは伝わってきません。

今年度消防庁が１１９番通報の多様化の事業を始めますが、当然業者発注をします。そうすると、受注業者は、私たちのアイデアを使うはずです。課長さん、私たちの努力の結晶が、盗用される恐れがあります。

伝吉の鼻腔から煙草の煙が立ち昇る。イグアナは、鼻が低いので、煙が直上し、宛《さなが》ら噴煙。

――しかし、受注業者が財団とか、公益性が高い組織《ところ》だったら、問題ないでしょ。むしろ、大いに使ってもらいたい、と思いますが。「SOSカード」アプリに始まるこのシステムは、元々消防庁の研究開発資金で成し得たのですから、我々の研究成果は、消防庁の財産《もの》でもあるのじゃないですか？

伝吉は応じた。

――この研究に際して、消防庁を取り交わした契約書には、研究者側の知的財産の保護が謳ってあります。……で、結論から申しまして、特許申請をやろうと思うんです、「SOSカード」１１９番緊急通報システムの。

伝吉のこれまでの人生・これからの人生にも全く関与しないと思われていた語句が、伝吉の耳に飛び込んで来た。「特許」。伝吉は、『新明解国語辞典・第四版』を開いた。

「特に許可すること。法律で特許権を付与すること。発明者・考案者や、その継承者が、その発明・考案を独占する特権」

――何のためにやるんですか？

――何のためって、勿論私たちの財産《アイデア》を守るためです。みすみす横取りされるのも癪じゃないですか。

――気持ちは分からないでもないですが、実用化しようにも御社は乗り気じゃないし、こんな状況で特許申請は意味がないでしょう。単に、１１９番通報の多様化事業の妨げになるだけじゃないですか。

――長年温めたアイデアを、何回剽窃《ひょうせつ》されたことか。課長さんは、ご存知ない、その時の研究者の気持ちを！

ハダシイタチの語気が強くなった。話の矛先が違っている、と伝吉は思った。去年の夏、二等釜事務官から１１９番通報の多様化事業のことを聞いた時、伝吉は、自分がパピー・ウォーカーのような気がした。仔犬の時から手塩にかけて育て上げたのに、可愛い盛りに手放さなくてはならない……。でも、大局から見れば手放すのが最善のことであり、手元に置いたままにするのは、パピーそのものをスポイルすることになる。

――先生、我々の研究は、全国６００万人の聴覚に障がいを持つ人たちのために始めたんでしょう。そうじゃないですか。……ところで、〔からし明太〕、お好きですか、先生？

――ワイフが、朝食によく付けてくれますが……？

今や国民食とも云える九州大陸・博多の〔からし明太〕。これの発明者は、周囲の勧めにも拘らず、製造方法の特許を取らなかった。彼は、何よりも〔からし明太〕が全国の食卓に上るのを願ったのだ。そのためには、同業者が増えた方がいい。切磋琢磨でより好いものが出来る。

現在、からし明太の業者は、全国に１２０社以上ある。特許権が発生していたならば、この隆盛はなかったに違いない。我欲を捨てた彼は、正に大人《たいじん》であった。

ハダシイタチは、伝吉の話を黙って聴いていた。

――明日のからし明太が楽しみです。

と云って、ハダシイタチは受話機を置いた。

想いは同じ

4月。昨年の夏、正に奇遇で再会した高校の後輩——といっても歳は、親子ほど違うが——エチゴモグラから連絡があった。彼は、通信大手・ウエスト・エレクトリックの社員。伝吉たちの研究「SOSカード」１１９番緊急通報システムに並々ならぬ関心を寄せている。

——先輩、東京オリンピックを見据えた１１９番通報の多様化事業の検討会が消防庁で立ち上がりますが、その委員に先輩が入っている模様です。

電話の向こうで、エチゴモグラが云った。

——どうして分かったかというと、この検討会の事務局が、弊社《うち》になったんです。長官決済までにはまだ時間が掛かりそうなので、詳しいことは云えませんが、正式決定の暁には、宜しくお願いします。バタバタしていますので、取り急ぎご連絡まで。

一方通行で喋るとエチゴモグラは、電話を切った。

ニンマリ、伝吉の頬が緩む。自分たちの研究が生かされた１１９番通報の多様化事業に係われるとは……。

（この分なら、退職前に、アイコン・タッチ１１９番の実用化をこの眼で見れるかも知れない）

こう思うと伝吉は、矢も盾もたまらず、上京したくなった。膝を突き合わせて、ハダシイタチと話す必要がある。

「また、東京ぃ行くとね？　先月、行ったばっかりやないね」

と、呆れ顔のテングザル。テングザルは、今日の当務係長。

「ソータイ。バッテガ、これからの展開ば考えたら、行かずにおられん」

「カチョー、ヨート考えテンシャイ。カチョーの本業は、何ね？　指令課長やろうモン。我が凹凸消防本部・指令課業務の指揮監督がカチョーの仕事、これば忘れたらいかんよ。アイコン・タッチの１１９番もよかバッテガ、本部《ここ》の指令課員のことも忘れんごとね」

伝吉と係長のテングザルは、初任科の同期で年齢《とし》もかわらない。彼らの間に、階級・肩書きの格差はない。あとの2係長、ゾウガメ、イボイノシシにしても同様だ。もっとも、小さな本部で、それらの格差を振り回しても、益するところは、何もない。

「獅子身中の虫」　あなたの横のソイツです

テングザルの言葉は、伝吉の胃の腑を重くした。まるで、鉛を飲み込んだみたいだ。考えてみれば、〔消防救急デジタル無線実証実験〕から、「SOSカード」１１９番緊急通報システムまで、自らしなくてもいいことにエネルギーを注いで来た。これらのことで、伝吉は、給料を得ていたのではない。

成すべきことを放置したつもりはないが、傍から見れば、そう見えるかも知れない。伝吉は、珍しく憂鬱《ブルー》になった。

昼休み。ジョギングをしている伝吉。本部横の公園を走る。滂沱の汗をかいている。年齢のせいか、体重のせいか、息遣いが荒い。機関車D51《デゴイチ》のようだ。

落ち込んだ時、ブルーになった時、〝友がみな我より偉く……〟の啄木みたいになった時は、走るようにしている伝吉。思考ではなく、肉体で気分転換を図る。〝肉体は精神に勝る〃、と考えるところは、何んでも彼んでも、「元気」で済ませる、LONG LONG AGO《顎》の代議士と似ている。

走るにつれて、胃の腑が軽くなって　来た。汗が眼に入って沁みるが、気分は爽快だ。

（……にしても、テングザルめは、癪に障る。正に、〝獅子身中の虫〟だ。ムカッ腹が立って来た……）

ジョギングのペースが速くなる。

（……ウヌ、猿公《エテコウ》の分際で。何が、「カチョーの本業は何ね」だ。お前が云えた義理か。寝言は、寝て放《こ》けッ！）

怒りが伝吉を突き動かす。１km／10分の通常ペースが、１km／5分ぐらいになる。傍からみると、それでもゆっくりとしたジョギング・ペースだが、本人は、ダッシュしている気分。眼の前にテングザルが立っている、と想像する伝吉。ヤツは、口を捻じ曲げ、嘲笑の表情を浮かべている。

伝吉、腰を落とし、両手を下げる。タックルに入る前の姿勢だ。そして、猛然と走り出した。

「必殺・かちあげタックル！」

伝吉、両腕を絞り上げ、上から下に叩きつけるような仕草をする。

大声上げて、奇妙な動作をする伝吉に、周りのランナーたちが驚き、蜘蛛の子散らすように逃げ惑った。

大息を吐きながら、汗みずくの伝吉ひとり、地面を見つめニタリと笑う。

28

暑風

２０２０年東京オリンピック・パラリンピックを見据えた１１９番通報の多様化事業の第1回目の検討会が、7月にやっと開催《ひら》かれた。事業計画では、4月に行われるはずだった。

「国の検討会は、こんなものです。新年度、すぐに開かれる検討会なんてまずありませんね」

休憩時間に、二等釜《じらふ》事務官が教えてくれた。伝吉と二等釜は、喫煙コーナーにいた。

「4月は、人事異動でゴタついていますし、委嘱する委員のみなさんも同じなんです。おまけに国は、臨時の異動もざらなんです。そうすれば、決裁も遅れるし……。すみませんでしたね、大分待たせて」

二等釜がペコリと頭を下げた。

「いや、何も遅れたのは、あなたの所為じゃないでしょう。……でも、ダレましたね。準備体操ばっかりで、なかなかプールに飛び込まないんだから。ハハハ……」

「確かに、四箇月間の準備体操は、長いですよね。ハハハ……」

二等釜も笑った。

二等釜とは、伝吉たちが昨年度まで、3年間やっていた**「SOSカード」**１１９番・緊急通報シス

多士済々の検討会　「ＳＯＳカード」アプリの行く末は……

テム研究の時以来の付き合い。その彼が、この１１９番通報の多様化事業の担当になった。これは、伝吉にとって正に僥倖であった。

「どうです、検討会が終わったら、冷たいものでも呑みに行きませんか?」

伝吉が誘うと、二等釜は、「いいですね」と、間髪を入れず同意した。

「課長さん、7時に例の〔金剛〕で、というのは如何ですか。早く退庁したいんですけど、仕事が溜まっているので。すみません」

消防庁といわず、何処の省庁も遅くまで働いているのを、伝吉は知っていた。午後5時かっきりに日勤者が帰る、伝吉の職場とは些《いささ》か違う。

伝吉は、消防庁の消防救急デジタル無線アドバイザーを3年間やったので、そこの職員の働きぶりを見ていた。「構いませんよ。じゃあ、7時にdeepな〔金剛〕で」

ふたりは、にこやかに会議室に戻って行った。

〔金剛〕とは、深川・二つ目通りの居酒屋。この店で昨年8月偶然出会った。この店を教えてくれたのは、イボイノシシだ。消防大学入校時、しばしば通っていたらしい。

「……あれから、もう1年か……」半蔵門線〔清澄白河〕で降りた伝吉は、〔高橋《たかばし》〕を渡りながら思った。一年前、〔金剛〕で、伝吉たちの研究の事業化を二等釜から知らされたのだ。

藍染の大きな暖簾が、微風に戦《そよ》ぐ。伝吉を招いているようだ。入口の引き戸を開けると、二等釜が手招きした。

「課長さん、こっちこっち！」

店内のざわめきを凌ぐ声だ。さっきの会議とまるで違う。語り口、物腰がエリート官僚然としていた。

「地元に帰ると、気が緩んで……ハハハ。まあ、乾杯と行きましょう」

上から押し潰した分、横に広がった伝吉の体形は、込み合った居酒屋では、横の人に迷惑を掛ける。

「スンマッシェ〜ン」

と詫びを入れたものの、横の客は、肩を窄《すぼ》めて呑むことになった。

何時もながら、一口目のビールは、特に旨い。感嘆の吐息を漏らす伝吉。

「……で、まあ、今日の会議は、顔見世というところでしたね」

伝吉は、こう切り出した。

「検討委員のみなさんに、この事業に対して、共通の認識を持って戴く、今日はこれに終始しましたね。課長さんみたいに、この事業の誕生経緯を知っている人には、何を今さら、だったと思いますよ」

二等釜《じらふ》は、ビールを含んだ。

事実、伝吉は、そう思った。東京オリンピック・パラリンピックまで、４年しかないのだ。悠長な議論を交わす暇などない。「SOSカード」アプリは、完成しているじゃないか。ジョッキを傾けながら、伝吉は、今日の会議を想い出していた。

「聴覚・言語機能障がい者は、全国に約32万人と云われています。しかし、これは、障がい者手帳を取得している人の数で、みなさんもご存知の通り、いろいろな事情からそれを取得されていない人もたくさんおられます。恐らく実数は、一桁違うと思います。ある資料では、６００万人と、またある資料では、２０００万人と出ていました」

議長の花咲爺（仮名）が口火を切った。

「……ところで、事務局長、昨年1年間の１１９番通報は、全国で何件でしたか？」

「はい。えーっと……」

事務局長・兵六（仮名）、慌てて、分厚い資料を取り出す。破らんばかりに、頁《ぺーじ》を捲る。検討委員５人の眼が兵六に集中する。視線を感じる兵六、上がって仕舞って、目当てのところが探せない。エチゴモグラが、手助けする。

ここで検討委員を紹介しておく。花咲爺《はなさかじじい》（大学）の他、赤ひげ（医療）、源内《げんない》（電気）、乙姫《おとひめ》（福祉）、それに伝吉（消防）。

探し出したエチゴモグラが、兵六に指し示す。

「お待たせしました。平成25年中の１１９番通報件数は、……一、十、百……」

桁を数える兵六。

「えー……８６５万６４７６件になっております」

「この約９００万件の通報の殆ど１００％が音声によるものです。当然、聴覚・言語機能障がい者からの直接通報は、この中には存在しんません。この内、携帯電話からの通報は？」

花咲爺が重ねて訊いた。

「はい……３１０万７６６１件で、全体の35・9を占めております」

「全国的に見ますと、携帯電話からの通報は約40％ですが、大都市では、既に50％を超えております。当然、地方も早晩こうなるでしょう。今や携帯電話は、危難に瀕した時の最も迅速かつ有効な個人用防災ツールなのです。

他方、聴覚・言語機能障がい者もコミュニケーション・ツールとして携帯電話を大いに利用しています。メール通信が音声通信の代替をしています。メール通信は、一般にも普及しその利用頻度は、音声通信を大きく上回っています……」

議長・花咲爺は、メール１１９番通報は、聴覚・言語機能障がい者の利用は勿論だが、

「……事故状況を画像で消防に送るとか、心電図をドクターに送るとか、音声通報で出来ないことが、メール通報では、可能になると思います。その意味では、メール１１９番通報は、これからの１１９番・緊急通報、ＩＣＴ社会に相応しい１１９番通報のあり方を示すものです。その結実如何は、ここにご参集各界代表の委員各位の叡智と明察に委ねられておるのであります」と、己の言葉に酔いながら話を締めた。

「……残念ながら、他の委員で、消防の実務を知っている人は、いませんでしたね」

伝吉は、ジョッキを置いた。

仕事が出来る者ほど悩むもの

「そうなんですよ。起案の段階では、実務を知る私たちの意向が入っていたんですが、課長、部長と決裁が回るにつれて、今日のメンバーになったんです。下っ端の私たちには知り得ない力が働いたのでしょう、永田町なんかから」

二等釜は、自嘲気味に応えた。

「今年度の主眼は、実証実験を行うことです。昨年度、課長さんたちが実施《やら》れたのを踏襲すると思いますが」

「私たちが実施したのは、あくまでも研究の領域でしたから、事業としての実証実験というわけですね」

「事情を知っておられる課長さんは、〝振り出しに戻る〟という感じでしょうが、他の委員にとっては初めてのことなので……」

ここで、二等釜《じらふ》は、「イモみず」に切り替えた。

「……私、入庁して15年になるんですが、この頃ふと思うんですよ、この職に就いていなかったら、何をしているだろう、って」

二等釜が真顔で伝吉を見た。

「いや……実は、同期が辞職《やめ》たんです」

伝吉には、驚きだった。公務員の中の公務員、伝吉の如き駅弁公務員の崇敬の的、霞が関に燦然と光輝く官僚職《キャリア》を辞職《やめ》るとは。

「そらまた、何《な》故してですか（それはまた、どうしてですか）？」

驚愕《おどろき》のあまり、伝吉は、NATIVE LANGUAGEを発してしまった。

「本人は、はっきり云いませんが、異動が原因だと思います。ご存じの通り、私たちは、現職に留まるのは、長くて3年、酷い時は半年で異動《うご》く時があります」

二等釜は、〔イモみず〕を呑む。

「さあこれから、という時に何時も異動なんです。仕事で完全燃焼なんてあり得ないんです。これが私たちの宿命と云えば、それまでですが……」

「じゃ、あなたも、今回の事業の成就を見ずに何処かに異動するんですか？」「はい。ルートが大体決まっていて、次は外郭団体への転出です。早ければ、この10月です」

「……そうですか」

伝吉は、汗をかいたジョッキを手にした。ビールは、温くなっていた。

「フラストレーションが溜まりますよね、まったくッ！」

誰に云うでもなく、二等釜は発した。

その夜、二等釜は酔った。仕事の理不尽さを切々と訴えた。

「職責を果たそうにも、これじゃ果たしようがないじゃないですか。ねっ、課長さん、そーでしょ。ねっ、そーでしょ」

そうだ、そうだ、と相槌を打ちながら、伝吉は、二等釜のお替りを何度も注文《たの》んでやった。

〔高橋〕を　渡るふたりに　月ひとつ

話を聞きながら、自分の職場のことを考えていた。伝吉のところでは、予防、警防などの所属に10年以上も動かない職員が何人もいた。それぞれが自らをエキスパートと以て任じ、御し難い輩だ。旧弊を撒き散らすこと、夥しいのだが……。

　叶姐さんがラスト・オーダーを訊いて来た。二等釜は、〔塩サンマ〕と〔ご飯〕を注文んだ。この時間に帰宅《かえ》っても、夕飯がないそうだ。伝吉は、〔お汁《つゆ》〕も取ってやった。

「でも、課長さん。ぼくが今のポジションにいる内に、この事業119番通報の多様化の〔実施設計〕だけは固めますよ、骨子をね。上司が何と云おうと。そうじゃないと、この事業に係わったという証《あかし》がなくなる」

口のご飯粒を吹き飛ばす勢いで、二等釜は云い切った。その横で、伝吉も〔お汁〕を啜った。酒の後のこれが好い。魚の粗で取った味が何とも云えない。しかも安い。ただし、熱い。用心しないと火傷する。地元だからと思っていたら、「アチッ！」っと、二等釜が悲鳴を上げた。

外に出ると、ムッとする空気に包まれた。まだ、昼間の熱気が残っていた。肩を並べて、清澄白河に向かって歩き出した。この辺りは、東京とは思えないほど闇に包まれている。伝吉の地元と同じだ。気持ちが落ち着く。

二等釜の脚が覚束ない。〔高橋〕の欄干に寄り掛かる。

「課長さん、すっかり変わりましたけど、ここは昔、小さな町工場が集まる街でした。住まいと職場が同じで、同じ仕事を代々やっていたんです。灰汁抜けない、と思っていたけど、今は憧れます。技術があるって、素晴らしいことです。ぼくたちは、役人風吹かせるだけで、何の技術もない。ＩＣＴとか云って騒いでいるけど、所詮バーチャル、イリュージョンの世界。実体がないじゃないですか。そんなのより、汗を掻きながら、ネジ１本、ボルト１個作る方が、人のため、国のためになるんだ……」

二等釜《じらふ》は、足元の石を小名木《おなぎ》川に蹴落とした。

29 潮風

——ええ、そうなんです。セキュリティの面で不安があるとして、先輩たちのアイデアは、参考に留めるみたいで、本チャンのアイデアは、別にあるみたいです。

帰省からひと月が過ぎ、検討会の進捗に不安を感じた伝吉は、検討会事務局のエチゴモグラに動向を探るように指示した。密偵・エチゴモグラは、蚯蚓《ミミズ》……じゃなかった、情報を求めて彼方此方《あちこち》を這い回った。

——どうも、次の検討会で出されるようです。ホンチャン作成には、通信の一財・UGOが関わっている模様です。セキュリティと経費は、正比例の関係にある。「SOSカード」アプリは、限られた予算の中で開発された。

セキュリティを考えると、それだけで予算と時間が飛んでしまう。伝吉たちは、ヒューマン・インターフェイス（画面がサクサク変わる）に力を置いていた。セキュリティは、ネットワークの問題であり、一面、伝吉たちの範疇を越えていた。

伝吉たちは、〝百の議論より一の実現〟を胸に、兎も角、使えるもの・実機作成に専心した。そして、成し得た。

セキュリティ問題は、折込済みだった。それを考慮したアイデアが出るのを、伝吉は、素直に喜んだ。

――でも先輩、セキュリティって何処までやったらＯＫなんですか。ぼくには、分かりませんよ。イタズラ、偽報なんかを防ぐつもりなんでしょうけど、音声通報の今だって、やろうとしたら出来るじゃないですか。要は、人間なんです。人間のモラルの問題じゃないですか。これにどうやってセキュリティを掛けるんですか。

電話の向こうで、だんだん熱くなるエチゴモグラに、伝吉は首肯した。その通りだ。セキュリティを掛ければ、必ずそれを破ろうとする者が出て来る。この繰り返しは、枚挙に暇がない。〝イタチごっこ〟というか、〝モグラたたき〟というか。伝吉の前にも、これに似た名前の者が、始終うろちょろしているが。

――結論が出ない議論は、やるべきじゃないでしょ。現に今、聴覚障がい者の人たちは、１１９番する手段がないんですから、愚にも付かない議論は止めて、先輩たちのアイデアを使うべきですよ。ぼくが電話しているこの時に、苦しんでいる聴覚障がい者がいるかも知れないのに……。正に、“Argue makes poverty” ですよ。

外資系の大手通信会社で働いているエチゴモグラ、会話の途中で時々英語が入る。伝吉は、エチゴモグラを宥めて受話器を置いた。本チャンの存在を二等釜は知っているのだろうか、伝吉の頭を掠めた。

電話が鳴った。

――お久し振りです。お元気ですか？

おお、この声は、トキちゃん！

——課長さん、**「SOSカード」**アプリの事業は、進んでいます？　そのお話しも訊きたいし……急なことで申し訳ないんですけど、課長さん、明後日の夜空いてます？

胸がときめいた。目尻が下がった。頬が緩んだ。人中が止めどなく伸びた。溶けたソフトクリームのような伝吉の顔。

視線を感じた。左11時の方向に座るテングザルが凝視している。彼奴《きやつ》は、目敏い。伝吉は、椅子を半転させ、背を向けた。

「はい、分かりました。では、明後日……その時間にお伺いします」

伝吉は、取ってつけたような科白で電話を切った。

「……クサカー、何ンかクサカー（何かクサい）」

テングザルが、自席を立ち、米茄子のようなドデカい鼻を振り立てて、伝吉の周りを嗅ぎ始めた。

「カチョー、おれのこの鼻は、一回覚えた匂いは、ジェッタイ忘れんと（忘れないんだぞ）。特に、若っか女性《ジョシェイ》のアロマは、５㎞先デン（でも）分かる、ケケケ……」

伝吉の切ったばかりの受話器を取り上げ、鼻をそれに擦りつけた。

「クンクン。……甘か匂いバイ……」

陶然とした表情のテングザル。そして、活と眼を開き伝吉を見据えた。

「……この匂いは……」

伝吉、ゴクリと息を呑んだ。

「トッ、トッ、トキちゃんからの電話やった」

堪らず伝吉は、自白《ゲロ》した。テングザルの小芝居にマンマと引っ掛かったのだ。電話の内容は、県聾唖者協会・ユース部会議への案内だった。

8月下旬の金曜日。陽は、西に傾いていたが、庁舎を出ると、焦げるような熱さが襲って来た。

「〝暑い〟って云うより、〝熱い〟やね、カチョー」

横のテングザルが、タオルで頻りに汗を拭く。

書くことは出来ても聴けぬ「蝉時雨」

伝吉とテングザルは、誘いのあった会議に向かっている。会場は、市役所の会議室。市役所は、伝吉の消防本部から歩いて行ける。時間は、17時を少し回っている。定時で仕事を終わった伝吉は、17時から年休を取ったテングザルと同道している。

ふたりは、途中にある県営公園の遊歩道に入った。樹木が陽射しを遮ってくれた。しかし、風はそよともせず、代わりに猛烈な蝉時雨に襲われた。短い命を知っているのか、蝉たちは、一心に全力で鳴いている。

「こりゃ、堪らん」

テングザルが、両手で耳を塞いだ。……今から会う若者たちは、これが聴こえない、蝉時雨を知らないのだ、ふと、伝吉は思った。強い木洩れ日が、伝吉を射た。

「外は、暑かったでしょう。はい、これどうぞ」

会場に到着すると、待っていたトキちゃんが駆け寄って来て、冷えたペットボトルを渡してくれた。伝吉とテングザルは、一気に飲み干した。

人心地ついた伝吉は、久闊を叙した。

「いえ、こちらこそ。一年振りですよ、課長さん。本当に、早いですね、月日が経つのは」

伝吉の眼を見て、トキちゃんがしみじみ云った。トキちゃんの大きな、潤んだ眼に吸い込まれそうだ。白のポロシャツに、ベージュのコットンパンツが今日のスタイル。相変わらず、伝吉好みだ。

その時、肩に誰かの手が乗った。カバヅラ君だ。ニコニコしながら、久し振りですね、と手話を交えて挨拶してきた。

「ちょっと見ない間に、老けたね。白髪が増えたよ」

カバヅラ君が軽口を叩く。カバヅラ君は、中途失聴者で3歳の時に聴こえなくなった。しかし、話すことは出来る、話している自分の声は、聴こえないが。〔カバコウジ〕というパン屋を営んでいる。

「係長たちが心配掛けるケンやろー」横のテングザルを見て、伝吉は応えた。

「何ンがモンデスカイ（何を云っているんですか）、こっちの方が心配掛けられらようです。見てみらんですか、アタシの頭」

テングザル、カバヅラ君に頭を差し出した。頭頂部の毛髪が御簾《みす》の如くなっている。

「もともとサルは、人より毛の少なかっちゃケン、しょんなかっタイ（仕方がない）」

伝吉が茶化す。

「3本どころじゃナカよ。カチョーの所為《シェイ》で、ハゲたくってクサ。公務災害の申請ばしょーと思ーとっタイ、カバちゃん」

カバヅラ君が声を立てて笑った。笑っていいのかどうか、思案していたトキちゃんも、伝吉の陰で笑った。

ユース部は、二十歳前後の若者で構成されている。この日の参加者は、12名。学生と社会人が混ざっていた。

さすがにユース部。全員が、スマホを持っていた。一般の聾者の集まりは、年齢に幅があり、スマホどころかガラ携すら持っていない人もいる。

トキちゃんの手話通訳で、伝吉は、「SOSカード」アプリに関する、この3年間の研究と１１９番通報多様化事業について話した。レスポンスが早く、話し易かった。

「１１９番通報の多様化事業の完成目途は、何時なんですか?」

話を終えて休む間もなく、質問された。立ち上がったのは、髪をひとつに束ねた女の子だった。流暢に言葉を発した。補聴器を付けていると思っていたら、人工内耳とのこと。名前は、クイナ。

携帯電話が鳴り、トキちゃんがその場を離れた。

「一応、２０２０年・オリンピック・パラリンピックに間に合うようにしています」

伝吉は、大きく、ゆっくりと答えた。クイナちゃんは、伝吉の口元をジッと見詰めている。そして、大きく頷いた。

「……でも、不思議に思うのは、どうして今頃になって、１１９番のアプリが出て来たのか、ということです。２０００年くらいから、スマホは普及していたのに、こんなに大事なアプリが、こんなに遅れるなんて……」

　腕を組み、小首を傾げ、納得いかないジェスチャーをした。マドラス・チェックのバミューダ・ショーツにスカイブルーのシャツを羽織り、スニーカーを突っ掛けた出で立ち。

　会場が騒がしくなった。伝吉は、みんなを見た。同調して騒いでいるのかと思ったら、その女の子に前に出て話せ、と要求しているのだ。聴こえない彼らは、話し手と対面する必要がある。身振り、手振り、表情での会話は、これが必須だ。聴覚障がい者は、目で聞き、躰で話すのだ。

　彼女は、前に出て来ながら、右手・親指と人差し指を両方の目頭にあて、その手を拝むように立て、「ごめん」の意を表した。

　伝吉の横に来た彼女は、改めて質問した。また、会場が騒がしくなった。今度こそ、同調によるものだ。

「下らないゲーム・アプリは、昔からたくさん出来てたのに、人命が掛かる１１９番のアプリが出来ないなんて、この国は、おかしいよ」

「ゲーム・アプリは儲かるけど、１１９番のアプリは儲からないから、企業が手懸けないいないんだ」

「所詮、おれたちはマイノリティーなんだ。このアプリを開発しても、ペイ出来ないと思っているんだ、企業は」

「でもさ、販路は世界中にあると思うんだけど……。スマホが出て来た時、思い出してよ、みんな。こんなに広まるなんて、誰も考えていなかったんじゃないの」

　色んな意見が飛び出した。通訳は、クイナちゃんがしてくれた。

　すると、座っていたテングザルがやおら立ち上がり、両手を差し出し、みんなを制するような仕草をした。

「〝石の上にも三年〟〝達磨大師九年《きゆうねん》三月《みつき》〟〝青の洞門三十年〟〝牛の雲古も段々から〟……ヤングメン、焦ってはいけない、若者よ」

毒気を抜かれたクイナちゃんは、唖然とテングザルを見つめている。

「早よ訳さんね。みんなが待っとーョ」

テングザルの言葉に、ハッと我に返り、慌てて手話を使い出した。でも、意味が分からず、みんなポカンとしている。そこに、トキちゃんが戻って来た。

「〝牛の……〟は、訳すの止しましょう。物事には、時間と段階が必要なことを、ちゃんと伝えますから」

通訳を引き継いだトキちゃんが、恥ずかしげに提案した。通訳がないと話が通じないので、テングザルは、渋々承諾した。

「……私が云いたいとは、君たち、若者だけで世の中は成り立っていない、いうこと。ここにいるカチョーのような年寄りも居おれば、私みたいなイケてる中年も居れば、君たちよりもっと若い者も居る。ソーヤロー？」

「ちょっと待て。お前とおれは、あんまり同年齢《かわら》んやナカカ。何でお前が中年で、おれが年寄りか？」

伝吉が、異を差し挟んだ。

「〝見た目年齢〟で云《ゆ》ーたら、ソーデッショ（そうでしょう）。シャープなおれの体形とカチョーの体形ば比べたら。〝肌年齢〟で云ーたら、カチョーは、もう測定不能やモン、ゴボゴボして。炭素年代測定ばシェナいかん」

テングザルが、伝吉の顔を撫でながら云った。

会場が笑い声に包まれた。トキちゃんが、逐一訳したのだ。

「……でと、私が云いたいのは、君たち若者だけじゃなく、みんなが簡単に使えて、かつ長い期間対応出来るアプリを作るにゃ、暇が要る、ということタイ」

「本気で民間が開発しないのは、商機がないからでしょう？」

クイナちゃんが質問を投げた。

「……ソーヤローネー。民間は、利益を上げるのが使命やケンね。一般に売れん物《モン》は、作らんでしょう。貴女《あなた》の会社はどうですか？　……バッテガ、一方で、こげな公共性の高っかアプリで儲かったらいかん、という道義心も働いとる、と私は見とります」

何時になく、平静にテングザルが答えた。

「……では、私の方から訊く。この事業の完成を早めるにゃ、どーしたらヨカと思うね、みんな？」

腕を組み小首を傾げる者、横の者と意見を交わす者……みんな考えている。

「批判だけでは、何ンも生まれん。代替の策を持って話さんことには、議論のための議論になる。この会場を出たら忘れてしまうような話は、無意味やね。仕事や学校を終えて、君たちはここに来ている。私もカチョーも仕事を終えてここに来た。お互い大事な時間ば使《つこ》ートート（使っている）。これば、忘れんごとしょう」

〝パンツをはいたサル〟だけのことはある。なかなか好いことを云う、伝吉は感心した。

後方の青年が手を上げた。トキちゃんに通訳を頼んだ。

「ここには、コンピューターに詳しい者もいないし、ましてSEなんかいません。残念ながら完成を早める方法は、ぼくたちの手の中にはない気がします」

「それがいかん。〝人は、出来ない方法を考え出す天才〟という言葉ば知トーネ？　ICTの分野じゃ、君は何ンも出来んかも知れんが、出来る分野《ところ》が必ずある。大きく云やー、それを探すのが若者、青春やろー、この件に限らず。〝若者には、青春はもったいない〟っていう言葉、知トーネ？　君の青春ば、オレにやりんシャイ（下さい）」

　ワンテンポ置いて、爆笑が起こった。通訳の関係でこうなる。

「ヨカね、誰ーれもみんなにアプリば作れやら、ネットワークば構築シェレやら云《ゆ》ーとらん。今見たごと、ある意味、ケーナターもうある（こんなのは、既に存在している）。……君たちは、消防ば知っトーネ？」

　互い顔を見合わせる若者たち。

「小学校の時、見学したしたことはあるけど……」

と、ひとりが伝えると、みんなが頷いた。

「ソゲナター（そんなのは）、知っトートーい入ランよ（知っている内に入らないよ）。君たちの年齢に相応しか、消防に関する知識ば持っトーネ、って訊きよっタイ」

　更に問う、テングザル。

「……事業の進捗が遅か原因は、君たちにもある。このアプリの目的は、君たちが、健常者と変わらん消防サービスば受けられるようにすること。その受益者である若い君たちが、与益者の消防ば何ンも知らんじゃ、話しぃならん……」

テングザルは、「事業完成を早めるには、若い君たちが消防をもっと知ること」、と説いた。消防は、国の機関でもなければ、県の機関でもない。市町村の機関であり、全国に750を超える大・中・小消防本部がある。そのため、調整に多大の時間を要する。その上、消防本部によって、それぞれ119番受信、出動の方法が違う等々。

「知って批判するとと、知らんで批判するととは、〝金と鉛〟〝ダイヤと石炭〟〝私とカチョー〟ぐらいの差のある。分かるね、みんな」

会場、爆笑。伝吉、憮然。

「技術的に早める方法じゃノーシテ、消防ば知って、組織的、体制的に早める方法ば、みんなで考えんシャイ。そして、全県、全国ユース部・ユーザー側の意見にして、上部組織、行政機関に提案しんシャイ。ソーしたら間違いのー早よーなる。〝やっちゃえ、若者《ワッカモン》！〟」

何処かで聞いたような科白で、〝やっちゃえ、オッサン〟のテングザルは締めた。

ビールの飛沫が飛び交う。若者たちは、熱弁を交わす。音としか捉えられない言葉の代わりに身振り、手振りで意思を伝える。会議の後のユース部懇親会。

「消防署に行きますよ、係長さん。好いんでしょ？」

ジョッキを持って、クイナちゃんがテングザルのところに来た。

「ヨカよ。何時でも来んシャイ」

ジョッキを合わせながらテングザルが応えた。

「5、6年前やったかいな、貴女たちのシェンパイも来んしゃったよ。ねぇ、カチョー？」

「7年前ぃなる……時の流れは早か……」

「パンツをはいたサル」　脱いだサルなど見たくもない

「ホントですね、課長さん」

横に座るトキちゃん云った。

「ちょうど、手話検定1級を取と得った時でした。働き出したばかりで、若かったなあ……」

「いやいや、今でもお若く、美人であらせれますよ、トキ姫様は。ねー、カチョー」

「話が逸れよろーが。説明せんか、クイナさんに、先輩たちの見学の事ば」

と、テングザルを窘めたものの、伝吉も同感だった。薄っすらピンクに染まった頬は、輝いている。知らぬまに、伝吉は、自分の頬を撫でていた。テングザルが云ったことが、実感として分かった。

その時、反対側の頬を誰かが撫でた。見ると、カバヅラ君だった。

「ホッペを撫でて、何考えているんですか、課長さん？……ゴボゴボだね。〔ピーナッツ・メロン〕だこりゃ」

パン職人らしい表現で、笑いを誘った。一頻り笑ったところで、カバヅラ君が尋ねた。

「「SOSカード」アプリは、ダメなんですか？」

尋ねるカバヅラ君を見遣り、伝吉は、「大丈夫」、と自分に云い聞かせるように応えた。

30 野分

10月。第2回目の１１９番通報の多様化検討会が開催《ひ》らかれた。

花咲爺（議長）お手元の資料に記載されていますように、〔Ｗｅｂ方式〕と〔アプリ方式〕を比較しますと、多少読み込みに時間が掛かるものの、セキュリティ、アップデートの面で〔Ｗｅｂ方式〕の方が優れております。

源内（電気）〔アプリ方式〕ですと、ＯＳやミドルウェアのバージョンアップの際、サービスに支障が出る恐れがあります。それに、この方式ですと、高齢者にも自分でバージョンアップを強いることになります。

痛いところを衝いてきた。しかし、そもそものスタートが違う。伝吉たちは、〔アルテク〕――既存、現在あるテクノロジーを利用し、ロー・コストでシステムを構築すること――なのだ。だから、〔Ｗｅｂ方式〕に不可欠な〔情報管理センター〕など、端から念頭になかった。

〔情報管理センター〕の設置・運用には、当然経費が要る。この財政下で、それを新規に、消防予算に組み込むことは、到底できない、と伝吉は考えていたのだ。

金《かね》の箍《たが》さえなかったら、こっちだってもっと好いシステムを考えられたんだ。ムカッ腹が立ったので、伝吉が発言しようとしたら、赤ひげに先を越された。

赤ひげ（医療）　しかし、資料を見ると〔アプリ方式〕の方が、通報時間が速い。大体、画面の質問事項が多すぎる。出動情報は、〔火事〕か〔救急〕、それと〔場所〕だけで良い。〔年齢〕、〔性別〕などの情報は、出動には関係ない。入力事項が多いほど、通報者も消防も我々も迷惑千万！

花咲爺　いやいや、それは、少し乱暴過ぎます。情報は、多いに越したことはないのです。情報が少ないために、二度手間が掛かることは、委員もご承知でしょう。人生、〝急いては事を仕損じる〟という諺もあります。

源内　私も、議長に賛成です。ＩＣＴに携わる者として云わせてもらえば、赤ひげ委員のご意見は、甚だ感情論的発想です。タッチ2回とタッチ5回と、どれほどの時間差がありますか。そもそも、電気の速さは、光の速さ、秒速・30万㎞。携帯、スマートフォンなどの端末は、この速さで動いているんですよ、赤ひげ委員。

赤ひげ　そのスマホの速さを生かすためにも、出動情報のタッチは、少ない方がいいじゃないか。機器の反応が幾ら早くても、要は人、消防隊、救急隊が1秒でも早く現場に到着しないと意味がない。

乙姫（福祉）　私は、赤ひげ委員に賛成です。情報は、機器が伝えてくれるかも知れませんが、人を助けられるのは、人でしょう。機器じゃありません。

源内　いいですかみなさん、我々は総体的な時間を考えなくてはならない、と思います。救急に関

「アプリ方式」対「Web 方式」の激しい一番　残った、残った！

していえば、現場に到着するまでの時間だけではなく、患者が社会生活に復帰できるまでの時間を考えるべきです。初期対応の拙さで、一生後遺症で悩まされる人がたくさんいるじゃないですか。

赤ひげ　それは結果論だ。初期対応というものは、観察して、その時その場にあるもので、素早く実施《やる》ものだ。CTスキャンなんか、現場にもって行けんじゃないか。

花咲爺　これまた極論ですね、赤ひげ委員。通常の音声による聴取が出来ない通報者からの聴取、悩ましい問題です。この話は、ともすると〝メビウスの輪〟になりがちですね。……消防代表の伝吉委員、何かありませんか。

伝吉（消防）　消防側の不可欠な情報は、〔場所〕

です。〔火事〕か〔救急〕が分かっても、〔場所〕が分からなければ、我々は、出動することが出来ない。どちらか分からない時は、消防車と救急車を出動させればいい。この方式は、今すでにやっています。お話を伺っておりますと、通常の音声通報をベースにお考えの様子ですが、ここでの話は、そうではなく、発災の〔場所〕特定を第一義に考えてもらえば、消防としては助かります。聴覚障がい者、発話困難者、外国人が最も困っているのは、発話・日本語で、我々が出動すべき〔場所〕を伝えられないことです。〔火事〕か〔救急〕、それらの〔種別〕情報は、優先順位から云えば、〔場所〕に劣ります。そもそも、私が聴覚障がい者の１１９番緊急通報に関わりましたのは、今を去る……。

伝吉は、ここぞとばかりに**「ＳＯＳカード」**アプリ作成経緯を話した。事務局のエチゴモグラがニヤリとした。使おうと思えば、今でも使える、と云いたかったが、伝吉は、グッと堪えた。

〔Ｗｅｂ方式〕派と〔アプリ方式〕派が甲論乙駁。しかし、１１９番・緊急通報の特殊性を重視すると、セキュリティが錦の御旗であることは、誰の目にも明らかだった。

一方、議論が進む中で、国の事業になった以上、金の箍は外してもいいのじゃないか、と伝吉は思い始めていた。如何に経費が膨大になろうとも、財源は国民が納めた税金であり、国民が自分たちの生命、身体及び財産を守るのために支出するのだ。

花咲爺　色々ご議論を戴き、ありがとうございました。先ほど、ご意見を集約しましたように、通報方式は、〔Ｗｅｂ方式〕で進める、ということになりました。〔アプリ方式〕を推された委員も、大所高所に立たれて、今後は、〔Ｗｅｂ方式〕完成にご協力賜りますよう、お願いします。次回は、実証実験用の実機を委員のみなさんにお見せできる筈です。

なお、この実機作成に当たっては、通信各社がお創設《つく》りになった一般財団法人・ＵＧＯ(United Ground Organization)のご支援をうけております。また、本会の検討事項の調査・分析も併せてお願い致しております。


第2回の検討会は終了した。

「実機は、もう出来ているはずです。ぼくのところには来ていませんけど」

伝吉とエチゴモグラは、検討会があった虎ノ門のカフェ〔EMBASSY〕にいる。

「ソラソーヤロー（それは、そうだろう）。そげんシェナ、時間のなかろーモン。今年度中に、実証実験ばシェナいかんちゃケン」

云いながら伝吉は、アイスコーヒーのストローを銜え、音を立てて吸い尽した。氷をバリバリ噛み砕く。

〔Ｗｅｂ方式〕になると、利用者の事前登録が必要になる。セキュリティを高めるためには、必然的にこうなる。そして、集められた個人情報の保管・管理が大きな課題になる。

伝吉は、溜め息を吐いた。煩雑かつ多大な事務量が待ち構えている気がする。

「先輩の〔アプリ方式〕だったら、利用者の自己責任で、事務が簡単だったのに、ですね」

伝吉の思いを察したかのように、エチゴモグラが云った。

「……まあな。バッテン、利用者側に立って見たら、〔Ｗｅｂ方式〕の方が安心ヤロー。御膳立ては、おれたち、行政側が全部するっちゃケン。思うに、自治体の事業は、しょっちゅう金の心配ばシェナいかんバッテガ、国の事業は、ある意味、金の心配はいらんな。」

「……」

「この事業は、予算ありきじゃのうして、システム、機能ありきで動きよう。地方行政じゃ考えられんコッタイ。おれたちにゃ、交付金の縛りある。反対に、国民全体を考えとる国の事業に、縛りは付けられんし、付けたらいかん」

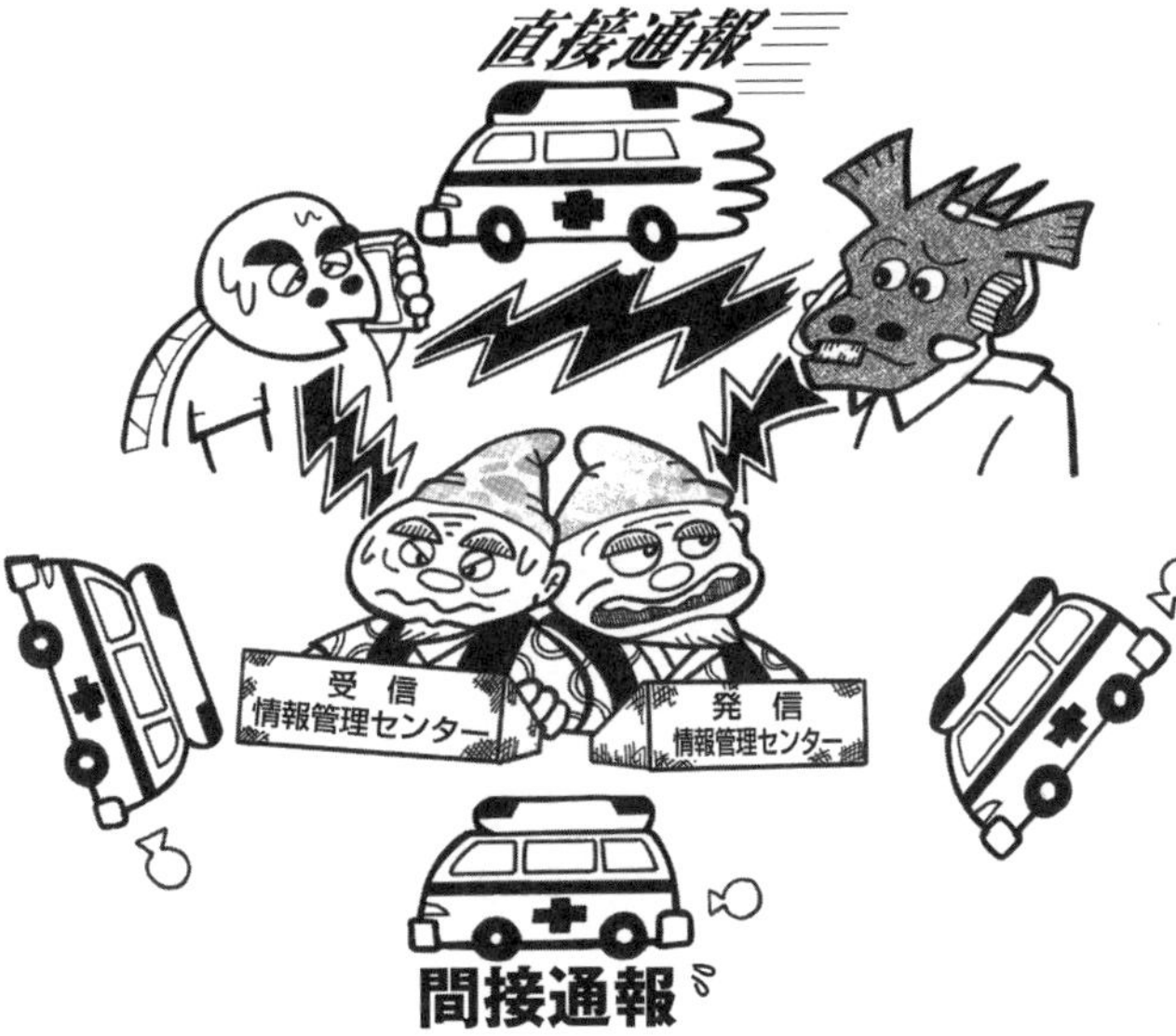

　何時ものように、外堀通りは、人と車で溢れている。高層ビルが西陽を受けて輝く。伝吉は、壁ガラスの向こうに広がる街の景色を眺めた。

「そうですね。それに、お金を作っているところは、国ですからね。如何様にも……ですか、先輩」

「……かも知れんな、エチゴ屋。其方《そち》も、悪じゃのう。金ならある。ほれ、あそこが勘定方・財務省じゃ。年貢をしこたま貯め込んでおるぞ。グフ、グフ、グフ……」

「ならば今回の事業は、金に糸目は付けぬ、ということで……」

「由《よし》なにいたシェ、エチゴ屋。金ならある」

悪ノリする伝吉とエチゴモグラ。

「……て、云《ゆ》ーことは、**「SOSカード」**アプリは消えたとね、カチョー?」

テングザルが訊いた。

「ウンニャ、消えたわけじゃナカ。通報方式が、変わっただけタイ」

「デーナ具合《どうな》にですか?」

ゾウガメが訊いた。

「〈情報管理センター〉経由で、119番通報が消防本部に入電《はい》ることになった」

「間接通報いなるとですか?」

イボイノシシが訊いた。

検討会から戻って来た伝吉は、指令課係長3人を集めてその結果報告をしている。

「〈情報管理センター〉に1回入るケン、間接通報ちゃー間接通報タイ。バッテガ、画面タッチ方式が変わることたーナカ。おれたちの**「SOSカード」**アプリは、通報が、直接消防本部に飛びよったバッテガ、それが〈情報管理センター〉のホームページぃ飛ぶと思うたらヨカ」

「……ホームページぃねぇ……」

3係長、腕を組み、資料に見入る。

「色々思いもあろうバッテガ、〈Web方式・情報管理センター〉で行くということぃなったからには、**「SOSカード」**アプリを推すことは、一旦止める。自説に頓着し過ぎると、碌なことはナカ。要は、カバヅラ君たち聴覚障がい者に、一番合《お》うたシステムが出来ることが肝心」

伝吉は、3係長を順に見た。一時が流れる。伝吉は、コーヒーをゆっくりと飲んだ。

資料

	サービスの安定供給	提供可能端末	導入の容易さ・機種変更の作業	メンテナンス性	通報にかかる時間
重要度	高	高	中	中	低
Web方式	標準化団体の仕様ため、OS、ブラウザ・ソフト・バージョンアップ時の影響が少ない	フィーチャーフォン、配慮型スマートフォンにも提供可能	対象ページへのアクセスが必要	特に発生しない	画面の読み込みに時間がかかる
アプリ方式	特定会社の仕様に基づいているため、OS、ミドルウェア・バージョンアップ時の影響が大きい	フィーチャーフォン、配慮型スマートフォンの提供に障壁あり	対象アプリのインストール作業が必要	アプリのアップデート作業が発生	画面の読み込み時間は発生しない

「了解。なら、これからおれたちのやるコター、画面のレイアウト、動作のスピードアップやろ、カチョー？」

内省ゼロのテングザルが、明るい発言。

「フリーメール通報が却下されたわけやケン、おれたちの出る幕は、それしかナカネ」

「ソータイ、ソータイ。ドクター・ハダシイタチが云ーよったＵＩ、ユーザー・インターフェイスで、**〔SOSカード〕**アプリのアイデアば生かそう。……にしても、『通報にかかる時間』の重要度が『低』は、おかしかろーモン〔おかしいんじゃないか〕」

イボイノシシとゾウガメが話合う。３係長の話を聞きながら、伝吉は、一財・ＵＧＯが次の検討会に出して来る実機を思っていた。

結果報告の会議は、午前中一杯掛かった。定番・〔カツ丼・蕎麦セット〕５８０円の昼食を採っていた時、伝吉のデスクの電話が鳴った。

――どうもどうも、お久し振りです。お元気ですか、課長さん。ハダシイタチだ。

――やっぱり、〔アプリ方式〕は、ダメみたいですね。情報は、ＵＧＯの方から入って来ています。……ええ、弊社《うち》もＵＧＯの会員ですから。われわれの「SOSカード」アプリは、低予算、即効性、民間発想ですから、セキュリティ重視の国の考えとは、相容れないものがあります。ですから、今は、経過を見るしかないでしょうね。それはともかく、課長さん、〔消防防災科学技術賞〕って、ご存知ですか?

伝吉は、聞いたことがなかった。

――消防研究センターが、消防科学技術の高度化と消防・防災活動の活性化を目的として、消防機関や一般から消防防災機器の開発・改良、論文を募集して、優秀な作品にこの賞を授与するのです。それでですね、これにわれわれの「SOSカード」アプリを応募しましょう。

伝吉は、ハダシイタチの話を聞きながら、このアプリの発端となった、指差しカード「SOSカード」を想い出していた。平成19年、伝吉は、これで全国消防協会から表彰された。これも何かの巡り合わせか。

――ここまま黙っているのも癪じゃないですか。「SOSカード」アプリを広く世に知らしめましょう。きっと、反響があるはずです。応募のドキュメントは、結構ありますが、ふたりで手分けすれば何とかなります。大勢に抗うつもりはありませんが、わたしたちの研究の証を何らかの形で残しましょう。

その日から、伝吉は、時間を見つけては、ひたすらドキュメントを作成した。「概要」、「本文」、「参考文献リスト」、「表・写真」など、学位論文かと思うような提出仕様だった。研究者の欄に、ハダシイタチとカモノハシ、そして自分の名前を入れて、書き上げたのは、締め切り前日だった。

31
旋風

消防救急デジタル無線整備が軌道に乗ったので、今年度伝吉は、デジタル無線アドバイザーの任を解かれた。４年間、北は帯広の消防本部から、南は沖縄の消防本部まで出張した。問い合わせはあるものの、今年度は、昨年度までの慌ただしさはない。

17時、終業のチャイムが鳴った。伝吉は、椅子を反転させ、ボンヤリと暮れなずむ秋空を眺めた。

（……去年の今ごろは、岐阜にいたなぁ。あの消防本部の整備は、順調に進んでいるだろうか）山間の消防本部だから、冬場の工事は大変だろう。公園の木々が頂部から紅葉し始めている。

私服に着替えようとしていると、

「カチョー、オイサ消防――「大分消防」ではない。筆者注――の指令課長から電話よー」

更衣室のドアを開けて、今日の当務係長・イボイノシシが知らせてくれた。

オイサ消防本部とは、伝吉の凸凹消防本部の北側に隣接する政令指定都市消防本部・消防局。人口１５０万余を擁し、職員数・１０５０名、消防車両（含救急車）・２１７台、ヘリコプター・２機、名実共に九州大陸最大の消防本部。そこの指令課長が直々に電話を遣すとは……。訝りながら伝吉は、受話器を取った。向こうは、消防監の階級で、同じ課長でも伝吉は、ワンランク・ダウンの消防司令

時代の要求——消防の広域化

長。

——ご無沙汰しています、源五郎《ゲンゴロウ》（仮名）です。

会議での面識はあったが、個人的な付き合いはなかった。年齢も、伝吉より随分若い。数年前、消防庁に2年間派遣されていたらしい。

——急で申し訳ないのですが、今日お時間ありますか？

——今日って、今からですか？

——はい。消救デジタル無線に関わることで、ご意見をお伺いしたいことがありまして。

大都市消防の指令課長が、吹けば飛ぶような仁丹消防の拙者《やつがれ》に尋ねたいとな……伝吉の自尊心《こころ》が蠕動した。

——ジェンジェン暇です。時間なら使い切らんくらい持っとります。

笑いながら源五郎が、落ち合う居酒屋《みせ》の名前を告げた。

伝吉は、制服を放り込むようにロッカーに入れ、庁舎を駆け出し、駅に急いだ。約束の時間には、たっぷり余裕があるのに、何故か走ってしまう、伝吉。

オイサ消防は、伝吉の消防本部のみならず、九州大陸全消防本部の憧憬の的、モデルなのだ。こっちから尋ねることがあっても、向こうから尋ねられることは殆どない関係なのに、それが今は、逆になった。駅に急ぐ伝吉の頬は緩む。

10分以上早く店に着いた。入口に大きな赤提灯がぶら下がっている。伝吉は、引き戸を開けて中に入った。

「いらっしゃい！」

威勢の好い声で迎えられた。源五郎の名前を云うと、奥のテーブルに案内された。注文を訊かれたが、源五郎を待つことにした。オシボリを使いながら、伝吉は、店の中を見回した。年季が入っている。上京したら必ず立ち寄る〔M〕（虎ノ門）、〔金剛〕（深川）の雰囲気が漂っている。伝吉は、この〔風〕という居酒屋がすっかり気に入った。地元にこんな店があったとは、意外だった。ほどなく源五郎が現れた。黒いスーツにデイパックを背負っている。馴染みらしく、店の者と一言二言交わし、伝吉のテーブルに着いた。

「急にお呼び立てして」、挨拶もそこそこに、源五郎は、カウンターに向かって〔生〕を注文した。

「それから、何時もの〔おまかせオデン〕」

ハイお待ち、とビールが運ばれて来た。お久し振りです、と伝吉たちは、軽くジョッキを合わせた。

一口呑んで源五郎は、こう切り出した。

「課長さん、デジタル無線が整備されるこの機に、一緒に〔共同指令センター〕を造りませんか」

呑んだビールが喉で止まった。一時の後、音を立てて呑み込む伝吉。

「……えっ⁉」

絞りだすように応えた。

「近々、我が本部は、指令管制システムの更新を控えていますので、その機に合わせて。何を今更ですが、消防の広域化は、時代的要求ですよ。人的効率、経済効率から見ても、これに反対する住民はいません。反対するのは職員で、住民の大半は、消防を県単位と思っていますよ、警察と同じように」

自分が常々思っていることを、他者から口から聞くと、妙に面映ゆい。

「以前から課長さんは、県下の指令課長会議なんかで消防の広域化を訴えられてましたよね。初めてお会いしたのは、まだ私が指令係長のころでした。デジタル無線の会議だったのに、消防の広域化について滔々と述べられたんですよ」

災害が荷物なら、消防力は風呂敷だ。風呂敷は、大きい方が好い。

「……いやー、悪い癖で、アリクイの嘴みたいに、思考が一点凝縮型なんです私。その節は、失礼しました」

「いえいえ。軽輩の身でありながら、課長さんの考えに賛同し、これからの消防の進むべき道を示された気がしましたよ」

「いやー、過分なお褒めを戴き、何と応えて好いやら……ハハハ……」

伝吉、ビールを煽る。好い気持ちだ。大都市消防の若手幹部から身に余る賞賛を受けた。見せてやりたいこの光景を、あの不肖の3係長・テングザル、ゾウガメ、イボイノシシに。分かる人には分かるのだ、おれの言動、行動、人となり。

カーッ、気分いいー。ドンドン呑んで、源五郎ちゃん、という気分。

「如何してこんな話をするかといいますと、今年度で局長が変わることが決まっており、後任が私の大学の先輩なんです」

「……ほぉー」

「市役所の中に、大学のＯＢ会がありまして、拝命以来の付き合いです」

「じゃー、20年以上……？」

「はい。今は、財政部長に就かれて、その前は、秘書室長でした」

ふと、伝吉の頭に『陽のあたる坂道』（石坂洋次郎著）が浮かんだ。……これは確か、裕次郎主演で映画化されたはずだ。ヒロインが、芦川いずみで。この坂道を源五郎の先輩は、裕次郎よろしくロング・ストライドで登って行っている。出世街道まっしぐら。末は、局長か副市長か議員《センセイ》か。おれと真逆の人生。源五郎の先輩が裕次郎とダブる。

「ことあるごとに、先輩には、消防の広域化の意義と価値を話していたので、局長就任が決まった今月の初め早速電話があり、在任中にこれをやるから手伝えと云われまして。それで、広域化の開祖、課長さんにご教授をと、ご連絡した次第です」

願ってもない話であった。普通、広域化を望むのは、財政、スケールメリット、事務能力などに不安を抱える中小都市消防本部である。大都市消防本部は、総ての面において前者に勝っており、広域化でメリットを得るところがない。そればかりか、逆に自分たちの能力、財力が希釈する。

「そのことは、先輩も充分分かっています。しかし、課長さんが云われたように、県の消防、九州大陸の消防、日本の消防の将来を考えた時、広域化は不可避の課題、と先輩も考えています。……それと、ご存知の通り、わが市は、〝ＭＡＮＹ・マーニー〟を標榜しており……」

伝吉は、〝ＭＡＮＹ〟を知らなかった。

「寡聞にして存じませんが、何ですか、その〝マーニー〟って？」

「〝目指せ、アジアのニューヨーク〟の頭文字を取って、〝ＭＡＮＹ〟」

「……〝目指せ、アジアのニューヨーク〟……〝マーニー〟ねぇ……」

奇怪な頭字語だ。日本語と英語が入り混じっている。

「マスコミ出身《あが》り市長なもので、キャッチ・フレーズ、見出しに拘るんです」

“Stayin? Alive”　オイサ市長

源五郎は、苦笑した。

「市長は、観光で集客する時代は終わったと考えており、これからは、〝ＷＡ《ダブル・エイ》〟と云われる」

「『わ』……『和』のことですか？」

「いえ、これはこのまま、〝ＷＡ《ダブル・エイ》〟で好いんです。即ち〝安心・安全〟」

英訳好きの市長のようだ。それも一風変わった。

「都市の〝安心・安全〟をセールス・ポイントにし、世界から人を呼ぶ。市長とツーカーの先輩は、この考えを聞かされ、集客力に値する〝ＷＡ〟を創るには、消防の広域化が最善、と信じて疑いません」

話に夢中になり、ふたりのジョッキの下には、水が溜まった。まあ、呑もうということで、彼らは、ジョッキを上げた。

実際そうだ、国内外を問わずオイサ市を訪れた人たちは、伝吉たちの凸凹市を初め、周辺都市も廻っている。それにつれて、観光客の救急要請も増えている。

「……消防の合併・広域化の話は、何度も持ち上がっては、消えて行った経緯があります。それで、話を進めるのなら、手始めに〔共同指令センター〕から持って行ってはどうか、と先輩に伝えました」

共同指令センターは、全国各地で誕生している。人員の効率化、経費の節減などから、国も支援している事業だ。

今回のデジタル無線整備で、中小消防本部は、そのランニング・コストに頭を痛めている。何せ、従来のアナログ無線と比べると、桁が違うのである。一方で、伝吉の消防本部の１１９番入電は、30分に１本ぐらいしかない。共同指令センターのアイデアは、的を射ている。

「課長さんの本部《とこ》の他、ヨカヤ消防本部、ホゲル消防本部、それとイボリ消防本部、それとウチを合わせて５本部でやろうと考えています」

こうすると、人口が２５０万人ぐらいになり、管轄面積が１２００㎢になる。双方とも、全国市町村ランキングにおいてトップクラスになると云う。

伝吉は、ビールを飲み干し、大きく息を吐《つ》いた。

「いや、ヨカ話です。是非やりまっしょう。……て、云《ゆ》ーても我々課長クラスでは、どうにもなりまシェン。こういった類《たぐい》は、ＴＯＰ　ＤＯＷＮ、首長主導で行くべきです。ＢＯＴＴＯＭ　ＵＰでやると、色々と横槍がはいる。貴市《おたく》の市長は、都市圏の会長ヤケン、関係市町長との合意は取り易かデッショウ」

　頷く源五郎。

「そして、運営方法は、〔協議会方式〕より〔委託方式〕の方が事がスムーズに運ぶ。委託を受ける貴市は、余計な仕事が増えることになりますバッテガ」

「そこは、私も調べていまして、〔委託方式〕で、新局長には了解を取っています。委託料は、高いですよ。ハハハ……」

　源五郎は、お代わりを注文《たの》んだ。

「今回、つくづく好かったと思うのは、お互いの指令・無線システムのメーカーが同じだったことです。これが異メーカーだったら、インターフェイスの兼ね合いで、話が難航したと思います」

　通信に不明……と云うか無知の伝吉たち職員には、消防通信メーカー間の関係が、虚々実々、千錯万綜に映る。そんな中で、指令の共同化を考えた時、メーカーが同じということは、何とも云えぬ安心感を齎す。

「指令管制システムの実施設計には、共同化を特記するつもりです。発注は、〔工事〕よりも〔業務委託〕の方でと考えています」

「〔入札〕は……」

「〔総合評価方式〕です、ご心配なく。〔技術提案〕に重きを置きます」

　消防救急デジタル無線整備事業が終期に入った現在、通信メーカーは、新たな営業分野を求めている。

「出来もしない金額で落札されたら、こっちが迷惑しますから、最低制限価格がある〔工事〕の方が好いのかな、とも思っています」

「それに、〔総合評価方式〕は、〔指名競争入札〕より、発注者側の準備が大事《おおごと》いなるし、金額からＷＴＯも掛かって来るし……」

「大変です。でも、消防の広域化は常識だ、と考えるべきです。そうでしょう、課長さん」

改めて伝吉は、前に座る源五郎を見詰めた。ひと回りほども違う若い指令課長が、私心なく業務に取り組んでいる。爽やかな気持ちと、自戒の気持ちが交錯した。

伝吉は、**「SOSカード」**アプリのことを話した。この開発に伝吉が絡んでいたことを知って、源五郎は、椅子から落ちんばかりに驚いた。そして、**「SOSカード」**アプリからの通報を直収出来るよう、指令管制システム実施設計を作成しよう、と意気込んだ。

場所を屋台に変えて、話し合った。**「SOSカード」**アプリを抱える伝吉に、降って湧いた〔共同指令センター〕の話。その夜の酒は、甘露ではあったが、酔うことはなかった。

32 追風

平成27年11月25日、伝吉は、東京・虎ノ門、〔ニッショーホール〕入口に立っていた。少し離れたところで、カモノハシが、入口横に立てられたパネルをデジカメに納めている。パネルには、「平成27年度消防防災科学技術賞授賞式会場」と書かれている。そう、想い出作りで応募した消防防災科学技術賞で、**「SOSカード」**アプリ（正式名称：「聴覚・言語機能障がい者のための緊急ユニバーサル・コミュニケーション・システム」）が奨励賞を受けたのだ。

曇天を衝く〔ニッショーホール〕を見上げ、伝吉は、ハダシイタチ、カモノハシと3人4脚でやって来た、3年間の真摯が報われた気がした。金刀比羅宮の方から、小柄な人物が手を振りながらやって来る。ハダシイタチだ。コートの上にリュックを背負っている。

駆け寄って来て、伝吉の手を握った。

「やりましたね、課長さんッ！　好かった、好かった！」

躰つきに似合わない力に、伝吉は、驚いた。

11時30分から式が始まり、名前を呼ばれた伝吉たちは登壇し、消防庁長官から表彰状を授与された。

表彰式は、全国消防技術者会議と並行して行われ、受賞者たちは、作品のプレゼンをすることになっていた。

伝吉たちのブースの横は、優秀賞を獲得した日本橋消防団で、〔ほねプロン〕というのを開発していた。

――「ほねプロン」は、「AED（自動体外式除細動器）」の使い方、「心肺蘇生」の応急救護訓練等の際に用いる補助具。体の外側からでは解りづらい「胸骨と心臓の位置関係」がよく解るように作成した。胸骨のどの部分をどのように押すと、心臓から血液が送り出されるのかが、一目で解るため、「AEDの使い方」や「心臓マッサージ（胸骨圧迫）の方法」を、一般の方々に効果的に伝えることが可能になった――

いただきました　長官表彰

と、作品概要には書かれていた。首に掛けて使うため、作品名称がこれになった。

伝吉は、自分たちの準備をしながらも、隣が気になって仕方がなかった。〔ほねプロン〕もさることながら、日本橋消防団というのが、何よりも驚きだった。消防団が機器開発するなど、地元では考えられなかった。団員は、みんな生業を持っているので、短時間の訓練でも渋る彼らに、長い期間を要する機器開発を提案しようものなら、一斉過剰放水を浴びるのは、それこそ火を見るより明らか。

込み上げる思いに抗し得ず、伝吉は、隣のブースに行った。

「カチョー、何処《どこ》ぃ行きヨート? タブレットば早よ並べんね。見学者がもー来るが（もう来ますよ）」

と云うカモノハシの声を背中で聞いて。

「すみませんが、少しお伺いしても好いですか?」

伝吉は、同じように展示ブースの準備をしている女性に話しかけた。はい、と云って振り向いた女性は、涼しげな眼をしていた。伝吉は、名刺を渡し、

「日本一繁華な街に消防団があり、その上、そこが機器開発をしたと知って、大変驚いています。地元の感覚で、消防団は、山間田地が相応しく、災害防禦が主体で、研究・開発などは、埒外と思っていましたから。……で、この〔ほねプロン〕を考えられたのは?」

と、一気に捲くし立てた。

女性は、にこやかに伝吉の話を聞き、名刺を差し出した。「日本橋消防団　鴛鴦《おしどり》」と書かれている。訊くと、彼女が考え出したのだった。それでまた驚いた。

「小学校とか公民館に〔救命講習〕の指導に行くでしょう……普通の人には、なかなか心臓の位置って分からないじゃないですか。それが一目で分かればいいな、と思って……」

控えめに話す姿勢が好感を呼ぶ。九州大陸ではこうは行かない。「オレがオレが」、「ALL FOR ONE, ONE FOR ONE」、「他人《ひと》の手柄、オレのもの。オレの失敗、他人のせい」の世界なのだ。現に今回の受賞でも、どうしてカモノハシだけなのだ、とテングザルを初め3係長がクレームをつけて来た。貢献度から判断すれば、カモノハシなのは、衆目が一致するところなのに。

「カチョー、ヨソンガタ（他のところ）ば、邪魔したらいかんよ。スンマッシェーン（すみません）、綺麗か女性《ひと》ば見たら、すぐ話し掛けるとですよ、ウチのカチョーは。早よ来んね、見学者が来トーヨ」

伝吉は、カモノハシに引き摺られるようにして、自分のブースに戻って行った。

展示会は盛況だった。伝吉たちは、質問に答えるのに大童《おおわらわ》だった。消防庁長官、全国消防協会会長も、伝吉たちのところに来た。

「……タ、タ、タップしますと、……コ、コ、このようにギャメン（画面と云っているつもり）が変わりまして、……ツ、ツ、通報内容が……カ、カ、確定しまして……シュ、シュ、瞬時に……」

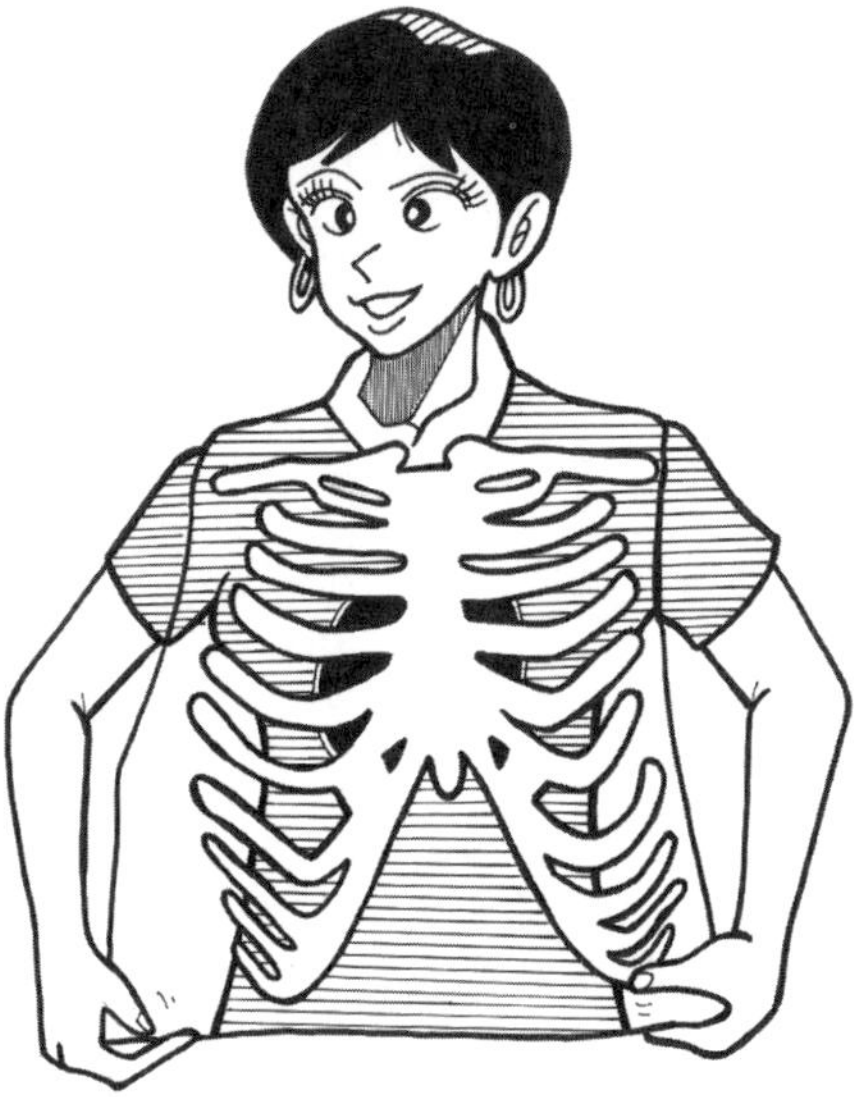

「ホネプロン」　救命講習の必需品

消防・防災の重鎮を前にし、完全に舞い上あがったカモノハシ、突発性の連発吃音症になる。何が、「瞬時に」だ、と舌を打つ伝吉。一方、ハダシイタチは、これぞ**「SOSカード」**アプリを売り込む好機と考えてか、矢鱈目鱈デジカメで両者を撮り捲くる。隣の〔ほねプロン〕のブースにも人だかりが出来、伝吉は嬉しかった。

「何だか、デパチカ物産展のようですね」

話し掛けてきたのは、業界誌Kの記者だった。伝吉は、**「SOSカード」**アプリについて取材を受けた。

これほど簡便、迅速、確実な聴覚障がい者のための１１９番・緊急通報システムは存在しない、と伝吉は力説した。さも、自分ひとりで開発したかのように。

「そんなに好いものを、何で国は採用しないんですか？」

痛いところを衝いてくる。これだから、マスコミは嫌いだ、心中思う伝吉。有体に話すと、国・消防庁批判と捉えられる恐れがあるし、それは今の自分を窮地に追い込むことになり兼ねない。

「……まあ、研究と事業は違いますから。国は、我々のこの研究を参考にして、さらに堅牢なシステムを構築しています」

「じゃ、その堅牢なシステムの完成は、いつ頃なんです？」

「２０２０年の東京オリンピックということですが」

「……オリパラか……間に合うの、ホントに？」

「さあ……私に訊かれても」

「そーだよね。オタクは、九州大陸の方かただもんね。アリガトでしたぁー」

と云うや、記者は、隣の〈ほねプロン〉ブースに向かった。

翌月のK誌に、〈ほねプロン〉は、写真付きで大々的に、**「SOSカード」**アプリは、５行１２８字で載った。勿論、写真はない。

その夜、伝吉たちは、ささやかな受賞の宴を開いた。場所は、半蔵門の中華料理店。消防救急デジタル無線アドバイザーで、上京する機会が多かった伝吉は、宿舎に近いこの店に通った。

「奨励賞受賞、おめでとうございます。カンパイ！」

受賞を聞いて駆け付けてくれた消防庁の二等釜《じらふ》が、乾杯の音頭を取ってくれた。ビールが恋しい時期ではなかったが、このグラスの一杯は、殊の外美味しく感じた。

「いやいや、倒れてもタダでは起きませんね、先輩」

これまた、受賞を聞いて駆け付けたエチゴモグラが、持ち上げる。エチゴモグラは、高校の若い後輩で、通信大手・ウエスト・エレクトリックで働いており、奇縁なことに、伝吉が所属している１１９番通報の多様化事業検討会の事務局を務めている。

「今回も締め切りギリギリの応募でしたね、課長さん」

対面のハダシイタチは、３年前のことを云っているのだ。今回受賞の「SOSカード」アプリの研究を、消防防災科学技術推進制度〔消防庁〕へ応募した時もギリギリだった。あの時、伝吉は応募書類を抱えて、ハダシイタチのオフィスがある田町から消防庁の霞が関までタクシーを飛ばした。担当者が、電子データでの受付けしか出来ないといっているのに。結果的には、電子データで送ることが出来、今日のこの日に至ったわけだ。思いに浸りながら、伝吉はビールを呑んだ。

通い詰めただけあって、伝吉は、この店のメニューに精通していた。今夜は、量で攻める。

お通しの丼ぶり盛り〔搾菜〕に始まり、ビッシリ並んだ〔焼餃子〕、皿からはみ出る〔芙蓉蟹〕、ボリューム満点〔回鍋肉〕、力士も満足〔醤焼茄子〕などがテーブル狭しと並ぶ。

30代のエチゴモグラの旺盛な食欲と、比して劣らぬ50代カモノハシ、ガップリ四つに組んで、次々と平らげる。元高校ラグビー部と、老いたと云えへど、喰ってナンボの消防人。皿の端の残余《のこり》を食す、残りの３人。

ビールを九州特産の芋焼酎に切り替え、話が進んだ。

「――検討会の計画では、〔情報管理センター〕を設けるようになっていますが、現実としてそれが存在しないので、今回の実証実験は、先輩たちのアイデア、即ちインターネット網を使ったメールで行うことになります」

　人心地着いたエチゴモグラが、報告した。

「納得いかんバイ」

　爪楊枝を使いながら、カモノハシが不平を漏らす。

「ソーヤロー（そうでしょう）、カチョー。こらぁ、実証実験でも何でもナカ。この実験は、実証済みやケン、おれたちで。ねー、カチョー」

「そー云うな。国には国の考えのあるっタイ」

「仰ることはことは、よく分かります。通信が上手く行くことは、分かっていますが、検討会で考えられた画面のレイアウト、操作性、枚数などの検証を、聴覚障がい者の方にお願いして行う予定なんです」

　二等釜が説明した。

「二等釜さん、実際、時間の無駄と思われませんか？」

　ハダシイタチが切り込む。

「今回の受賞は、消防庁長官から受けたものです。成果を認めたものを、消防庁長官自らが、追試を行うことになりませんか？〔スタッフ細胞〕以来、追試は、衆口の一致するところですけど」

「今回の実証実験は、**「SOSカード」**アプリの追試を行うものではありません。このことは、くれぐれもお間違いがないように。検討会で採択された画面の動作確認を視るものですから。ある意味、この実験は、**「SOSカード」**アプリあってのものです、先生」

グラスを置いて、二等釜が応えた。ハダシイタチは、鷹揚に頷いた。

「それよりも、二等釜さん、〔情報管理センター〕の設置は、間に合うのですか、オリパラ前、19年に稼働開始なんでしょう?」

検討会事務局のエチゴモグラが訊いた。

「それは、おれから話そう。検討会じゃ、〔情報管理センター〕の設置について、方法、体制、時期などは、具体的には考えられとラン。そこら辺は、一財のUGOに任せとう」

「課長さんを除いた、議長の花咲爺を初め、分野が違う、赤ひげ、源内、乙姫の各委員のみなさんに、それを求めるのは、無理ですから。でも、ご指摘の通り、〔情報管理センター〕が最重要課題で……ここからは、私感ですので、議事録には載せないで下さい、ハハハ……」

二等釜は、軽口を叩き、一口呑んだ。

「カモノハシ速記者、了解。では、ペンをグラスに替えて」

「〝箸からグラス〟やなかか（ないか）、お前《まや》ー」

伝吉の突っ込みで、笑いが起こった。

「画面の動作何かは、ある意味どうでも好いんです。動くのは分かっているし、通報出来るのも分かっている。要は、〔情報管理センター〕なんです。この設置は、確定なんですが、利用者登録を如何するのか?　例えば、自治体登録なのか、消防本部登録なのか、それとも国登録なのか?　その費用は?　このセンターは、公で運営するのか、私で運営するのか?　〔情報管理センター〕の扱いが決まれば、この事業は、完了したも同然……と、小職は、思っております」

二等釜は、グラスを干した。

義理・人情・筋（「きん」ではない「すじ」）が歩く健さん

「正直なところ、〈情報管理センター〉は、弊社に任せて戴きたい、と考えています」

本音を吐くエチゴモグラ。

「先生の会社は、ドゲンですか（どうなんですか）？」

カモノハシが、ハダシイタチに訊いた。

「みなさん知っての通り、私の所属は研究所ですから、〇〇電気本体を動かすには、力が足りません。彼らが内容を聞けば、触手を動かすと思いますが……。研究者って、意固地なもので、本体に吸い上げられて自分の成果が消えるよりも、形はどうであれ、成果を残したい、と思うのですよ」

微笑んだハダシイタチに、一抹の寂しさが漂った。

「この大事な時期に、花咲爺が、どうも上層部に、『今年度は、外国人対応を考えたい』と、暗に云って来てるようなんです。THE ORDER OF PRIORITY が逆、と私は思うんですが」

考え込む二等釜に、

「外国人対応何ンかは、日本語バージョンが完成れば、すぐに出来るじゃないですか。言語を換えるだけでいいんですから」

エチゴモグラが同調する。

「折角、〔情報管理センター〕ば設置《つく》るとやったら、画像伝送で通訳介助も考えるべきやろう。〔情報管理センター〕に手話通訳者、外国語通訳者ば配して、より精度の高い通報システムば構築する……」

「喰うて呑むだけじゃナカネー、係長（カモノハシ）は。おれも、ソゲンシェナいかんと思う。そうすりゃ、〔情報管理センター〕の運営は民間に為らざるを得んやろう」

「……そーかいな？　おそらく人件費倒れで儲からんケン、民間は二の足ば、踏むっちゃナカトー？　ウエスト・エレクトリック社さん、どーですか？」

「民間ですから、収益を考えない事業はありません。しかし、企業は、利益追求の権利とともに、社会貢献の義務も負っています。この事業のように社会性、公益性が非常に高いものは、正に義務で取り組む事業だ、と考えています」

客が入り混み、会話が交錯する狭い店内に、一瞬拍手が沸いた。

「エライッ！　アンタは、エラ〜イッ！　カチョーの後輩とは、到底思えん、そのお言葉！　さあ、呑んでチョーダイ、エチゴちゃ〜ん」

メーターが大分上がったカモノハシが、ボトルを差し出す。小柄なエチゴモグラが、自分よりも遥かに大きく見える、伝吉はそう思った。「企業の社会的義務」、重い言葉だ。義務とは、果たさなくてはならないことが、事前に決まっていること。店主から閉店が告げられるまで、伝吉のテーブルは、談笑と焼酎が途切れなかった。

ハダシイタチとエチゴモグラとは、地下鉄の入口で、徒歩で帰る二等釜とは、その下の交差点で別れた。非常呼集に備える二等釜は、本庁近傍の宿舎に住んでいる。

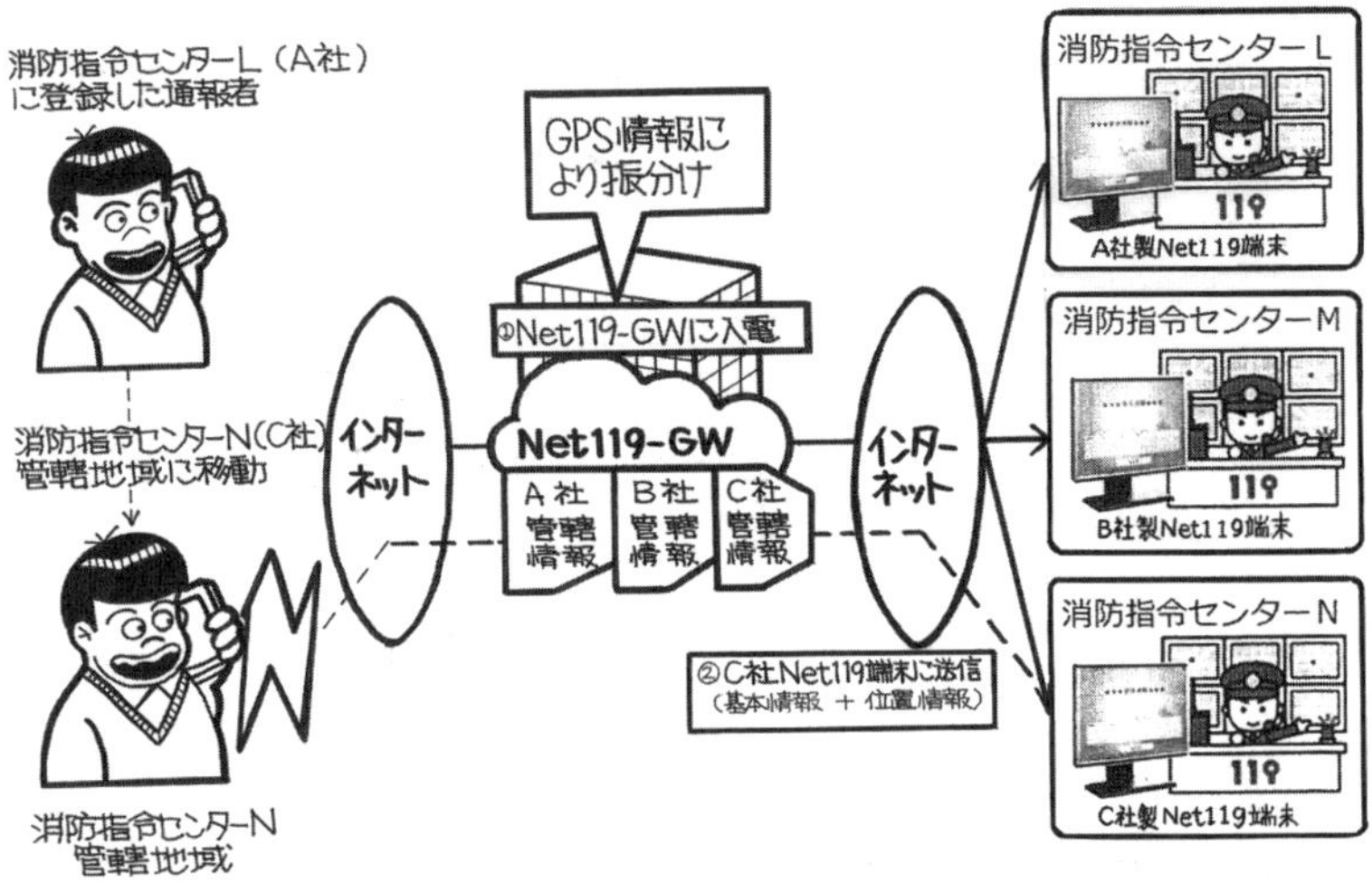

「Net119」の一例

番町のホテルに続く坂を上りながら、伝吉は考えた。退職前というのに、我が身から出たこととはいえ、まあ何と身辺が騒がしいことか。１１９番通報の多様化事業に纏わるあれこれ。そこに源五郎が〔共同指令センター〕の話を持って来た。そして、今回の消防防災科学技術賞受賞。さらに、そのことで日本橋消防団鴛鴦さんとの思わぬ知遇。

鴛鴦さんは、代々人形町に住まいで、何とお祖父《じい》さんは、鳶の頭《かしら》だった。それを聞いた時、場所が場所だったので、平静を装っていたが、伝吉の胸はドキリとした。

――**「神山栄次《かみやまえいじ》、茶屋町の鳶の頭《かしら》。人形町の路地に、たったひとりの妹・かいちゃんと住んでいる……」**――

伝吉の耳に、くぐもった声の棒読みナレーションが聞こえて来た。明らかに素人、役者ではない。

ナレーションの主は、〔玉の井〕を描き続けた、今は亡き漫画家・滝田ゆう。このイントロで、そのテレビドラマは始まった。今から40年近く前の話だ。このドラマを浪人・伝吉は、毎週欠かさず、殆ど正座で観た。

主役は、九州大陸の誇り、御神体、御本尊、現人神、第二の日本武尊……と、伝吉が思い定める、高倉健。ドラマは、江戸下町の香りを残す人形町を舞台に、健さんが体現する義理・人情・筋——「きん」と読んではいけない。「すじ」。物事の通りのこと。マッスル・フェチの消防人は、この字を見ると、「きん」と読みたがる——と、それらが色褪せて行く当時の世相を描いていた。

共演は、大原麗子、田中邦衛、秋吉久美子、大滝秀治、春川ますみ、そして燻し銀の如き島田正吾——役名が振るっていた、「松五郎」。松五郎は、「ウンと濃いアメリカン・コーヒー」が好きなのだ——などなど。特別出演で倍賞千恵子。

あの頃のテレビは、面白かった。時間と金を掛けて制作していた。何時からテレビを観なくなったのだろう、伝吉は、ふと思った。

鴛鴦さんのお祖父さんと高倉健が、ダブった。伝吉は、この奇縁を、受賞と同じくらい喜び、大事にしたいと思っていた。思えば、人形町は、アナログの街だった。

「明日、帰る前に頭《かしら》の街に行ってみるか」

伝吉は、独り言ちた。

「……かしら？　……井の頭？　カチョー、井の頭公園は、遠ーカケン、それやったら上野公園にしまっしょ。あそこやったら、イグアナもおりますバイ。ケケケ……」

千鳥足で続くカモノハシの乾いた笑い声が、秋夜の番町に響いた。

33
颪《おろし》

年が明けて、実証実験（アプリ方式）が２日間に渡って行われた。伝吉は、カモノハシとともに立会した。１日目の受信は、関東圏のＴ消防本部が、２日目は、同圏Ｓ消防本部が引き受けた。１日目の被験者は、聴覚・言語障がい者５名。２日目の被験者は、聴覚・言語障がい者３名、高齢者２名。両日とも天気は好かったが、寒い日だった。特に２日目は、最低気温が氷点下近くまで下がった。通報は、屋内と屋外で行われた。通報端末は、Android と iOS。

〈実証実験結果〉
・通報時間の平均時間　37秒95。・スマートフォンの慣れ・不慣れは、通報時間には影響しない。
・音声通報の平均時間　42秒。これを考慮すれば、本実験の通報時間は、実運用に耐えうるレベルに達している。
・位置情報の精度　10ｍ～30ｍの範囲で推移。

結果は、伝吉が予想していた通りだった。正に「SOSカード」アプリの追試だった。割り切れぬ

電波も凍る実証実験ブルブル

思いで、伝吉は帰途に着いた。

「カチョー、マーダ暇のかかろーごたーね（掛かりそうですね）」

横を歩くカモノハシが話しかけて来た。

「ソーヤナー」

「あとひと月は、掛かろーやー（掛かるだろう）」

「……ひと月……？」

思わず訊き返した伝吉に、カモノハシは、ニヤりとした。

「あれタイ、カチョー」

世が世なら、というお屋敷が点在する番町。前に、築地塀を越えた古枝が見える。梅の木だ。

「ソーヤナー、あとひと月は掛かる」

枝を見上げる伝吉。蕾は、堅そうだ。

3月、検討会の中間報告書が出された。その最後のページに、来年度（平成28年度）以降の課題が記載されている。

・事前登録情報は、「サーバ保管」or「端末保管」。

・利用申請方法は、「紙申請」or「Ｗｅｂ申請」。

・〔情報管理センター〕の運用形態の検討。

・外国人を考慮した利用者の拡大。

・通報輻輳時の〔情報管理センター〕ゲートウェイ及び消防本部受信端末の負担の検討等々。

（〔情報管理センター〕は、インターネットによる１１９番通報システムの開発者と、そのシステムを全国の消防本部に提供する者とで構成されるのか……）

中間報告書を読みながら、伝吉は改めて思った。文章にすると、小難しくなるものだ。喫煙所のベランダで煙草を喫っている伝吉は、天に向いている鼻孔から勢いよく煙を噴出した。

コツコツとガラス戸を叩く音がした。振り向くと、今日の当務係長・ゾウガメが手招きしている。

「カチョー、電話。後輩の……何とかモグラって云いヨンシャー（云っている）」

「エチゴモグラか?」

「……エチゴやったかいな……アズマ……コウベやったかいな?　――アズマモグラは、東日本一帯に、コウベモグラは、西日本一帯に生息する。モグラにはチトうるさい筆者注――」

動きも鈍重なら、話も鈍かつ緩のゾウガメ。廊下を塞ぐようにして歩くゾウガメの脇を摺り抜け、伝吉は、自席に戻った。電話は、エチゴモグラからだった。長い話の後、伝吉は、静かに受話器を置いた。そして、大きく息を吐いた。

「長ごー話よったバッテガ、何の電話やったとね?」

心配げに、前に座るゾウガメが訊いた。

梅の蕾は未だ硬し

「……来年度の検討会委員から、どうも外れるごたーなー、おれは」

「何故《なして》また（また、どうして）？」

「旅費の関係で、関東の消防本部から選ぶゲナ（選ぶということだ）」

規約では、確かに委員の任期は1年となっている。年度毎に選ばれるのだ。とはいうものの、再任されるものと、伝吉は思っていた。〝アテとフンドシャ、ムコ（向こう）からハズレる〟だ。

雲が垂れ込めている。……雨か……雪かも知れんな。伝吉は、窓から空を見上げ、そう思った。

来年度は、実証実験が頻繁に行われる予定だ。それを考えたら、霞が関近くの消防本部から選出するのが、betterである。自分の処遇で、二等釜《じらふ》が、上司と遣り合ったのではないか、と伝吉は心配した。

2日後、二等釜から連絡が入った。内容は、エチゴモグラから聞いていたものだった。案の定、上司と相当に遣り合った、とのこと。

「好いんです、どうせ異動する身なので。云うべきことは、ちゃんと伝えておかないと。出来の悪い上司ほど、周囲の意見に耳を貸そうとしませんね、マッタク！」

二等釜の怒りの炎は、まだ鎮火してなかった。

梅が咲き、そして桜が咲いた。会議室の窓から、満開の桜が見える。気紛れな風が、花弁を散らす。淡いピンクの川が、虚空を舞う。

……桜は散るから好いのだ、伝吉が想念に浸っていると、

「あの散った花弁《はな》がオージョーするっタイ（始末に負えない）、ねー、カチョー」

それを粉砕するテングザルの一声。

「ソータイ、ソータイ。道路ぃへバリついてクサ、掃除がヤオイカンッチャガ（とても大変だ）。色は、茶色ぃなるしクサ」

共鳴する即物の化身・イボイノシシ。ふたりは、伝吉の左右の肩に顎を乗せ、桜を観ている。前から見るとその図は、三面六臂《さんめんろっぴ》〔阿修羅像〕の失敗作のよう。肩を振って、伝吉は、ふたりを払った。

（阿修羅の神よ。我に、宝棒と剣を授け給え。さすれば、この人面獣心の輩を、御前に代わりて成敗せん）

心密かに念じて、振り返った伝吉、グッとテングザルらを睨む。

「あらー、カチョー、眼の寄っとーよ。どーかしたと？」

意表を突く〝猫だまし〟で、軽く往《い》なすテングザル。気合を入れ過ぎ、成田屋の〝にらみ〟になったのだ。

「大箱ミルキーのペコちゃんの眼のごとなっとーが、カチョー」

世代限定のイボイノシシの発言。踏鞴《たたら》を踏む伝吉、この禁じ手紛いの〔送り出し〕で、敢え無く土

伝吉「検討委員会」を退任　小宴を楽しむ……

俵を割った。

　ゾウガメがコーヒー・サーバーを持って、会議室に入って来た。今日は、4月の指令担当係長会議だ。何時になく伝吉は、のんびりした気分だった。平成22年以来、消防救急デジタル無線実証実験、同無線アドバイザー、聴覚障がい者用アプリ119番研究、そして今度の東京オリンピック・パラリンピックを見据えた119番通報の多様化事業にまで関わった。地方都市消防の一介の課長が、こんなに消防庁の事業に参画することなど、まずあり得ない話だ。充実していたが、慌ただしかった。常に課題と時間に追われていた気がする。

　内部批判もあった。凸凹消防本部指令課長という本来の職務以外のことで、伝吉は、霞が関を初め全国に出張していたのだ。一消防職員の宿泊を伴う出張など、年間に何回もあるものではない。それを、伝吉は、月1回は普通で、多い時は、1週間に2回ということもあった。

　土産を買って来れば、批判はなかったに違いない。特に古参職員からは。伝吉は、妙なところで潔癖で、公務出張に土産は不要、と考えていた。それと合わせて、路銀が乏しかったのだ。国の出張は、事前自己負担、月遅れ振り込み。それも、原価・ミニマム支払い——税金だから当然です——。〔2枚切符〕で何とか差額を浮かそう、などという下司《げす》の考えは、勘定方は先刻お見通し。おまけに、支払い時、源泉徴収税まで取られる。だから、出張先でお食事会があると、日当を遥かに超えた支出になり、結果的に赤字出張になる。こんなことは、他の職員には分からない。伝吉は、ずっと出張貧乏だった。

（……これも終わった。道半ばだが、長官表彰まで受けたのだから、云うことなしだ）

伝吉は、微笑み、ゆっくりとコーヒーを味わった。

「カチョー、明日、クマプリぃ泊まるっちゃろー？　ヨカネー」

対面のテングザルが訊いて来た。クマプリ——正式には、クマソプリンスホテル。地元の老舗高級ホテル。そこで、共済主催の退職者セミナーが1泊であるのだ。伝吉の退職は、目前に迫っていた。

「ソータイ。行きとーなかバッテガ、行かないかん。ついて来ンね、係長？」

「遠慮しときます。どうシェ、私もすぐヤケン（すぐですから）。ここい居《お》るたー、みんな同じですタイ」

「カチョー、消防庁の仕事ののーなったケン（なくなっので）、気の抜けたろー？」

イボイノシシが訊いた。

「正直に云やー、ソーヤナー。……バッテガ、凸凹消防本部指令課が、おれの居るべきところヤケン、改めて職責ば全うしょー、と思うとぉー」

「「SOSカード」アプリ、119番通報の多様化は、これからどなるとかいな？」

心配げなゾウガメが、伝吉を見る。

「トキちゃん、カバヅラ君は勿論、聴覚障がい者協会のみんなが、期待しとトーシ（期待しているし）」

伝吉は、この場に居るべきもうひとりの係長、カモノハシを想っていた。カモノハシは、現在、消防大学・幹部科に入校中。「SOSカード」アプリの行く末が気になるのだろう、折ある毎に伝吉に電話を掛けて来、その進捗を訊きたがった。

この月の指令担当係長会議は、伝吉の委員退任祝いを挙行する、ということで終わった。何かに託けては、酒を呑みたがるのが、消防人種。この傾向は、WORLD WIDEで国籍を問わない。

退任の宴は、オイサ消防・源五郎の行き付け〔颪〕の小上がりで張られた。駆け付けたのは、トキちゃん、カバヅラ君、ハダシイタチ（国内発表を口実に）、カモノハシ（帰省を合わせた）、エチゴモグラ（無理矢理出張で）、源五郎（共同指令センターを見越して）、それにお馴染み指令3係長。

「カチョーの国の委員退任の旨をご連絡しましたところ、斯くも多くの皆様に集まって戴き、発起人筆頭であります私《わたくし》が、本人に成り代わりまして、厚く御礼申し上げます。在任中、カチョーは、皆様に大変お世話なり、今となっては、感謝の致しようもありません。本日は、遠くは関東からも来て戴き、さぞ本人も、喜んでおることでしょう……」

何を間違ったか、テングザルの話が、葬儀の答辞のようになって来た。日ごろの願望が表出したのか。

「……今を遡ること6年前。平成21年、消防庁の消救デジタル無線実証実験に、後先考えないカチョーの応募が、ことの始まりで、皆様には多大なご負担、ご迷惑、かつ過大なご期待をさせたことに、本人『身も細る思いだ』、と申しておりますが、外見的には止めどなく横に拡大しており、その言を俄かには信じ難い、と思うのは私だけでしょうか。本日は、皆様の前で、本人から釈明させますので、忌憚のないご意見、ご質問、中傷、罵倒、百叩き、石抱き、ご要望であれば盟神探湯《くがたち》も……」

「コラ、コラ、コラァ～！　今日は、おれの委員退任祝いぞ。何が、百叩き、石抱きかッ！」

伝吉の抗議が上がる。

「カチョーが吠えておりますので、挨拶をさせます。では、カチョー、短めで」

「係長が、短く、と云いますので。事業の完成を見ることなく、任を解かれましたことは、すべて私の不徳の致すところ……」

「ソータイ、ソータイ（そうだ、そうだ）」

四獣士係長が口を揃える。

「一介の地方消防が、全国消防のデジタル無線整備から、今回の１１９番通報の多様化まで関わることが出来ましたのは、これも偏に皆様のご支援、ご協力あってのことです。本当にありがとうございました」

伝吉が深々と頭を下げた。テングザル、イボイノシシ、ゾウガメ、カモノハシも立ち上がり、伝吉に倣った。

「……この事業を見届けて、消防人生を終わりたかったのですが、都合よく行かないのが人生。しかし、自分が、退職間際にこのような充実した日々を送ろうとは、想像だにしていませんでした。このまま、職を去りましても、何の悔いもありません」

「♪ウッソよ、嘘、嘘よ。そんなことみんな嘘よォ～」

四獣士係長がハモる。爆笑が起こる。つられて伝吉も笑い、神妙な話がしにくくなった。

「……考えれば、ひとりで聴覚障がい者の消防環境改善をやろう、と気負っていました。誤解を恐れずに云えば、私がしなくても、誰かがします、必ず。私も、その誰かのひとりだったような気がします。この連続がなくては、価値ある事業は出来ません。と云って、私が、聴覚障がい者の皆さんとのお付き合いを止めるわけではありません。今の立場で出来ることを考えながら、これからも、今まで同様のお付き合いを願っています。トキちゃん、カバヅラ君、これからも宜しく……」

トキちゃんは大きく頷き、カバヅラ君は両手で胸を撫でた。伝吉が、話を続けようとすると、

「ハイ、カチョー、有り難うございました。本日は、2時間飲み放題。カチョーの話で、貴重な時間ば使うわけにはいきマッシェン。この店《ミシェ》は、面子が揃った時がスタートとなっております。では、乾杯の発声は、私が致します。ハイ、皆の衆、準備はよいか！　では……、カチョー、長い間ご苦労さん、**カンパ〜イッ！**」

テングザルが、さっさと仕切った。瞬く間に、座には歓声が溢れ、卓には、多様な酒種が乗った。

今日会ったばかりのハダシイタチと源五郎が、酌み交わしている。エチゴモグラが、トキちゃんを通訳にしてカバヅラと頻りに話している。イボイノシシとカモノハシは、ジョッキを傾けつつ、出て来る料理に片っ端から手を付ける。〔胡麻鯖〕、〔ベビーハム焼き〕、〔レバテキ〕、〔焼きチャンポン〕、〔一銭洋食（具がネギ、天カス、桜エビ、紅ショウガのみのお好み焼き）〕、字は彼らに当たらないが、これぞ〝鯨飲馬食〟。

「カチョー、お疲れ様でした」

徳利を持って、ゾウガメが差しに来た。

「やっと、ゆっくりされるねー。まあ、御一献」

伝吉は、徐《おもむろ》に盃を空けた。そして、伝吉の口から大きな吐息が洩れた。

「イタランゴト（どうでもいい気持ちで）、また国の事業ぃ手やら挙げんごと。頼みますよ」

伝吉は、頷いた。

「バッテガ、〝伝吉の前に伝吉おらず。伝吉の後に伝吉おらず〟やな。まあ一杯、カチョー」

何時の間にか、テングザルが横に来ていた。伝吉は、押し戴くようにして呑んだ。

「ウマカバァ～イ、〔ヤリッパナシ〕しゃあ！」

伝吉、嘆声を発する。〔ヤリッパナシ〕は、地元で人気を博す銘酒。江戸・東京の菊正宗。

返盃を差しながら、伝吉は、間近にテングザルを見た。鬢に白いものが目立つ。6年の月日を見た。

伝吉は、ゾウガメ、イボイノシシ、カモノハシを見遣った。みんな一様に、髪は白くかつ薄くなり、皺が深くかつ増えていた。視線を感じたのか、彼らが伝吉を見た。みんなが微笑む。伝吉の視野が滲んだ。何処か詫びる気持ちが、伝吉に湧いて来た。

伝吉は、徳利を握ったまま、俯いた。

「……もう、酔うたね、カチョー？」

伝吉の肩を軽く叩き、その徳利を取りながら、テングザルが云った。

「おう、酔うた、酔うた。ハハハ……」

伝吉は、盃を干し、その手の甲で目頭を拭いた。エチゴイタチと話しているトキちゃんと眼が合った。

「課長さん、呑んでます？　そっちに行って好いですか？」

……が、またもや大地震
デジタル無線竣工時には「東日本大震災」が

伝吉は、手招きした。

「何で退任させられたんですか。意味、分かんない。話は、エチゴモグラさんから聞きましたけど……」

憤然とするトキちゃん。頬がほんのり染まるのは、怒りのせいか、お酒のせいか。

「まあまあ……。オヤジの世界は、複雑、不合理……」

「不誠実……なんだから。プンプン！　これからどうなるの、**「SOSカード」**アプリ、課長さん？」

「大丈夫。多少形は変わっても、一般にリリースされる」

「オリンピック前に？」

「その計画で進められている」

「何が起こっても？」

「『何が起こっても』、であります」

多少聞し召したトキ嬢、執着的粘着性を帯びている。

トキちゃんと伝吉の遣り取りが、予算委員会風になって来た。みんながニヤニヤしている。

「ヤリッパナシ」で心持が好くなった伝吉が、

「エー、トキ先生のご懸念も充分ご理解出来ますが、本計画は全国600万人、また或る資料では、2000万人とも云われております聴覚障がい者の皆さんが、一般人と変わらぬ消防サービスを享受するためのものです。計画は、早まりましても、遅れることは、本件の担当大臣・伝吉の首に賭けましても、ジェッタイにない、と断言致しておきます。

この不退転の決意は、〝雨が降ろうが槍が降ろうが〟〝矢でも鉄砲でも〟〝伝吉の一念国をも通す〟であります――」

トキちゃんが噴き出し、他のみんなも笑った。調子が出て来た伝吉、

「――たとえ陽が西から上りましょうとも、たとえこのテングザルが消防長になりましょうとも、たとえリーマン・ショックが再来しましょうとも、たとえ天裂け、地崩れようと……」

話が佳境に入った時、店内の四方八方から、潰れたようなサイレンの連続音が沸き起こった。

――ギュ、ギュ、ギュー、ギュ、ギュ、ギュー――

不安を駆り立てる音。トラウマになりそうな音。迫り来る危難を知らせるアラーム音。震度5弱以上を知らせる音。

それに交じって、

―― 地震です！ ――

と云う合成音声があちこちでする。伝吉は口を噤ぎ、みんなは、携帯、スマホを掴み、画面に見入る。

「熊本県で地震発生。強い揺れに備えて下さい。（気象庁）」

客が浮足立ち、店内が騒がしくなる。

「火を消して！」

小上がりから、イボイノシシが厨房に声を掛けた。卓の上の徳利、盃がカタカタ鳴り始めた。

「外部確認ッ！」

云うが早いか、カモノハシは店の外の状況を見に行った。

「従業員を合わせて21名！」

ゾウガメが、店内を見渡している伝吉に報告する。

「みなさんは、自分について来て下さい」

カバヅラ君の手を引いた源五郎が、蒼褪めたハダシイタチ、エチゴモグラたちに指示した。

伝吉は、転倒・落下の恐れのあるものを把握した。天井から吊り下げられた照明が揺れている。

「外部安全ッ！」

カモノハシの報告を受け、入口に立ったテングザルが
「みなさん、落ち着いて避難しましょう。酔ーとーケン、転倒《こけ》んゴト（転倒しないように）。荷物は持たんゴト（持たないように）」

と、誘導を始めた時、床が篩《ふるい》に掛けられたかのように水平方向に激しく動いた。

「怖いッ！」

トキちゃんが伝吉に縋り付いて来た。痛いほど伝吉の腕を握りしめた。伝吉は、トキちゃんを掻き抱き、上体で頭を覆うようにして、通路に出た。小上がりは、店の一番奥にあった。

照明が、天井に当たるように振り上がる。柱、梁の軋み、皿の砕ける音、瓶が割れる音で、店内は騒然となる。照明が消えた。

「全員避難完了、カチョー！」

入口からイボイノシシの声がした。

「今、４人でそっちに行きます！」

テングザルの声を聞いたその時、通路が唸りを上げて大きく蜲《うね》った。伝吉は、トキちゃんの上に被さるようにして、その場に蹲った。揺れが止まらない。夥しい粉塵が、ふたりに降り掛かる。伝吉とトキちゃんを埋めるかのように……。


平成28年４月14日21時26分・〔熊本地震〕発生・震度７

コラム 土ノ巻 老兵は死なず、ただ消え去るのみ

ナカムラさん、将来を考えて、どっちが国民のためになると思いますか、市町村単位と都道府県単位？　……「都道府県単位」。私も同感です。簡単に云えば、東京消防庁をプロトタイプにすればいいんです。都下には、稲城市消防本部などあるので、都道府県消防とは正確には云えないけど。でも、管理権限は、都知事が持っています。

都道府県下の消防本部を統合して一つの消防本部にし、スケールメリットを生み出し、少々の災害ではビクともしない、重厚、堅牢な消防行政機構を構築するんです。……考えてみれば、『消防組織法』施行時、昭和23年から都道府県消防は存在していた、ともいえますね、ナカムラさん。

法に合わせて社会が出来るのではありません。法は、社会の動向に適合して、初めてその価値を持ちます。『消防組織法』第６条、第７条は、制定当時のまま、70年以上変わっていないんですよ、ナカムラさん。こんな法律、他にあるんですかね……。パソコンもスマホもない時代に出来たものですよ。作った人は、今の日本を想像出来たでしょうか……。

……あっ、そろそろ時間ですか？　縁《えにし》があったらまた話すこともあるでしょう。老いの繰り言を聴いてくれてありがとう。ナカムラさん、ご活躍を期待していますよ、遠国の空から。

最初に話したマッカーサーではありませんが、

「老兵は死なず、《old soldiers never die,》ただ消え去るのみ《they just fade away》」、では……。

34

燕《つばめ》　帰ってきた伝吉

何時ものように、伝吉は、JR新橋駅で降りた。ここから銀座に向かって歩くのだ。羽田からはモノレールを使うのが、伝吉の決め事。京急やT－CATは使わない。伝吉には、少々偏執狂《パラノイア》的なところがある。

初夏を思わせる陽射しだ。打ち水に反射して輝く。並木通りの店舗《みせ》は、開店準備に忙しい。伝吉は、時計を見た。あと少しで11時だ。

会議は、午後2時から。伝吉は、通りに面した〔F〕という喫茶店に入ることにした。今流行りのカフェではない。喫茶店いう名がピッタリの喫茶店で、光沢を放つウォールナットのテーブルや椅子が歴史を物語る。制服のウェイトレスが、静かに立ち働いている。伝吉は、窓際の席に腰を下ろした。

熊本地震（平成28年4月14日21時26分発生・M6・5前震）当日、23時33分、伝吉の消防本部は、先遣隊として無線中継車（消防庁貸与）と救急車を現地に派遣。

15日1時55分、熊本県消防学校（緊急消防援助隊進出拠点）到着。

同日早朝から〔無線中継車〕は、ヘリテレ映像を自治体衛星通信機構〔ラスコム〕経由で配信開始。

16時まで適宜実施。

16日1時25分、M7・3の地震（本震）発生。通信衛星を捕捉した〔無線中継車〕は、8時からへリテレ映像の配信を開始。

17日も8時からへリテレ映像の配信を開始し、12時30分、第2次隊と交代。

配信された映像は、官邸、消防庁でも確認された。


運ばれて来たコーヒーを一口飲み、伝吉は、大きく吐息を吐いた。

選りによって今回の地震も、伝吉の祝いの時に起きた。5年前、消防救急デジタル無線竣工祝賀セレモニーに奔走していた時に東日本大震災が起き、今回は、消防庁・119番通報の多様化検討委員退任祝いの席でだ。注文《たの》んだアメリカン・コーヒーがほろ苦い。「祝」と「呪」は、偏《へん》は違うが、旁《つくり》は同じだ、伝吉はふと思い、ひとり笑った。

「そらー、カチョーは、祟られとーモン。お祓いしてもらわな。おれたち係長ば、虐めるケン、コゲンこといなるっタイ（こんなことになるのだ）。〝因果応報〟〝自業自得〟〝戻ってくるのがブーメラン〟って知っとーね？」

この時とばかりにテングザルが、伝吉を責め立てた。古参の指令係長・テングザルは、退職間近の伝吉の後釜を露骨に狙っている。

「本厄61が目の前ヤケン（眼の前だから）、大人しゅーうしとかな、カチョー」

テングザルが諭す。現役末期の悲哀が伝吉の周りには漂う。

……本厄か。新任のころ、自分が定年を迎え、まして還暦を迎えようとは、思ってもいなかった。

青春がずっと続くと思っていた。

　伝吉は、壁面ガラスに映った自分の顔を見た。白いものが目立つ髪は、コシがなく、上瞼は垂れ、下瞼は垂み、口角は下がり、つまり顔の造作総てが垂れ下がっている。垂れ下がっているのは顔だけではなく、躰全体だ。歳を経ると人の躰は、引力に抗し得なくなるのだ。

　伝吉は、両の人差し指で口角を上げてみる。そして、微笑む。ガラスの横を気取って歩いていた女性が、泳ぐようにして反対側の歩道に逃げて行った。

「無礼者！」

　伝吉、鼻息噴射。

　斜め前に〔B〕出版社のビルが見える。そうだ、この会社を興した作家は、

「男は、顔じゃない」

と云ったはずだ。伝吉、大きく頷く。

　消防庁の１１９番通報の多様化検討委員の任を解かれ、東京との関わりがなくなった伝吉が、何故銀座に居るのかというと、盟友ハダシイタチに呼ばれたのだ。

　ハダシイタチの会社・○○電気は、１１９番通報の多様化検討会のワーキング・グループである一財・**UGO（United Ground Organization）**の会員であり、社員はその会議を傍聴出来るのだ。

「今まで出席したことはありませんが、多様化検討会の情報が入って来ませんので、よかったら一緒に傍聴しませんか？」

　ハダシイタチの誘いに、**「SOSカード」**アプリの行く末を案じる浪人・伝吉は、一も二もなく応じた。

鎮守の森の笛太鼓を思わせる、すっ呆けた曲が聞こえて来た。この喫茶店には不釣り合いのＢＧＭだと、伝吉は訝った。

♪チャンチャカチャカチャカチャンチャンチャカチャン……

ひとりでに躰が動き出すようなメロディーだ。銀座の地で、気取ってコーヒーを楽しむ伝吉の興を殺ぐ。

「変わったＢＧＭだね？」

伝吉は、通りすがりのウェイトレスに訊いた。すると、彼女はクスリと笑い、

「お客様のスマートフォンが鳴っているのじゃありませんか」

と応えた。

伝吉は、つい１週間前に、ガラ携からスマホに替えたばかりだった。慌てて使い込んだラグビーバッグからそれを取り出した。ラグビーバッグは、伝吉の旅行鞄。

電話の主は、ハダシイタチだった。

——お到着《つき》になりました？

——はい。今、銀座でコーヒーを飲んでいます。

——会議は、２時からですので宜しく。

——了解しました。ところで、われわれの縁《よすが》、ＵＩ（ユーザー・インターフェイス）は、議題に上るのですか？

——今のところは、何とも云えませんね。一様、無骨ながら既存のものがあるので、modify（一部修正）はされてもchange（全面改正）は……。

赤の襟飾　初燕　心も軽くまひ行けり

――UGOは、聴覚障がい者の聞き取り調査をやっているのですか?

――やっているようです

――先生もご承知の通り、私たちは、カバツラ君やトキちゃん、地元の聴覚障がい者協会なども何度も協議を重ねて、「SOSカード」アプリを完成させました。われわれのUIを使わない手はない、と思うのですが

――私も同感です。ただ、理屈通りに行かないのが、世の常で……課長さんもご存知の通り。

その通りだ。理屈通りで行けば、自分は消《T》防《O》長《P》になり、庁舎玄関横に、JR岐阜駅の信長像とはいかないまでも、己の銅像が建っても可笑しくない、と伝吉は密かに思っている。何せ、無償で消防救急デジタル無線システムを造り、「SOSカード」アプリ絡みで消防庁長官表彰にも輝いているのだから、と自己評価。

他者評価は、〝唯我独尊〟〝掃き溜めに鶴〟〝おれは利口で周り莫迦〟と思っている鬱陶しい万年課長。職場で、伝吉のTOP就任を心中願う者は、ゼロ。直属の部下であるテングザル、ゾウガメ、イ

ボイノシシの3係長も同様。ひょっとすると、彼らが一番反対するかも知れない。役所にゃ向かない〝イケイケ上司〟。

――まあ、今日は静観と参りましょう。

と云って、ハダシイタチは切った。

伝吉にとって、何が辛いって、会議で発言しないことぐらい辛いことはない。何も云わずに居れるか自信がなかった。

壁面ガラスの脇を、黒いものが飛んで行った。

――**紺の背広の初燕《はつつばめ》　地をするやうに飛びゆけり**――

木下杢太郎の詩を想い出した。風貌・体型見て、似ても似つかないが、伝吉は、文学青年なのだ。

伝吉は、残りのコーヒーをゆっくりと飲んだ。

――**赤の襟飾《ネクタイ》　初燕　心も軽くまひ行けり**――

35

鷺《さぎ》……それじゃ、筋が通りませんぜ

ＵＧＯのビルは、東京タワーが近くに見える公園の傍にあった。会議の出席者は、通信会社、携帯会社、Ｗｅｂ１１９会社、聴覚障がい者協会、それと消防機関。総勢20名は超えようという大所帯。意見の取り纏めは大変だろう、と席に着いた瞬間、伝吉は思った。

訊くと、みんな手弁当で集まっているとのこと。一財のＵＧＯは、消防庁の１１９番通報の多様化検討会で話されたことの実現化を図り、それに伴う課題を検討会にフィードバックしているのだ。簡単に言うと、１１９番通報の多様化検討会の下部組織。

各委員が集まったところで、議長が入って来た。見て吃驚《びっくり》、何と検討会の議長、花咲爺《はなさかじじい》ではないか。

「そう云えば、議長は、多様化検討会の議長もしておられるんでしょう?」

驚く伝吉を見て、ハダシイタチが訊いた。全員異《ちが》うメンバーだったら、二度手間になるだろうし、これは得策さも知れない、と伝吉は思った。

伝吉を見つけた花咲爺も驚いた面持ちで、手を上げ挨拶した。伝吉も頭を下げた。

一同席に着いたところで、やおら花咲爺が立ち上がった。

「会議に入る前に、今日は、スペシャル・ゲストがお見えですので、皆さんにご紹介します。遥か遠《とお》の朝廷《みかど》・九州大陸、凸凹消防本部指令課長で、昨年度まで多様化委員会の検討委員を務められ、去年の11月には、この会議でも度々話題に上る「SOSカード」アプリで、消防庁長官表彰を受賞《うけ》られた、イグアナ・伝吉氏です」

　伝吉は立ち上がり、軽く会釈した。ひと言コメントを発したかったが、ハダシイタチの言葉を思い出し、笑顔のまま着座した。

詐欺……間違った鷺じゃん

「……では、今年度第1回の会議を始めましょう。昨年度の最終会議で懸案事項になっておりました訪日外国人への対応ですが……」

　当然のことながらUGO会議は、１１９番通報の多様化検討会の結果を踏まえて進められる。去年の秋、エチゴモグラが云っていたように、花咲爺は、外国人対応を切り出した。

　聴覚障がい者対応には一切触れず、議事は進行された。

♪馬鹿にしないでよ　そっちのせいよ　ちょっと待って
Play Back Play Back ——Chachachachan(間奏)——
今のことば　Play Back Play Back ——Chachachachan～

伝吉の頭の中で、山口百恵が、『プレイバックPart2』

を唄っていた。聴覚障がい者対応は、結論が出たのか？〔情報管理センター〕の設置は？　全国消防本部の対応は？　伝吉は、戸惑った。この半年の間に、伝吉たちが知り得ないところで、事が進んだのか？　顔を見合わせる伝吉とハダシイタチ。

暮色が濃くなり始めた公園。その一隅のカフェに伝吉とハダシイタチが居る。カフェは、ガラス張りで周囲が見渡せる。

「……ＵＩの件は、話題になりませんでしたね。わざわざ九州から来て戴いたのに、すみませんでした」

コーヒーを勧めながら、ハダシイタチが云った。２１０円のこのコーヒーは、ハダシイタチの奢りだ。

「いえいえ、勉強になりましたよ。……殆ど分かりませんでしたけど」

会議は、伝吉の理解を超える技術的な事柄に終始した。RISK HEDGE、DISASTER RECOVERY、REPLICATION、WebRTC、NG911など、聞いたこともない用語が伝吉の頭の上を飛び交った。

伝吉は、ペーパーカップのコーヒーを飲んだ。

「……ただ気になるのは、〔情報管理センター〕の話が全くでないのは、どういう訳なんでしょうね。〔情報管理センター〕を設ける、というのはＵＧＯの意見なんでしょう？　設置権はないにしても」

ハダシイタチに質す伝吉。

「……これは、あくまでも私見ですが、国の方針が大きく変わったんじゃないでしょうか」

「……というと？」

「第一は、時間。オリ・パラまで3年。事業展開を考えると2年しかない。そこで、全国７３３の消防本部を統括する〔情報管理センター〕の設置は、時間的に厳しい。第二は……」

「人事でしょうね」

遮るように、伝吉は発した。

伝吉は、去年9月、第1回目の119番通報の多様化検討会が開催《ひら》かれた夜、消防庁事務官・二等《じら》釜《ふ》と呑んだ時のことを思い出していた。

——私たちは、現職に留まるのは長くて3年です。さあこれから、という時に何時も異動なんです。……職責を果たそうにも、これじゃ果たしようがないじゃないですか。ねっ、課長さん、そーでしょ。ねっ、そーでしょ——

こんな人事に嫌気を感じて、彼の同期が、その日職を去っていた。

人が変われば、仕事も変わる。声涙下らんばかりに人事の実情を憂いた二等釜は、今は、外郭団体の職員だ。彼が固めると云っていた〔実施設計〕は、どうなったのだろう……。会話が途切れた。

伝吉は、温《ぬる》くなったコーヒーを口にし、吐息ひとつ。この事業が、国主導から、自治体・民間主導に変わる気がした。その是非は、俄かには分からない。

「消防本部の中には、既に、Ｗｅｂ方式で聴覚障がい者に対応する民間事業者を採用しているところもありますね」

ハダシイタチが、徐《おもむろ》に口を開いた。

「それは、知っていますが、九州大陸にはまだありません。現状のＷｅｂ方式は、登録消防本部エリア内でしか使えないので、従来のファクシミリ通報と何ら変わりませんよ」

「そうなんです。課長さんもご存知の通り、私たちが目指したのは、全国何処にいても聴覚障がい者が、直近の消防本部に通報出来るシステムです」

「……しかし、まあＷｅｂ方式の民間事業者が増えることは、国としては、望ましいことなんでしょう。エリアは、限られるにせよ、今いる場所から、健常者と同じように通報されるのですから」

伝吉は、トキちゃんやカバヅラ君のことを想っていた。彼らは、方式はともかく、発話に依らないアイコン・タッチの通報実現を千秋の思いで待っている。それも、国が実現してくれる、と。

時間が経つにつれて、釈然としない思いが募る。国が旗を振らないと、この事業が完遂しないのは分かっているじゃないか。消防救急無線のデジタル化のように。期限を決め、それ以降のアナログ使用は法律違反である、と通知したように。消防本部の主体性に委ねるような手法は、期限がないに等しい。

東京タワーを見遣りながら、伝吉は、思いを巡らせた。その時、窓の向こうに白い大きな鳥が舞い降りた。小首を傾げ、伝吉たちを見ている。

「鶴でしょうか?」

ハダシイタチが訊いた。

「……いや、鶴じゃありませんよ。コイツは……鷺です」

「鷺ねぇー……」

一声鷺が啼いた。耳障りな啼き声だ。

36 梟《ふくろう》 全くもって、アッシは莫迦で……

「〈情報管理センター〉は、ドゲン（どう）なったと、カチョー?」

当務係長・テングザルが訊いた。

「ドゲンモコゲンモ（どうもこうも）、云《ゆ》ーたとーりタイ。UGOの話じゃ、国は、それば設置《もう》けるつもりはなかごたー」

「ちょっとマッチャントッテンシャイ。利用者の登録やら、シェキュリテーの為《ため》い、〈情報管理センター〉の要る、て云ーたたー国やなかね（国じゃないか）」

「国というか、検討会の意見タイ」

「検討会の意見は、国の意見やろーモン、カチョー?」

「正確《シェーカク》にぁー、違う。検討会の意見は、あくまでも検討会の意見タイ。おれも知らんやったが（知らなかったが）、ソゲンゲナ（そうだそうだ）」

「こらー、納得いかんバイ」

伝吉から、話を聞いたテングザル、憤懣やる方ない様子。

重く垂れこめた梅雨空が事務室の窓から見える。伝吉が、東京から戻ってからずっと雨が続いている。

「カチョー、ユース部（県聾唖者協会・ユース部会議）の報告は、ドゲンするかいな?」

去年の夏、テングザルは、この会議で、

――119番通報多様化事業を促進させるためには、まず君たち自身が、消防というものを理解しなければならい。それがひいては、国を動かすことになる――

と、ブチ上げたのだ。言外に国主導を匂わせていた。

「シェーなことなら（そんなことなら）、私ゃーもうユース部に会わせる顔のナカ」

お前の面《つら》が人に会わせる面か、と思ったが、

「係長の責任《シェキニン》やナカ、上司のおれの責任タイ」

伝吉は、テングザルを庇った。

「ソータイねー、部下の不始末は、上司の不始末やモンねー。よかったー、管理職じゃのーして（管理職じゃなくて）。ケケケ……」

昔のサルは反省したが、今のサルは反省しない。ツッタク！

「おっ、降って来た」

テングザルの声で、伝吉は外を見た。沛然《はいぜん》として降る雨。

「今年の梅雨は、長引く気のするねぇ、カチョー」

テングザルの問いには応えず、伝吉は、じっと窓辺に立っていた。

改めて云うまでもないが、消防組織法第6条で、市町村がその区域内の消防の責任を果たすべき責任を有している。国ではないのだ。

今回の１１９番通報多様化事業も煎じ詰めれば市町村の事業なのだ。実際、全国にはＷｅｂ１１９を導入している消防本部もある。利用者は、事前登録しなければならず、繋がるのは登録した消防本部だけ。これでは、聴覚障がい者は、管内だけでしか１１９番が利用出来なくなる。

この問題は、市町村区域を越えており、市町村・自治体消防では解決出来ない。これは、国・消防庁の任務となる。消防組織法第４条が生きてくるのではないか……。

「検討会の目的にゃー、『――音声によらない緊急通報技術を検討し、その手段を確立すること』って書いちゃーバッテガ、全国整備のことやら、一言も書いちゃーなかよ、カチョー」

気になったのだろう、テングザルが検討会要綱を読み返している。

「……ソーヤ、書いちゃなかや（書いてないか）。整備が一番ヤオイカン（大変）とバッテガなー」

技術の検討だけか……。国の動向が伝吉には見えなかった。街が雨に白く煙っている。雨は熄みそうにない。

♪Weeping in the rain Weeping in the rain
Weeping in the rain Weeping in the rain
頬濡らすそぼ降る雨の　優しさに溺れることもできないで
Weeping in the rain Weeping in the rain……

柳ジョージの掠れた声が木霊する。17時、終業時間を廻っても伝吉は、机に就いたままだった。

昨年度の検討結果を踏まえ、伝吉の考えでは、

・個人情報保護・漏洩等を鑑み、国が〔情報管理センター〕を設置する。
・聴覚障がい者等利用者は、消防本部を介してそこに登録する。
・利用者の119番緊急通報は、最初に〔情報管理センター〕に入電し、通報端末GPSを活かして、直近消防本部に情報を転送する。通信は、総てインターネットで行う。
・この事業は、国が旗を振る。

　119番通報多様化事業は、こういう流れで成就するはずだった。……ところが、〝アテと褌ゃムコ（向こう）から外れる〟の俚諺通り、思わぬ展開になりつつある。伝吉から見ると、国の腰が引けているのだ。自らロープに逃れようとするプロレスの手口、自ら土俵を割る相撲の手口、これらを想起させる。

　昨年度、伝吉が参加した検討会は一体何だったのか。口角泡し、丁々発止の議論は、具現化を見ぬまま、議事録上に残るだけか。

　伝吉は、受話器を取った。無機質な呼び出し音。

——お久し振りです。先輩。

　エチゴモグラは、直ぐに出た。奇遇で再会した高校の若い後輩で、通信大手のウエスト・エレクトリック社に勤務している。ここが国の検討会の事務局で、昨年度はエチゴモグラがその担当だったのだ。今は、配置転換で別の部門にいる。

　UGOの会議内容を話し、伝吉は、検討会の流れが変わったか、訊いてみた。

——担当を外れているんで、何とも云えませんが、国が急いでいるのは事実でしょう。オリ・パラを見据えたこの事業ですからね。今年が２０１６年。実運用が２０２０年でしょう。おそらく今年度中に、何らかの形で具体的指針を出そうと国は考えているはずです。全国消防の予算組み・契約・工事の期間を計算すると、そうしないと間に合わないでしょう。

そうだ、残された期間は、実質３年間しかない。

――こう考えると、少し見えて来ませんか、先輩。分かりました。ちょっと時間を下さい。調べて連絡します。

「少し見えてくる」とは……。伝吉は、受話器を握ったまま、虚空を睨んだ……が、何も見えて来なかった。

「カチョー、早よ帰らな、〔クモスケ〕ののーなるよ（なくなるよ）」

〔クモスケ〕とは、伝吉の交通手段・コミュニティーバスのこと。1時間に1本しか走らず、21時・市役所発が最終。

テングザルの言葉で、事務室の時計が見えた。ありゃー、こりゃいかん。終バスに遅れると、自宅まで７㎞を歩く羽目になる。伝吉は、慌てて帰り支度を始めた。

庁舎を出ると、雨は上がっていた。暗い空に煌々たる月。中空に浮かぶ雲の影を濃くしている。市役所のバス停まで、公園の中を通って行く。鬱蒼とした森だ。この公園は、米軍基地の跡に造られ、管内で最も大きい公園だ。十重二十重と重なった新緑が、街路灯に光っている。青葉の噎せるような匂い。

いくら考えても、詮無いことだ、伝吉は思った。検討委員を外れ、一介の地方消防の指令課長に戻った自分が、国の事業をとやかく云ったところで、何がどう変わるというのだ。

九州大陸のフクロウには耳がある

思いが先行し、周りを見ることを忘れていた。伝吉は、奥歯を噛んだ。還暦間近というのに何たる様だ。時間が経つにつれて、国の対応よりも自分の思慮のなさに腹が立って来た。

事業というものに対する理解が、自分には欠落している。消防人の殆どがそうであるように、伝吉も御多分に漏れず、「現場至上主義」だった。〝消してナンボ、運んでナンボ〟と思っていた。予算、議会などに何の関心も興味もなかった。

〔地方交付税交付金〕、〔消防防災施設整備費補助金〕、〔消防緊急援助隊設備整備費補助金〕などを知ったのは、恥ずかしながら、課長になってからだ。伝吉は、自分の浅薄さに腹を立てているのだ。

徒に消防人生を重ねただけで、内実がない。経験年数に相応しい厚み、深みがない。

事業に必要なものは、一に予算、二に時間、三に人である。１１９番通報多様化事業には、三つとも足りない気がする。

と、その時、

「ソォー、ソォー」

胴間声で誰かが相槌を打った。伝吉は、思わず立ち止まり、周りを見回した。公園の遊歩道には、伝吉の他は誰もいない。街路灯が、雨に濡れた路面を丸く照らしているだけだ。軽く頭を振り、伝吉は歩き始めた。

「……にしても、どーしてコゲン莫迦かいな、おらーッ！（どうしてこんなに莫迦なのか、おれは）」

人がいないのを幸いに、口に出し、伝吉は自分を毒づいた。

すると、また何処からともなく、重低音で「ソォー、ソォー」と声がした。

ギョッとした伝吉は、歩を止めた。そして、ゆっくりと首を動かした。誰もいない。公園は、森閑としている。冷汗が全身に滲み出る。なまじ英文学を齧ったもので、夜の森が異界であることを知っている（Hawthorne の “Young Good man Brown” 参照のこと・教養溢れる著者の注）。

ゴクリと喉が鳴った刹那、伝吉は、手脚も捥げよばかりに走り出した。彼方に照《ひか》る市役所バス停を目指して。その速さは、ウサイン・ボルトをも凌駕するかの如き。実際、ああ見えて、イグアナは結構速いのだ。

伝吉の脱兎ぶり……というか、脱蜥ぶりを、高い樅の梢から見ていたものがいる。森の哲学者……そう、梟だ。想いに耽る伝吉には、その啼き声が「ソォー、ソォー」に聞こえた。

37

鵲《かちがらす》　ハハ〜ン、そういう段取りですかい

平成28年５月31日、消防が戦後70年近く使った無線（アナログ方式・１５０MHz）が停波した。翌６月１日から、デジタル無線・２６０MHzが全国消防本部の使用帯域になった。

「今日から全国一斉にデジタル無線になったとバッテガ、何の感慨も湧かんね、カチョー」

「……ソーヤナー」

月例の指令担当係長会議の席。テングザルの問いかけに、伝吉は虚ろに応えた。その筈である、伝吉の消防本部は、消防庁・デジタル無線実証実験の恩恵を受けて、５年も前からデジタル無線の運用を始めていた。

全国整備が完了した時点で、伝吉の消防本部《ところ》は、中間更新を考えなくてはならなくなっていた。実証実験本部だったので、整備は無償（貸与）で出来たが、中間更新は自腹である。虚ろな答えの原因のひとつは、このことであった。

「……で、１１９番通報多様化事業は、何んか進展のあったとですか？」

会議通例の月例行事の確認が終わった後、イボイノシシが訊いた。同席のテングザル、ゾウガメも伝吉を注目した。

「ＳＯＳカード」アプリの行く末は……

「何《な》ーンも分かラン。検討会事務局担当やった後輩、みんなも知っとー、エチゴモグラいに尋《き》いとーバッテガ、まーだ返事のナカ」

　伝吉を虚ろにしているもうひとつの原因が、これ。こちらの方が大きい。中間更新は、先延ばしになるのが必定だし、延期されれば、伝吉は、退職している可能性が高い。それにしても、経費節減・エコ推進の美名の下、定められた耐用年数を行政機関が無視することは、結果的に経費増大・エコ衰退になる、と伝吉は考えている。

「外国人対応ば、多様化事業い組み込むとですか、カチョー？」

　ゾウガメが訊いた。

「これの91頁い、チョコッと載っとーやねー（載っているね）」

　伝吉は、平成28年3月と記された検討会の『中間報告書』を係長たちの前に出した。エチゴモグラが送って来たものだ。

「利用者の拡大の可能性《カノウシェー》――」

　イボイノシシが、声に出して読み始めた。

「――今後Ｎｅｔ１１９（消防庁が定義した用語。通報方式が伝吉たちの「アプリ方式」ではなく、「Ｗｅｂ方式・事前登録制」のもの。Ｗｅｂ１１９と同義）システムの利用者を外国人等に拡大する――、ってこたー（ということは）、取り組むということバイ、ゾーちゃん」

「これば、今年度するっちゃろー？　オリンピックは、２０２０年ヤケン……平成何年かいな、カチョー？」

「32年タイ」

「……て云《ゆ》ーことは、カチョーはとっくにオラン（いない）なー」

ニンマリとするテングザル。

「何ば云いたかとか？」

「いやいや、寂しかねー、っと思いよーとですよ。バッテガ、**『沙羅双樹の花の色、盛者必衰の理《ことわり》をあらわす……』**って云ーちゃーですモンね、ケケケ……。カチョー、こればクサ、『ひらやものがたり』って読んで、古文の先生からものすごーガラれて（物凄く怒られて）……」

「で、何ば云いたかとかって？」

「そ、そーですタイ。今年が平成28年ヤケン、外国人対応やら考える暇やらなかろーモンって云いたかとですよ。あと4年ですバイ。実質ぁー、３年と考えた方がヨカ、ねー、カチョー」

定まらぬ表現・展開であったが、論旨は、伝吉の思うところであった。他のふたりも大きく頷いた。

異課同志、予防課のカモノハシは、この会議には出席していない。

「カチョーの云うごと、〔情報管理センター〕の扱いやら、まーだ、何《な》ーも決まっとランとでしょう？」

イボイノシシが腕を組み、首を傾げる。

「利用者拡大は、システムさえ出来りゃー簡単なこと。スマホもある、通報者ＧＰＳも取得る、インターネット網もある。受信用パソコンもある。ないのとは、直近消防本部に繋ぐ〔情報管理センター〕だけ。これさえありゃー、システムは完成ですケン。〔情報管理センター〕構築が最優先、時間的にも、システム的にも。優先順位が違ーとります、カチョー」

日ごろ寡黙なゾウガメにしては、珍しい長科白。突き上げる想いが、能弁を生んだ。

「……頭の何処で最終的には、指令管制システムでＮｅｔ１１９ば受信出来るっちゃなかろーか、と想いよったバッテガ、94頁ぃ『――既存の消防指令システムに対する影響を最小限とするために消防本部端末はＰＣとする』って書いちゃーねー」

『中間報告書』に眼を通していたイボイノシシが、みんなに教えた。

「何か、おれたちの構想《アイデア》とドンドン変わって行きようごたーねー、カチョーオ〜？」

両手を頭の後ろに組んで、テングザルが伝吉に、語尾を上げて質した。伝吉は、是認も否認もしない。

指令課に限ったことではないが、業者なくしては、指令管制システムも無線システムも存在し得ない。伝吉たちが、いくら熱い想いを持ち、述べ、語り合ったところで、そのアイデアを具現化することは出来ない。

（この世は、業者・メーカー・作り手が在って、初めて存在し得る）

やや飛躍した考えだが、伝吉は、こう思った。寂寥感が身を包む。伝吉は、淋しく笑った。

「前振り倒れ、餡なし最中、ファミレス・メニュー……って云《ゆ》ーとこかいな、この事業は、カチョー？」

「ファミレス・メニューっちゃ、何んや？」

「写真と実物の違いまっしょーが（違うでしょう）。出て来た料理《モン》は、2割方サイズ・ダウンしとります」

当《まと》を得た表現である。

「カチョー、この『中間報告書』は、去年の検討会結果ば纏めたモンでっしょー？」

そうだ、と伝吉は云った。

「やったら、検討会に出とったカチョーは、『中間報告書』の内容ば、知っとーはずヤケン、初めて聞いたような素振りは、納得いきまっシェン」

イボイノシシが、伝吉を責めた。

「理屈は、ソータイ。バッテガ、検討会にゃー、3回しか行かんやった。1回、その内1回は、実証実験。ケーな（こんな）スケジュールで、こげな内容ば全部話さるーモンかい。検討会は、諮問機関のようなモン。大綱は、国・消防庁が掌握しとうケン、『中間報告書』には、当然その意向も入り、おれの知らんこともあるクサ（あるのも当然だ）。1回の会議時間は、2時間足らずぞ」

「……云われてみりゃー、そーですタイねー。ドゲンなるとかいなねー、この事業、カチョー？」

イボイノシシが、伝吉を見る。

「明確《はっきり》したことは、云えんバッテガ、『中間報告書』読む限りじゃ、各消防本部ごとい対応シェれて、国は云いようごたー」

「それやったら、カバヅラ君（全員旧知の聴覚障がい者）は、何処い行っても、凸凹消防本部《うち》い119番通報することいなるよ。北海道に居《お》ろうが、沖縄に居ろうが。現行Webシステム（管内情報管理センター方式）は、ソゲンなっとちゃケン」

　イボイノシシの語気が荒い。

「……ハハーン、分かった。Ｎｅｔ１１９の業者は、既に存在している。カチョー、何社ぐらいあると？」

　テングザルが訊いた。

「全国展開を考えているところは、今のところは、２社やな」

「仮によ、カチョー。この２社が全国の消防本部ば契約《おさ》えたら、情報の遣り取りは簡単やね。お互い１社対応のゲートウェイでよかっちゃケン」

「……複数社やったら、ゲートウェイのスペックば高こーシェないかんバッテガ……。『闇夜の提灯』っていう訳か」

「ソータイ、カチョー。これやったら、簡単に、早よー全国対応のシステムの出来るかも知れんよ」

　イボイノシシが、畳み掛ける。

「……バッテン、費用が婆娑羅《ばさら》（途方もなく：南北朝時代の言葉だが、九州大陸では常用語。語源は、サンスクリット語。詳細は、『ウィキペディア』を参照されたし）かかるね、各消防本部契約やったら」

　貧乏性のゾウガメが、不安気に発言した。

「心配シェンでヨカよー、ゾーちゃん。国が、補助金やら起債の手当てばするクサ。安心・安全《アンジェン》は、国策ヤケン。ねー、カチョー」

　考えることをしない人間は、幸福である。こんな人間になってみたいものだ、と伝吉は、テングザルを見ながら思った。右の耳を覗けば、反対側の景色が見えるに違いない。

〝人間は、考えるために生まれている〟

このパスカルの言葉をテングザルが知る由もない。サルは、人間じゃないのだ。伝吉の顔に憐憫が浮かんだ。

「ソークサ。国は、そこら辺ば、ちゃーんと考えとークサ。係長の言う通り。ハハハ……」

伝吉は、飼育係になったつもりで、テングザルに同調して見せた。伝吉の虚ろな笑い声が会議室に響いた。

その窓の外、初夏の蒼穹を、２羽の鵲が我が物顔に飛び廻っていた。

38

鳶《とび》……事が起こってからじゃ、遅せーじゃないんですかい

また夏が来た。夏は、青春のものだ。齢《よわい》五十を超えると、夏が辛くなる。噴き出す汗は、若者に似合う。彼らの汗は、太陽に輝く。

燃える陽に照らされ、伝吉は、歩いている。陽は天中にあり、街路樹の影もその根元に纏わりつくだけ。

伝吉は、恨めし気に陽を見上げた。一片の雲もない。空は、銀色に輝いている。

全身汗みずく。中高年の汗には、色と臭いがある。多汗症の伝吉は、ハンカチでは間に合わず、この時期、タオルを持ち歩く。これも絞れば、滴り落ちる状態。

（バスタオルを持って歩くか……E・YAZAWAかって）

独り笑いの伝吉。傍から見ると、暑さでやられた者かと見紛う。

伝吉は、共同指令センター設置協議会に出席するため、隣接するオイサ消防本部に向かっている。

オイサ消防は、政令指定都市消防本部・局で、管内人口・人口１５０万余を擁し、職員数・１０５０名、消防車両（含救急車）・２１７台、ヘリコプター・２機の名実共に九州大陸最大の消防本部である。

昨年の秋、ここの指令課長・源五郎が、伝吉に〔共同指令センター〕構想を持ち掛けて来た。伝吉の凸凹消防本部の他、ヨカヤ消防本部、ホゲル消防本部、イボリ消防本部を含めた市境を接する5消防本部で構成するものだった。

伝吉は、〝我が意を得たり〟で、間髪入れず賛同した。消防2法が制定《でき》て70年。制定当初、焦土と化した我が国に、今のような消防はなかった。先ずは、消防本部を全国に設置することが急務だった。自治体消防の誕生である。簡単にいうと、市町村の数だけ消防本部を設けようとした。

その結果、昭和24年、全国に204しかなかった消防本部が、平成4年には935になった。国土に対する消防のカバー率は、100％に近い。これは、世界最高水準だ。

70年で面の整備は完了した。これからは、質の整備だ。全国の消防本部が均一の行政能力を持つことだ。その指南書は、云うまでもなく『消防法』。この条文に書かれたことは、国民全体の願いであり、その実現の為に、消防の任を負う者は、鋭意努力しなければならない。そして、この条文の7割は、予防に関する記述である。

『消防法』をボンヤリ眺めただけで、九州大陸消防学校初任科の授業で伝吉は、予防課長になるまで、字句を追いながら読んだことがなかった。入署当時、64名の消防本部は、これで事足りた。〝消して〟〝運んで〟が消防の仕事だった。

しかし、全条文数250余に及ぶ『消防法』の内、これらに関する条文は、20にも満たない。簡単に云うと、伝吉の凸凹消防本部は、頭脳を使う業務より、肉体を使う業務に重きを置いていた。

平成13年9月1日、「明星56ビル火災」（新宿・歌舞伎町）が起こった。奇しくも「防災の日」だった。たかだか160㎡の焼失床面積で、死者44人——火災によるものとしては、戦後5番目——を出す惨事となった。

これを契機に、『消防法』が大きく変わった。徹底した違反処理が求められるようになった。

それまで伝吉の消防本部《ところ》は、春秋の火災予防運動に、全署挙げて立ち入り検査・査察を実施していたが、お座なり、帳面消しの感が否めない。検査後、関係者に〔立ち入り検査結果報告書〕を渡し、違反があった場合は、是正を促し、〔改修結果報告書〕を出すように伝えているだけ。追跡調査など皆無で、思い出したように催促の電話をし、それも何時の間にか立ち消え。

こんな状態だから、〔指示書〕出すにも大騒動で、〔警告書〕は伝家の宝刀、〔命令書〕に至っては、消防本部開闢以来、発出したことがない。

真面目に〔消防用設備点検結果報告書〕を提出に来た関係者に、ブツブツ小言を云い、それを出しもしない関係者は、放置、沙汰無し、ホッタラカシ。本末転倒、頭沓足冠、不閉開口とは、正にこのこと。

改正『消防法』に対応出来る体制が取れないことに、伝吉は懊悩した。立ち入り検査をすればするだけ、違反が出て来る。極言すれば、『消防法』に違反していない建物はないのだ。

予防課長の時、職員数は１２４名になっていたが、違反処理の専従員を置くだけの余力はなかった。

併せて、法律、訴訟に長けた職員もいなかった。法学部出身者はいたが、大学で何を学んで来たんだ、という者ばかり。

消防本部の規模で、違反の内容が変わる訳ではない。東京消防庁での違反は、伝吉の凸凹消防本部でも違反。組織能力で、その対応に歴然たる差が出る。不利益は、結果的には、住民・国民が蒙ることになる。

消防の質向上の手段で、現実的かつ即効的なものは、広域化である、と伝吉は、信じて疑わない。また、携帯、スマホなど通信網の空前絶後の進歩により、人の流れが広範になり、生活面において自治体の境界は、無きに等しい。居職が同一の自治体内で為せる民間のサラリーマンは、珍しく、大都市圏ではこの傾向が顕著だ。

行政は、住民の生活動向に配意しなければならない。自治体境界ありきで業務を為すのではなく、時流を察知し、住民にとって広域化が適切であるものは、英断を持ってそうすべきである。行政こそ、可撓性《フレキシビリティー》を備えるべきである。生き残りを賭けた企業の合併、提携、改革は、行政が学ぶべき示唆に満ちている……ここまで思いを巡らせた時、伝吉は、協議会が開催《ひら》かれるオイサ消防本部の入口に到着した。

会議は、紛糾することなくスムーズに流れた。何せ14市町の首長が合意している案件なので、成就させなければならないのだ。〔共同指令センター〕は、オイサ消防への事務委託方式で運用する。管轄面積・８３８㎢、管轄人口・２３０万人をカバーする新指令管制システムは、40億円ぐらい掛かる見込みとなった。

会議を終えて、オイサ消防本部を出た時、伝吉のスマホが鳴った。ディスプレイにエチゴモグラの表示。

——すみません、報告が随分遅れて。やっぱり、思っていた通りでした。時間と事務を考えた場合、既に幾つかの消防本部が導入しているシステムありきで考えた方が、現実的となったみたいです。新規に全国を対象とした〔情報管理センター〕を建ち上げるよりも。

——夫々《それぞれ》のシステムが、接続できるインターフェイス、ゲートウェイを導入業者が開発する、ということか?

——そこら辺は、これからの検討課題だと思いますが、ぼくは、そうじゃないと思います。

——……て、云《ゆ》ーと?

——開発費の割合、責任分界点の問題などで、話がややこしくなるでしょう。指令システムとデジタル無線システムの異メーカー接続を見ても分かるように。

——なら、どーするとや?

——〔共通仕様書（実施設計）〕を作成し、これに基づいて全国の消防本部が導入するように、国が指導すると思います。同じ仕様だったら繋ぐのは簡単ですよね、先輩。

——体制《かたち》は違うバッテガ、見た目にゃー、検討会で話よった全国を集約する〔情報管理センター〕ば設置《つく》ったことなるなー。バッテ（「バッテガ」と同意）、これやったら、おまえの会社が事務局やった意味のーなるやナカカ（なくなるじゃないか）。この〔情報管理センター〕設置ば見越して、１９番多様化検討会の事務局ば、受注けたっちゃナカカ。

——そうなんですよ、先輩。先行投資と思ってやったんですが、今回は、８・９で抜かれた感じですね。

８・９とは、ラグビー用語。通常、スクラムのボールは、９番（スクラム・ハーフ）が拾うが、８番（Ｎ０・８）がボールの拾い、突進し、タックルされる直前に並走する９番にボールを繋ぐこと。これにより、攻撃側に人的余裕が出来る。

伝吉とエチゴモグラは、年齢の懸隔はあるが、高校ラグビー部の先輩後輩の仲。

——方針転換は、去年の暮に決定されたみたいですね。全国ひとつの〔情報管理センター〕だった

これから先が見えるかい

ら、競争原理が働かない、とか何とか云って。全国のデータを扱える会社《ところ》は、弊社《うち》ぐらいしかありませんからね。そして、先輩が云われるように、自治体消防を創り、育てて来た国が、その主体性を侵すようなことをしてはならない、ということで……。

――そらー、ちょっと奇怪《あや》しかろーモン。緊援隊に対する国の関与は、強化されようとい（されているのに）。聴覚障がい者・災害弱者に対する施策も同《おんな》じやろーモン。

　思わず伝吉が云い放った。

――私に云われても……。

エチゴモグラの怯えた声が、スマホから聞こえた。

――すまん。つい興奮してしもーた。このごろ、ズーッと血圧の高かっタイ。薬ば飲まんやったら、下は直ぐ１００ば超える。まあ、そら置いといて。国が係わりゃー、金ば出さにゃいかんごとなるしなー。

――そうですよ、先輩。色々な柵《しがらみ》からこうなったんでしょう。このままだと、弊社は、この事業から撤退せざるを得ません。発注側と受注側のサイズがミスマッチなんです。全国規模だと我が社は、行けるんですが……。

スマホを切った時、通話時間47分とディスプレイに表示されていた。伝吉は、当て所なく歩いた。残光に輝く夏空にも暮色が迫る。

不思議な一日だ。ひとつの話は上手く行き、もうひとつの話は潰れた。正確にいうと、潰れる可能性が高い。まだ何ら国から正式な発表がないのだから。

今思えば、平成22年の消防庁消防救急デジタル無線実証実験対象消防本部に採択されて以来、伝吉は勢いづいた。退職間際の伝吉は、残された現職の時間を惜しむかのように、獅子奮迅――というか、見ようによっては傍若無人――の働きをした。遣ること為すこと、総て成功したと云って好い。

デジタル無線実証実験　ゲット！

消防防災科学技術研究推進制度　ゲット！

本制度により「SOSカード」アプリ　ゲット！

「SOSカード」アプリ、消防庁長官表彰　ゲット！

地元5消防本部共同指令センター構築　ゲット！

ここに来て、その勢いが失速した。「SOSカード」アプリの延長にある119番多様化事業の思惑が外れた。全国の聴覚障がい者からの119番通報を一元処理する〔情報管理センター〕を、この事業の本丸と思い定めていた伝吉は、砂鉄……間違った、蹉跌を感じずにはおれなかった。

ピーヒョロロロロ〜

頭の上から鳴声した。夕間暮れの空を、鳶《とび》が旋回している。

ピーヒョロロロロ〜

ここは、海が近い。微風に微かな汐の香りがする。伝吉は、暫し足を止めた。鳶は大きく翼を広げ滑空している。風切がはためき、陽に輝く。一頻り飛遊した後、鳶はビル屋上のパラボラ鉄塔に留まった。ビルの高さは、31mを遥かに超えている。

(如何《どう》だい、そこからの景色は?)

伝吉、心中では標準語。

(どうも今回は、お前のように上手く上昇気流を捕まえることができなかったようだ)

鳶は、ゆっくりと左右の翼を伸ばす。

(考えてみれば、今迄が上手く行き過ぎた)

明らかに地方消防・指令課長の分を超えた仕事に取り組んで来た伝吉。やったところで、給料が上がる訳でもないのに。

仕事が成就した時には、それが幾らヘビーであっても、人は疲れを感じないものだ。今、伝吉はその真逆にいた。

〝負けた試合でしか、人は学べん〟

不意に、高校時代のラグビー部顧問の言葉を思い出した。

「負けた試合でしか、学べんとぞ、お前たちゃー」

伝吉のチームは滅多に勝たなかったので、始終これを聞かされた。日体大出身の顧問は、定年間近なのに年中ラグパンで過ごし、職員会議には出席せず、体育館内の事務室を自室として使っていた。そこには小さな冷蔵庫があり、何時も缶ビールが備蓄されていた。

「ヨカヤ（いいか）、伝吉。グラウンドは、端（ゴールライン）から端までが１００ｍやろーが。ひとりがボールば持って、10m走るだけでヨカとぞ。15人おるっちゃケン（15人居るのだから）、繋いだらトライたい」

主将《キャプテン》だった伝吉に、自ら何度も頷きながら、焼き過ぎたメザシのような顧問は、ラグビーの神髄を伝授した。

伝吉は、笑みを漏らし、鳶を見上げた。その刹那、鳶は飛び立った。陸風に乗って海に向かっている。

39

鶖《かけす》

それじゃなんですかい、今までの話はなかったことに？

平成28年度１１９番通報の多様化に関する検討会は、10月以降、月1回のペースで開催されることになる。所属組織内での異動などで委員の若干の変更があったものの、参加組織には変更はなかった。ただ、伝吉だけは、組織ごと外れた。

検討内容は、逐次ハダシイタチから齎《もたら》されるものの、既定路線に沿って流れている感じが否めなかった。国には、最終報告を纏め上げなければならない義務がある。

検討会のことも気になったが、伝吉は、〔共同指令センター〕設置の件で忙殺された。市長にも呼び出された。

「――間違いなく、金も人も軽減《うく》っちゃな、伝ちゃん？」

市長は、気安く聞いた。5期目の市長は、元消防団員。伝吉とは知己の仲。こんな巡り合わせになろうとは露も思わなかった伝吉は、〔ポンプ操法〕で指揮者だった市長を徹底的に扱《しご》いた。市長のチームは、県代表になり、全国大会で2位の栄冠を射止めたものの、今でも会うと冷汗三斗の伝吉。〝後悔と宴会は先に立たない〟、噫々。

「間違いなく財政的にも、人員的にもメリットがある、と確信しております。お手元の資料に示しているとおりです。単独で指令管制を維持するよりも、共同で行った方がこのように——」

「……伝ちゃんも、薄ーなったなー」

「……はい？　ええ、〝ヤカン〟になるとは、時間の問題です」

伝吉は、髪に手をやった。

「お互い歳ば取った。伝ちゃん、何歳《いくつ》ぃなったね？」

説明を聞いていた市長が、ポツリと云った。咄嗟に自分の年齢が出てこなかった。同席していた消防長が告げた。それを傍で聞いて、改めて〝老い支度〟というか、職を去る準備をせねば、と伝吉は思った。

市長は、それ以上何も訊かず、決済印を押し、消防長は、その文書を押し戴だくようにして受け取った。

漸《ようや》く夏の暑さが去り、朝夕涼風《すずかぜ》が立ち始めた頃、伝吉は、トキちゃんに連絡した。

——お久し振りです、課長さん。

転がるようなトキちゃんの声。伝吉は、当務係長・テングザルの眼を盗んで電話をしている。彼奴は今、指令台に就いている。好機到来、千載一遇、待てば海路の日和あり。彼奴《きゃつ》に聞かれると、何かと五月蝿い。

——一元化された〔情報管理センター〕構想が消えた以上、聴覚障がい者が全国何処にいても、最寄りの消防署に繋がるアイコン・タッチの１１９番は、挫折したんですね？

——いや、正式には文書で通知がないから何とも云えんバッテガ、アイコン・タッチは残るよ。

——じゃ、最寄りの消防署に繋がるシステムは？

——そこが問題で、残念ながら今の状況じゃ無理のゴターね（無理のようだね）。

——納得できないッ！

思わず伝吉は、受話器を耳から離した。耳がキーンと鳴っている。

見ると、指令台に就いているテングザルも、慌ててブレストを外した。伝吉に背を向けて座っているテングザル、密かに会話を傍受していたのだ。振り向き、照れ笑いするテングザル。お前は、裁判所から令状ば取ったとか、って。

耳鳴りが治まり、伝吉は静かに話し掛けた。

——さっきも云ったように、まだ正式に事が決まったわけやナカとよ（ないいんだよ）。

——そー、そー、カチョーの云ーとーり正式《シェーシキ》に決まったわけやナカっちゃケン、トキちゃん。

いきなりテングザルが割り込んで来た。電話の向こうで微かな嗚咽が聴こえた。

——ほーら、カチョーがトキちゃんば泣かした。

——やかましかッ！　傍受ば止めんかッ！

——たくさんの聴覚障がい者が、待っているのに。自治体主体で実施《や》るっていうことは、元に戻ることじゃないですか、課長さん。自治体で出来ないから、課長さんたちが頑張ったんでしょ？　その研究が素晴らしかったので、国は消防長官表彰をしたんでしょう？　そこまでしていて、どうしてまた元に……。

後は、言葉にならなかった。言葉にはならなかったが、トキちゃんの無念さは、痛いほど伝わった。想いは、言葉を超える。

話の接ぎ穂を探している内に、〔火災報〕が入電《はい》った。伝吉は、再度の連絡を約束して電話を切っ

Protocol……？？？　Gieee, gieee…　鷺が笑う

た。

　それから数日後、伝吉は、テングザル、ゾウガメ、イボイノシシの3係長を集めた。

「――てな訳やケン、県・市聾唖協会で119番通報の多様化の情勢変化ば説明した方がヨカローと思う」

　伝吉が口火を切った。

「おれもねー、トキちゃんの泣き声ば聞いたケンねぇー。それの方がよかろうや、カチョー」

　週休で出て来たテングザルが続いた。

「バッテガ、カチョー。カチョーの情報は、正式《シェーシキ》なモンじゃナカとでしょ？　あくまでも、状況証拠でっしょ。UGOで聞いたこと、後輩のコウベモグラ……」

「〔コウベ〕やなか、〔エチゴ〕」

　伝吉は、訂正した。

「そのモグラさんから教えられた」

　ゾウガメが訊いた。

「ソータイ。〔情報管理センター〕を設置するって去年度の検討会で決まった。この時点じゃ、殆どの委員が、国が設置するモンと考えとった、と思う。そりゃそーやろー、民間業者の〔情報管理センター〕やったら、既存があったちゃケン」

「既存ば活かすとやったら、何ーも国が検討会やら開催《ひら》くことはナカモンなー」

イボイノシシが云い添える。

「……で、このまま行きゃー、個々の消防本部は、Ｎｅｔ１１９の業者と契約することになる。要は、その業者の〔情報管理センター〕が、他の業者の〔情報管理センター〕とリンクすりゃー、一元化の〔情報管理センター〕になり、聴覚障がい者は、直近消防本部通報が可能になる」

伝吉は、話を続ける。

「今年度の検討会は、間違いのー〔間違いなく〕その実証実験ば、シェナいかん〔行わなくてはならない〕」

「複数業者の〔情報管理センター〕間で、情報の遣り取りが上手く行くかどーかね？」

「ソータイ」

イボイノシシの問いに、伝吉は、腕組みをし、重々しく頷いた。

〝皇国ノ興廃コノ一戦ニアリ。各員一層奮闘努力セヨ〟

日本海海戦作戦参謀・秋山真之と自分を重ねる伝吉。

「その為にゃー、プロトコル《protocol》ば、同じシェナいかんとでしょ、カチョー？」

ゾウガメが、恐る恐る訊いた。

「正解《シェーカイ》、ソータイ。係長の頭の太さは、伊達じゃなかバイ」

パワハラにも取れる伝吉の誉め言葉。

「何ーん、そのプロトコルっちゃ？」

鉛筆で耳を穿り乍ら、指令係長として有るまじき質問をするイボイノシシ。

「説明ばしてやるように、三等信号兵」

伝吉から名指しされたテングザルは、スックと立って、「ハッ」っと一礼。気分は、旗艦・三笠の乗組員。

「了解しました、秋山参謀」

永い付き合いの伝吉とテングザル。阿吽の呼吸で話を続ける。

「初年信号兵、しっかり聞いとくように。お前の眼はイボか？」

「はい。自分は、イボイノシシです」

「よーし。プロトコルとは、肩コル、腰コル、脚がコルの一種……って云ーたーゾータン（冗談）。

プロトコルのプロトは、『最初』、コルは、『糊』……」

「……って云ーことは、飯粒」

これまた、指令係長として有るまじき発言をするイボイノシシ。

何を喰ったらコゲンなるとかいな（こんなになるのだ）、と惻隠の眼差しでイボイノシシを見つつ、テングザルは、パクリのレクチャーを続けた。

「――てなわけで、〔通信手順〕のとば、プロトコルって云ーっタイ」

イボイノシシ、納得気な顔をして見せるが、疑念を懐かざるを得ない伝吉であった。

「バッテンですね。話は戻りますが。カチョーは、民間業者の〔情報管理センター〕ば繋いだら一元化ぃなる、って云いんしゃーバッテガ、その〔情報管理センター〕が災害で潰れたら、情報は他のセンターにゃ送信《ながれ》んちゃなかですか?」

ゾウガメが質問した。

「……ソーヤネー。当本部《うち》の契約した業者の〔情報管理センター〕が地震で倒壊したら、他本部の〔情報管理センター〕とのリンクは、途絶するとか……」

頬杖をするテングザル。

「て、云ーことはですよ、カチョー。平時の一元化であって、大災害時にゃー使いモンにならんちゃなかですか? こらー単なるガビョーですバイ」

ガビョー? 伝吉以下3人は息巻くイボイノシシを見詰めた。

「ソータイ、ソータイ、こらガビョーに過ぎん。トルコプロの段じゃナカモン!」

「コラ、コラ、ちょっと待て。ガビョーじゃのーして、〝画餅〟、トルコプロじゃのーして、〝プロトコル〟やろーが」

伝吉は、イボイノシシの早計といかがわしい邪心を糺した。

窓の外、電線に停まった鷲が、Gieee, gieee, gieee……と、笑った。

40

鷽《うそ》　アッシは、嘘は吐けねぇタチで

落とし処が分からぬ１１９番通報の多様化、それに関する県・市聾唖協会への対応、更には5消防本部共同指令センター創設事務に追われて、伝吉の光陰、矢の如し。

伝吉は、慣れぬ手付きでパソコンに向かっている。消防庁のホームページに入った。来年度（29年度）の予算概算要求を見ようとしている。

……2年度に亘り計上されていた１１９番通報の多様化が入っていない。今年度は、1億4千万円がされていた。決定額は、1億円だったが。

伝吉は、大きく息を衝き、椅子の背凭れに躰を預けた。

（間違いなく、１１９番通報の多様化事業は、今年度で終わる）

伝吉は、微かな期待をかけていた。全国の消防本部が一斉に取り組むための決定的な動因・起爆が見当たらなかったからだ。あと1年度あれば、何とかそれを探せるのではないか、と思っていた。

伝吉は、ゆっくりと立ち上がり、コーヒーサーバーの処へ行った。コーヒーを飲みながら、湯沸室の小さな窓から外を見た。

陽の光は、夏の名残りを留めるものの、青さが褪せた空は、明らかに秋のものだった。

「カチョー、電話」

指令センターから顔を出し、当務係長・イボイノシシが教えてくれた。伝吉は、自席に戻り、受話器を取った。

——こんにちは、トキです。この前は、取り乱して、ごめんなさい……。

野郎ばかりの職場では、聴くことが出来ない甘い声。融けかかったソフトクリームみたいだ。伝吉の相好が止めどなく崩れる。

——何《な》ーも、謝ることーナカよ、トキちゃん。云ーてみりゃー、私の力不足やケン。今度生まれて来る時は、消防庁長官になるケンね。

電話の向こうでトキちゃんが笑った。そして、少し云い淀んで、

——……課長さん、来週の金曜日、何か予定がありますか？　少しお話ししたいことが……。

伝吉は、自分の拍動が聞こえ、血圧が１６０を超えるのが分かった。机の抽斗を開け、受話器を肩で挟み、降圧剤を探した。

伝吉は、本態性高血圧症と診断されている。伝吉の父も高血圧だった。その父は、退職後程なく、心筋梗塞で亡くなった。

探し出した〔ＡＣＥ阻害薬〕を口に放り込み、

——金曜日ねぇー

と云いながら、予定表を開いた。今月は、殆ど真っ白。何の書き込みもない。先月も来月も同じだ。あるのは、ON TIMEの月例会議だけで、アフター５の予定は、ゼロ。退職間際の管理職は、年増芸妓と同じ。お座敷が掛からないのだ。

しかし、待ってましたとばかりに跳び付くのは、齢《よわい》のプライドが許さず、伝吉は、殊更《ことさら》音を立てて頁《ページ》を捲った。

——忙しんでしょ、課長さん？　無理されなくても……。

——いやいや、……ウーム、何とかしよう、トキちゃん。

——本当ですか。ありがとうございます、課長さん。

警策の　打撃応えぬ　僧帽筋

——で、バッ、バッ、バッ、場所とジッ、ジッ、ジッ、時間は？

気が急く伝吉、思わず吃音になる。

トキちゃんとの電話を切った時、伝吉は、ハッとし、指令センターのイボイノシシを見た。指令センターでは、無用の長物の広背筋。弥が上にも目につく。怒った時のキングコブラのようだ。

救助隊が長かったイボイノシシは、その合羽を着て、仕切ガラスの向こうで、ブレストを着け、伝吉に背を向けて指令台に就いている。

（傍受は、されとらんゴター）

伝吉は、安堵の胸を撫で下ろす。この前のトキちゃんとの電話は、テングザルに傍受されてしまったのだ。

（……が、油断は出来んぞ）

伝吉は、イボイノシシを凝視した。地蔵の如く、微動だにしない。

（怪しい。聞かれたか？　ウヌ、お前も、テングザルと同類か。〔偶蹄目《ぐうていもく》〕と〔霊長目《れいちょうもく》〕は、何時から同目になった）

伝吉は、静かに席を立ち、指令センターに向かい、ドアを開けた。気づいた様子はない。音がしないようにドアを閉め、イボイノシシの背後に廻った。

頭の先から尻に向かって軸が貫通したかのように、イボイノシシは、端座《たんざ》している。絵に描いたような緊張勤務。他の2係長・テングザル、ゾウガメにも見せてやりたいこの姿。神々しく思えて来る。悟りを求める苦行僧のようだ。伝吉は、思わず合掌礼拝した。

首を垂れた伝吉の耳に、「スー、スー」という音が聞こえる。伝吉、片目を開け、イボイノシシの前のディスプレイを覗いた……。

眼を閉じ、口を半開きにしたイボイノシシの顔が映っている。これは、悟りを求める顔ではない。煩悩を重ね塗りした顔である。伝吉、警策代わりに壁のＰＣ科学ハンドモップを手にし、イボイノシシの右肩を、

「喝ウ〜ウ〜ウッ！！」

と、一撃。RECARO の椅子から跳び上がったイボイノシシ、受信ボタンを押すや、

「ハイ、１１９番消防です。火事ですか、救急ですか？」

と発した。

約束の金曜日。終業時間17時が近づくにつれ、伝吉は、何度も時計を見た。待ち合わせの場所は、

最近オープンしたばかりのホテルのロビー。隣の政令指定都市・オイサ市にあり、電車（地下鉄ではない。地下鉄が走っているのは、全国14都市だけ）で30分くらいかかる。

「カチョー、ちょっとヨカですか?」

と、当務係長のゾウガメが机の前に立った。

「何や?　急ぐことか?　そーやなかったら、明日ぃしちゃランや?　今日は、ちょっと急ぐっタイ」

「急ぐと云えば急ぐ、急がんと云やー急がんとですが……。まあ、早い話が……」

「サッサ云わんかッ!」

「119番アプリのことです。ちょっとこれば見てください」

故意とも思えるような緩慢さで、ゾウガメは、伝吉の前に一枚の紙《ペーパー》を差し出した。総て英文である。

「何や、こらー?」

「『エマージェンシー・プラス』と云《ゆ》ー、オーストラリアの「SOSカード」アプリのようなモンのゴターです……」

「『ようなモンのゴターです』って……とつけもナカことやナカカッ（とんでもないことじゃないか）!」

伝吉は、紙を取り上げ、喰い入るように読んだ。駅弁大学ではあるが、伝吉は、一応英文科卒である。

「昨日、ネットば見よたら、偶然《グージェン》ヒットしたとですよ。全部《ジェーンブ》英語やナカですか。〔このページを翻訳〕にしたっちゃ、よー分からんとですよ。『空気旅行者』やら出て来るとですよ。『空気旅行者』っ

Emergency+

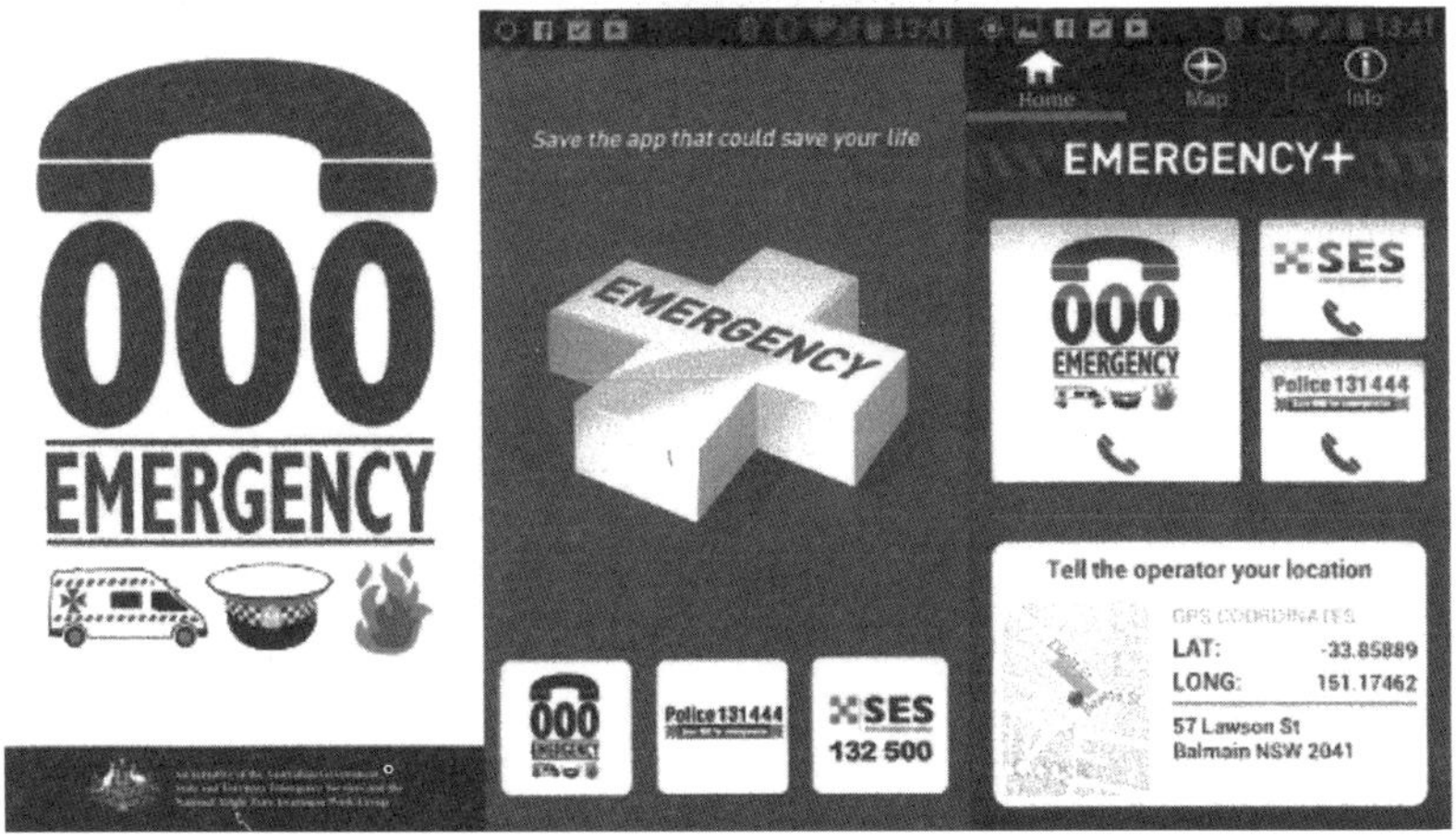

オーストラリアの「ＳＯＳカード」アプリ “EMERGENCY”
もちろん「アプリ式」

て分かります、カチョー？　英文科抜けちゃーケン（英文科卒業だから）、分かりまっしょう？」

「知ラン、知ラン。話しかけんな。一所懸命読みよっちゃケン」

錆び付いた英語力で、〔英文和訳〕に取り組む伝吉。ゾウガメを相手にする暇などない。

「原文みたら、“Air Traveller” って出とうとですよ。こらー、飛行機での旅行者のことでっしょ、カチョー？　夜中、独りで笑いました。ハハハ……」

「シェカラシカーッ（五月蝿い）！　声ば出さんで笑え」

手で口を押えるゾウガメ。

読み終えた時、伝吉は、1時間走を終えたくらいの疲労を覚えた。

「何んごと、早よ見せんか、係長」

「朝から救急の立て続けい入電《はい》ったモンやケン、バタバタしてしもーて、忘れてしもーとりました」

「読む限り、係長の云ーごと、システムは、「SOSカード」アプリと同《おんな》じやな。ただ、聴覚障がい者というよりも一般の人、旅行者が対象やな。音声通報が発信できるごとなっとー（出来るようになっている）」

「ワンタッチ（クリック）発信、ということですか？」

「LATITUDE、LONGITUDEやら出とうケン、緯度・経度も消防に送られるゴター」

「このシステムは、多様化検討会でワーワー云いよった〔事前審査〕の要るとですか？」

「セーなたー、何ーも書いちゃナカ。……ただ、この利用形態から考えたら、〔事前審査〕やらなかろー（無いだろう）」

「……って、云ーことは」

「ソータイ、ソータイ、直接、消防、警察い繋がるごたーケン、〔情報管理センター〕やらなかって云ーこっタイ。……バッテナー、今更これば知ったところで、"After Festival" "Late Hand" "What Now Dish" やな」

「"After Festival" ……英文科抜けちゃーケン、カチョーは、横文字ばっかりやモン。After Festival……後……祭り……後の祭り？」

「ソータイ。なら、"Late Hand" は？」

「……遅れ……手……手遅れ？」

「良く出来ました。係長は、英検２級の実力のあるバイ」

「カチョー、何か奇怪かー、カチョーの英語」

「やかましか。なら、最後の What Now Dish は？」

「ドーシェ、まともやナカとでしょ？」

「シェーナこたーナカ。偶にゃー、英語脳は使え」

「カチョーな、急ぎよんしゃっちゃナカですか（急いでいるんじゃないですか）」

その言葉に気づいて、伝吉、腕時計を見る。

「あらー、遅れっしもーた！　係長が、『エマージェンシー・プラス』のことやら教えるモンやケン（教えるものだから）。バッテ、こらー、Good Information、その内絶対《ジェッタイ》役い立つ。でかした、イーサン・ハント（分かる人には、分かる・筆者）」

縦短横長のイーサン・ハントこと、ゾウガメ、ニッコリ笑う。

「約束の時間に間に合わん。Mission・Impossiple いなった。係長、〔指揮車〕ば出シェ。赤色灯《あか》回して、サイレン鳴らして行こう」

「えッ！　いくら何でも、そらーいかんですよ、カチョー」

「冗談、冗談《ゾータン》。冗談は、吉野作造（分かる人は少ない・筆者）」

伝吉は、軽口を叩き、事務室を出るや否や、階段を跳ぶようにして下りていった。それを見送りながら、

（……“What Now Dish”“What Now Dish”……？）

ゾウガメは、考え続けた。

電車の中でも走ったのに、ホテルのロビーに着いたのは、約束の時間から30分も遅れていた。回転扉を、転げ込むように入って来た伝吉を見て、トキちゃんは、笑った。笑い顔に翳《かげ》が差していたのを、伝吉は見逃さなかった。

快適な空調で、汗が引いていく。

「……で、話は？」

一息吐いた伝吉は、訊いた。

「……ええ。その前に、バーでワン・ショットと参りましょうか」

「おう、おう、拙者も望むところ……　と、云いたいところバッテガ、こかー高っかろー（ここは、値段が高いだろう）？　四十俵二人扶持の安月給に似合ーた居酒屋いしょうか？」

クスリとトキちゃんは笑い、

「今日は、私がお願いしたんですから。私に任せて下さい」

立ち上がり、トキちゃんは、エレベーター・ホールの方に進んでいった。グレンチェックのパンツスーツ姿のトキちゃんの後を、半袖シャツに折り目が消えたズボンの伝吉が追った。どう見てもトキちゃんの下僕の感じ。

シースルー・エレベーターが、ふたりを上に運ぶ。眼下に暮色に滲む街が見える。河には遊覧船が浮かび、その河口の先に海が広がる。

最上階でエレベーターが停まった。そこのバーにトキちゃんが入って行くと、中の者がみんな挨拶した。

「トキちゃん、顔やね」

来つけぬ処にビビる伝吉が、後ろから云う。

「仕事の打ち合わせで、よく使っているんです」

「へえー」

勝負は後半30分過ぎてから

伝吉、感に堪えない。とは云え、半ば無意識の内に、天井のスプリンクラー・ヘッド、床設置の消火器、出入口の避難口誘導灯を確認する伝吉。

全面はガラス張りで、時とともに変わる街の景色が楽しめるようになっている。カウンター、テーブル、椅子は、重量感のある光沢を放ち、静かなピアノの曲が空間を満たしている。

トキちゃんを眼に止めたマネージャーが透かさず駆け寄り、外が見えるボックス席に案内した。

「何にします、課長さん?」

「こんなところは、初めてヤケン、お任せします」

「じゃ、「トム・コリンズ」をふたつ」

トキちゃんは、マネージャーに伝えた。

「トキちゃんの行き付けは、大分自分たちと違う」

改めて周りを見て、伝吉は云った。

〔トム・コリンズ〕が運ばれて来た。

「旨い！」

伝吉は思わず発した。初めての味だが、清涼感が堪らない。いきなりロンググラスの半分ほど呑んだ。

トキちゃんが、二杯目を注文《たの》んでくれた。

「美味《おい》しかねー、この〔フィル・コリンズ〕は」

「ちょっと違います、課長さん。フィルじゃなくてトムです」

「ソータイ、ソータイ。フィル・コリンズは、歌手やった。トキちゃんは知ランやろーバッテガ」

１９８０年代、まだ昭和やった……、滲み込むような酔いに任せて、伝吉は、想いを巡らせた。

♪I need love, love　Ooh easy my mind　And I need to find time

Someone to call mine　My mama said　You can't hurry love

……………

伝吉の耳に“You Can't Hurry Love”が聴こえて来た。

「……『恋はあシェらず』タイ」

グラスを傾けながら、伝吉は、独りごちた。

「えっ？」

と、トキちゃんが伝吉を見た。

「い、いやー、昔の唄ば、ちょっと想い出して……」

ドギマギして応える伝吉。

「このカクテルと良《よ》ー似た名前のフィル・コリンズっていう歌手の。流行ったのは、トキちゃんが生まれる前やなー」

頭髪がフィル・コリンズに勝るとも劣らぬ伝吉は、遠くを見るような眼差しをした。街が闇に包まれ、灯火が輝く。

喉が渇いていたせいか、〔トム・コリンズ〕がグビグビ入る。

「美味しかあ〜」

手にしたグラスを中空に止めたまま、伝吉は、再度嘆声を上げた。

美味しいと思うのは、カクテルの味もさることながら、眼の前にトキちゃんがいるからだ。素敵な女性と呑めば、口が縒《よ》れそうな酒も甘露に変わる。

テングザル、ゾウガメ、イボイノシシ、それにカモノハシ——去年の秋、一緒に東京出張をして以来、本来の指導係長の仕事が忙しいらしく、今年に入ってあまり会っていない——の四獣士を目の前にすると、こうは行かない。純米大吟醸が合成酒に変わる。我知らず笑みを洩らす伝吉であった。

トキちゃんも呑む。〔トム・コリンズ〕が流れ行く白い喉が、滑らかに動く。それに見惚れるドラキュラ・伝吉。

「課長さんと初めて出会って、もう10年が経ったんですね」

グラスを置き、トキちゃんが云った。

慌てて伝吉は、視線を逸らし、虚空を睨み、

「そっ、そっ、そーね。……初めて会ったとが、**「SOSカード」**ば作った年やケン……平成18年。ソータイねー、もう10年たったか。時の流れは速い」と、人生の深淵を探るような表情で応えた。

「課長さん、話というのは……」

トキちゃんは、居ずまいを正した。

「私、東京に行くことになりました」

グラスを持った手を止め、

「えっ……転勤？」

伝吉は、訊いた。

「いえ、転職です。誘いがあって、東京の設計事務所で働きます。もう少し自分の力を試してみたいので」

「……そう。ヘッド・ハンティングされた？」

「いえ、そういうことじゃないんですが、東京オリンピック・パラリンピック絡みで。以前から興味があった事務所だったので、受けることにしました」

トキちゃんは、ジッと伝吉を見詰めた。伝吉には、応える言葉が見つからなかった。数秒間の沈黙が、途方なく永く感じた。伝吉は、息苦しくなった。

伝吉は、自分の〔トム・コリンズ〕を呑み干し、ゆっくりとグラスを置いた。

「好かった、好かったやないね。自分の思いが叶《か》のーて。おめでとう」

この祝福の言葉に、トキちゃんは何も応えず、瞬きひとつせず、伝吉を見詰め続けた。

「好かった、好かったやないね」

「キューバ・リバー」がホロ苦い

伝吉は、同じ言葉を繰り返すことしか出来なかった。トキちゃんの眼から大粒の涙が零れ落ちた。

「泣くこたーナカよ。目出度いことやケン」

伝吉は、ハンカチを出そうとしたが、止めた。皺だらけだったこともあるが……。

すみません、とトキちゃん。白いハンカチで、目元を拭う。

伝吉は、周りを見た。いい歳をしたオヤジが、綺麗な女性を泣かせているように映るんじゃないか、と心配したのだ。

時間が早かったせいもあり、客は少なく、其々《それぞれ》に愉しんでいた。……ただ、カウンターの前で客を迎えているマネージャーだけは、特段の関心・疑念・警戒を自分に向けている気がした。

「……色んなことが思い出されて。初めてお会いした……」

「『お会いした』やら、止めろう。永い付き合いやナカね」

「じゃ……会ったのは、市の聴覚障がい者の会議。あの時、私、23歳でした」

「そーね。あらー（あれは）、春やったなー」

伝吉も思い出した。

「カモノハシさんも一緒でしたね。お元気ですか、カモノハシさん？」

「故郷のオーストラリアに帰った」

「もう、課長さんったら」

トキちゃんに、笑顔が戻った。

「そっちに座って好いですか？」

と云った時には、トキちゃんは、席を立っていた。

「一緒に色んなこと、やりましたね……」……本当にそうだ。いろんなことをやった。横に座ったトキちゃんの肩を感じながら、伝吉は思った。

「**「SOSカード」**を作りから始まって、協会のみんなの消防署訪問。**「SOSカード」**資金集めの企業訪問、それからカバヅラさん主演の**「SOSカード」**ＤＶＤ制作……」

「消防無線のデジタル化に乗った**「SOSカード」**アプリ、そのアイコン・タッチによる直近消防本部への通報……」

「それで、消防庁長官表彰受賞。こうしてみると、話題満載、充実の10年ですね。改めて、乾杯しましょう、課長さん」

今度は、〔キューバ・リバー〕というのが運ばれて来た。

「『キューバの河』って云うカクテルね？」

「そうじゃないんですって。“Cuba Libre”『キューバの自由』という意味で、キューバがスペインから独立したのを、お祝いして作られたカクテルだそうです」

一杯のカクテルの向こうに、歴史が広がっている。伝吉は、ゆっくりと味わった。これまた、旨かった。

「〝キューバ・リバー〟、よか名前」

伝吉は、クラスを翳した。そして、横を向き、

「トキ・リバー」

と、口にした。

窓の外、ナイト・ブルーの天空に向かって、小さな鳥が翔上がるのが見えた。胸元が朱い。それは、輝く星を目指すかのようだった。

41

隼《Fire Bird》 想いどおりにならねェのが世の中ですか、想いをやめたら、泣くひともいるんで

——1月に行われた実験は、上手く行った模様です。でも、まあ2業社間ですから、左程の問題はないはずです。

伝吉の電話の相手は、ハダシイタチ。先月に行われた、Ｎｅｔ１１９業者間データ交信の実証実験のことを話している。

トキちゃんが東京に去ってからの時の流れが、伝吉には、途轍もなく早く感じた。秋は、一瞬にして終わった。ポッカリと秋が抜けた感じ。正に、〝人生の秋〟を迎えた伝吉、その感傷に浸る間もなく、いきなり〝人生の真冬〟に突入した。

気がつくと、歳が明け、2月になっていた。１１９番通報の多様化は、伝吉の手の届かないところに行っていたが。

——当然、共通の電文仕様書に基づいて実験《やら》れたんですが。……これで好いんですかねー、課長さん？　結果ありきで、事が進められている気がしませんか？　聴覚障がい者を事業の中心に据えていない気がしてならない。

語気を強めるハダシイタチ。

今更どうせよ、というのだ、話を聞きながら、伝吉は思った。自分たちのアイデアこそベスト、と思うのは不遜というものだ。「SOSカード」アプリにしても、脆弱な面が多々あった。自信を持っていたUIが活かされなかったのは、残念だが……。

――検討会は、来月で終わりです。もう1年度延ばすように、議長（花咲爺）が要望したらしいですが、通らなかったようですね。共通電文仕様書を全国消防本部に送付し、これで構築するように、と指導するんでしょう。期日は、勿論、オリンピックまで。

ハダシイタチが云うことは、総て織り込み済みだった。

あまり応ずることもなく、伝吉は電話を切った。ただ最後に、

――これで終わり、とは考えていません。ある意味、これからが本当のスタートと思っています。終わりは、実稼働成就を見届けてからです。

と、伝えた。

大雪だ。外の風景が、雪に掻き消されている。

伝吉は、椅子を回し、ボンヤリとそれを眺めていた。窓から冷気が伝わって来る。東京も雪だろうか……。

♪Tombe la neige Tu ne viendras pas ce soir
Tombe la neigeEt mon coeur s'habille de noir
…………
雪はフール　ヤナタはキョナイ～

雪は降る　重いキョロキョロに

雪はフール　ホモイキョキョロにイ～
ムナスィ～ウメ　ケロイ涙～
鳥はヘソブ　夜はボケル～ウ
エ～ナタは　キョナイ～
ヘキュラ　呼んでもオオ～

……………

「カチョー、何にする?」

伝吉の心で唄う、**サルバトーレ・アダモ**が、**アダモステ・テングザル**に代わった。「いつもン（いつもの）、〔カツソバ・シエット〕でヨカ?」

前の席に座るテングザルが振り返って、昼食の注文を訊いた。アダモに託す伝吉の傷心《おもい》は、６５０円の〔かつ丼・蕎麦セット〕に駆逐された。

「ヨカ……両方とも大盛」

大儀に答える伝吉。

「……東京も寒かろー。トキちゃん、元気いしとーやろーか?」

外を見ながら、テングザルが云った。

「元気いしとークサ、トキちゃんのことやケン。新しか職場でヤオイカンメー（大変だろう）、バッテガ」

伝吉の言葉には、半ば願いが籠っていた。

「それより……」

と、今のハダシイタチとの話の概要《あらまし》を、テングザルに伝えた。

「……カチョーの云ーとーり、本題はこれからやな。自治体と消防の出番になった」

伝吉は、頷いた。

数日後、カモノハシが、ひょっこり指令課を訪ねて来た。眼の下に隈を作り、些か憔悴した様子である。

去年暮れから今年にかけて、大火が頻発していた。２０１６年12月22日の〔糸魚川市大規模火災〕、２０１７年1月22日の〔東燃ゼネラル石油・和歌山工場火災〕、など、管轄消防本部だけでは、対処できないものばかりだった。

「国、県、本庁から通知、報告、問い合わせで、もうバタバタで。昨日も家い着いたたー（着いたのは）、11時ですよ、カチョー」

予防課に所属する指導係長・カモノハシが、愚痴を零《こぼ》し乍《なが》ら、空いている椅子に腰を下ろした。

「そらー、偶《たま》には仕事ば、シェナタイ。ヨカこっタイ（好いことだ）」

伝吉は、笑いながら、コーヒーを出してやった。

「また、シェーなことば（また、そんなことを云う）。予防課は、割が合わん。そーっでしょ。仕事は多かとい、実入りは少なか。カチョーも、予防課長やったケン、分かっちゃーでしょ（分かっているでしょう）？」

「仕事は、金じゃナカ、仕事は、意気でするもんタイ。消防庁の二等釜《じらふ》君ば、思え。退庁が毎日11時過ぎ。彼の仕事の量からしたら、お前ンたーゴマ粒。……その分、給料が高っかろーって？　バカタレか、お前は。給料表が公表とうやないか。間違いのー（間違いなく）、お前の方が高っか（高い）」

「……来んどきゃよかった。……コーヒーの苦かあー」

小声で呟くカモノハシ。

「まあ、説教はそれぐらいにして貰うとして。一昨日、テングザル係長から聞いたとバッテガ、119番通報の多様化検討会の結論が出るゲナですね？」

伝吉は、消防庁長官表彰受賞のためにふたりで上京した、一昨年秋以来の経緯を諄々《くどくど》とカモノハシに話した。

「納得しかねるところはありますが……話だけでは、事は進みマッシェン。こうなったら、実際に動きましょうや。先ずは、先進地視察で予算計上、カチョーと私のふたり分」

「そらー分かった。バッテ、早晩消防庁から最終報告と指針が出るやろう。事は、それからでも遅うはない」

「黙ーって聞きよったら……。『ふたりで〔先進地視察〕』？」

ふと見ると、指令センター入口ドアのところに、イボイノシシが立っているではないか。

「あっ……。イボちゃんも入れた3人の先進地視察ば立案しまっしょう、ねえ、カチョー」

天敵イボイノシシに睨まれ、狼狽えるカモノハシ。

「まあ、先進地視察はともかく、聴覚障がい者の119番通報に先鞭を付けたとは、我が凸凹消防本部やケン、『他本部の進捗状況を勘案して』やら、悠長なことは云《ゆ》ーとられんよ、カチョー」

「そーやな」

伝吉、頬杖を突く。

「なら、この事業に積極的に取り組もうとする幹部が、当本部《ここ》に居るか……」

「居らんッ！」

イボイノシシの問いに、空《す》かさず答えるカモノハシ。

「居るわけなかヤン（いるわけがないじゃないか）。警防課長にしても予防課長にしても総務課長――凸凹消防本部日勤の課長は、これだけ。……あっ、忘れていた、伝吉の外様扱い・指令課長――にしても」

カモノハシ、巨大な嘴を捻じ曲げる。「消防長《トップ》、次長は……云わずもがな、か」

イボイノシシが、吐息を吐く。抑々《そもそも》、新規事業を好む役人などいるのだろうか。

「内部から、この事業ば持ち上げるこたー、カチョーが消防長になるごと難しか」

差し障りがある喩《たとえ》をするイボイノシシ。

「ホンナゴト、ホンナゴト（本当だ、本当だ）」

口をへの字にする伝吉にお構いなく、何度も首肯《うなずく》するカモノハシ。

「最長在任期間更新中のカチョー、何か妙案をば」

と、イボイノシシ。

七匹の珍獣

「長老カチョー、『おらたち、どうしたらええべか、爺《じ》さま?』」

クロサワ・アディクトのカモノハシ、「利吉」——映画**『七人の侍』**（1954年）に出て来る百姓——を演じる。黒澤映画なら伝吉も負けてはいない。**『姿三四郎』**、**『一番美しく』**から**『天国と地獄』**、**『赤ひげ』**は云うまでもなく、遺作**『まあだだよ』**まで、全30作を観ている。

伝吉は、「爺さま」こと村の知恵袋「儀作」になりきる。差し詰め、「茂助」がイボイノシシ、「万造」がテングザル——ピッタリ過ぎて、笑いが止まらない（筆者）——、「与平」がゾウガメだ。

場所は、水車小屋。眼の前に4人が意見を求めて座しているシーンを想像し、伝吉は、半眼にした。**『七人の侍』**の力強いテーマ曲（作曲・早坂文雄）が聴こえて来る。

♪タンタンタンタン〜タタタン〜タッタッタ〜ン
タンタンタンタン〜タタタン〜タッタッタ〜ン
………………

活《かっ》と眼を開き、

「……やるべし」

と、重々しく命じた。

「……爺さま、それじゃ答えになってねえだよ」

カモノハシ・利吉が云った。


椿が咲き、水仙が咲き、梅が咲き、桜が咲こうとしている。

伝吉の消防本部は、広い県営公園に隣接して建っている。出退勤時には、ここを通る。

若い頃は、何の興味もなかったが、齢を重ねるにつれて、草木を愛でる気持ちが、伝吉にも湧いて来た。公園の樹木も大きくなった。

公園が出来たのは、伝吉の消防本部移転と同じ時期だった。元は、米軍基地《ベース》で、返還に伴い公園にした。出来た当時、植えられたばかりの木々は、細く弱々しかった。しかし、30年の月日が、両手を回しても届かぬほどの幹にした。

春の息吹を感じながら、伝吉は出勤した。

「カチョー、みんな揃いました」

当務係長のテングザルが告げた。今日は、4月の指令担当係長会議の日。

うむ、と云って立ち上がった伝吉の手には、文書バインダーが握られていた。

「いよいよ来たバイね」

文書を見ているテングザルの周りに、カモノハシ、イボイノシシ、ゾウガメの3係長が集まった。

右上に「消防情第１００号」の文書番号と「平成29年3月28日」の発出日。発出者は、総務省消防庁防災情報室長。標題には、「Ｎｅｔ１１９緊急通報システムの導入について（通知）」とある。

「……『平成32年度を目標に』って書いちゃーバッテガ、それじゃ、遅いかろー」

「……『本通知は、消防組織法第37条の規定に基づく助言として』……?〔助言〕はツァーラン（ダメだ）。〔助言〕で事業展開する消防本部やらあるモンかい」

「ソータイ、ソータイ。『早期に整備していただく必要があります』なら、〔指導〕か〔勧告〕やろーモン」

「気持ちは、ソーバッテガ、この文書見てんシャイ。各都道府県消防防災主管部長宛てやが。今まで何《な》ーも知らんやった事で、いきなり〔指導〕、〔勧告〕はなかろうモン。カチョーが何時も云ーよーごと、〝牛の糞も段々から〟やろう」

「バッテン、第38条ば見てん。順番の逆いなっとろーが、〔勧告〕、〔指導〕、〔助言〕って。知事は、消防庁長官より強権発動が出来るとかいな?」

各人好き勝手に喋り、話題が跳び歩き、宛ら女子高生徒会――実際に見たことはありません。ＴＶドラマから得た表現です。差別的表現の意味など毛頭ありませんので、念のため（筆者）――の様相を帯び始めた時、

「当たり前タイ」

と、伝吉が差し挟んだ。

「選挙で選ばれた者《モン》が強か。国で云《ゆ》ーなら、知事は、内閣総理大臣ぞ。おれたちの代表やケン。そして、その権力は、おれたちが付与しとーとぞ」

「そう、そう。それが主権罪人。ケケケ……」

テングザルが掻き回す。

「ハハハ……。ちょいちょいソゲナ（そんな）者《と》が居《お》るなあ。それば選んだおれたちは、主権罪民。……でタイ、ここの〔検討会報告書〕ば開こう、係長」

伝吉は、カモノハシに命じた。15・93MBを読み込んでいる。ディスプレイに大きく、『１１９番通報の多様化に関する検討会報告書』と出て来た。パソコン頁数は、２２６頁。

「……平成27年末の〔Ｗｅｂ１１９〕導入消防本部数が……１４０弱か」

イボイノシシが、報告書の12頁を見ている。

「26年からの1年で、60本部も増えとる。……と云《ゆ》ーことは、今は、２２０本部ぐらいかいな？」

一同、喰い入るように、カモノハシがスクロールする画面を見ていたが、22頁辺りで、

「……ああ、気分の悪か。ムカムカする。カチョー、休憩、コーヒー・ブレーキ」

と、多動癖のテングザルが根を上げ、「眼のショボショボして来た。目薬、目薬。円らな瞳が、大変大変」

喚《わめ》きながら、黒子《ほくろ》か眼か判別困難のイボイノシシが会議室を出て行った。それを云うなら、「どこが瞳か、大変大変」だろう、と伝吉は笑った。

報告書精読は、到底終わりそうにないので、各人の責任においてやるようにした。……ということ

は、誰もやらない。読者賢兄、御承知の通り。

「一応、消防長まで決裁が回とーバッテガ、今日まで何の問いかけ、呼び出しもナカ」

伝吉は、決裁枠の2倍はある消防長の押印を見ている。……ものには、限度というものがあるだろう。

「消防長《あのひと》は、何ーもしまっシェン。事業計画に上がっとラン、とか云ーて。今まで見て来て、よー分かっとります。この事業は、カチョーが動かな始まりまっシェン」

と、ひとり、報告書を読んでいたゾウガメが顔を上げ、伝吉を正視した。

「その通り《とー》。ゾウちゃんの云ーとーり。消防長《あのひと》は、何ーもシェン。頭いあるたー（頭にあるのは）、定年退職の軟着陸だけ」

公然と批判するテングザル。

今の消防長は、本庁からの出向。在任3年目で、来年定年を迎える。

「リサイクル課の課長やったケン（だったから）、自分のリサイクルば一所懸命考えよろーが」

イボイノシシが輪を掛ける。寂しい笑いが会議室に響いた。

健常者と同様、聴覚障がい者が何処にいても、直近の消防本部に119番通報が出来るシステム——この構築は国の仕事だ、と当初伝吉は思

「ＳＯＳカード」アプリの画像

った。しかし、結果はそうならなかった。自分たちの仕事になった。

〝情けは人の為ならず　巡り巡って己がため〟脈絡があるのかないのか、この諺が伝吉の心に浮かんだ。

「……巡り巡って……か」

呟く伝吉に、カモノハシが応えた。

「本当ですね。巡り巡って、また自分たちのところに来ましたね」

さあ、どうするか。来年度予算に上げようにも財源がない。財源がないものは、身内は許しても、本庁の財政が許さない。通知文には、財源のことは一切触れていない。

既に導入が終わった消防本部のことを考えると、補助金、起債は難しいのか。それより前に、この事業は、自治体の所管、という考えを国はしている。

「予算化ばするって云ーても、今年度は、〔実施設計〕の予算化だけでしょう、カチョー？」

カモノハシが訊いた。

「そして、来年度〔実施設計〕ば策定《つく》ってして、31年度に〔工事〕、32年度〔完了・稼働〕という工程表《ロードマップ》いなるなあ……」

カモノハシは、続けた。

「それじゃ、遅かですよ、カチョー。〔動作試験〕やら考えたら、31年度〔完了・稼働〕にシェな。デジタル無線に切り替えた時、どれだけ〔バグ〕が出ましたか……」

ゾウガメは、導入したデジタル無線システムの正常稼働に、1年間を要したことを想い出した。

「ゾーちゃんの云ー通ーりタイ。事業主体に期限ば切るとなら、サッサと報告書ば出さな。『当本部《うち》は、出来まっシェン』って、消防庁い電話し、カチョー」

テングザルがホエザルになる。

係長たちの話を聞きながら、〔実施設計〕を補正予算で上げるか、来年度の当初予算に載せるか、伝吉は考えていた。しかし、何れしても、その前に担当課長として為すべきことが、窓の外に広がる麗らかな春空とは裏腹に、伝吉の気を重くした。

・課長会議（幹部会）での説明・説得・承認
・総務課予算査定時の説明・説得・承認
・本庁財政への消防長説明事前レクチャー（消防長は、署に居る時とは打って変わって、本庁に行くと、〝**借りて来た猫**〟になる）
・市長説明時の同様レクチャー（市長の前に出ると〝**蛇に睨まれた蛙**〟または〝**熊に遭遇した人**〟になる）
・消防議員への説明・説得・承認
・上記総てに関する必要文書・資料作成等々

これらを円滑に行うためには、伝吉自身がＮｅｔ１１９に精通していなければならないことは、云うを待たない。Ｎｅｔ１１９の基盤には、伝吉たちの「**ＳＯＳカード**」アプリが生きていると思うと、何としても実現しなければならない。それは、今まで関わった人たちへの果たすべき義務である。

聴覚障がい者の置かれた状況を教えてくれた**トキちゃん**、**カバヅラ君**、そして聴覚障がい者協会の人たち、想いに過ぎなかった「**ＳＯＳカード**」アプリを実現化してくれた**ドクター・ハダシイタチ**、上司に抵抗しながら最後まで国主体の〔実施設計〕を策定《つく》ろうとした**二等釜《じらふ》事務官**、あり得もしない

『明日に向かって撃て！』エッタ・トキちゃんとブッチ・伝吉

奇遇で再会し、通信大手の威光でこの事業の的確な情報を提供してくれた**後輩・エチゴモグラ**――みんなに応えなければならない。これが在職最後の仕事だ、と伝吉は思い定めた。

会議が終わり、伝吉は、屋上に出た。花曇りの下、緑風が伝吉を包んだ。手摺りに凭れ、周りを眺めた。公園の若葉が沸き立っている。小川は澄み、ゆっくりと流れている。家並みが遠くに霞んでいる。町は、微睡んでいるようだ。

伝吉は、大きく息を吸った。……やるべきことが仕事がある、ということは、幸せなことだ。仕事が出来る喜びを、感じなくてはならない。そう思うと、少し気が楽になった。伝吉は、もう一度大きく息を吸った。

……頭に冷たいものを感じた。髪が薄い分、そこが敏感なのだ。また、落ちて来た。見ると、ポツポツと床面に斑点が出来て行く。雨だ。心地好い春の雨だ。

♪Raindrops keep falling on my head
and just like the guy whose feet
are too big for his bed

nothing seems to fit, those

……………

伝吉の耳にB・J・トーマスの『雨に濡れても』が聴こえて来た。リズムに乗って、歪な躰が自然に揺れる。

「……カチョー、大丈夫かいな（大丈夫だろうか）？」

「ボケたっちゃないと（呆けたんじゃないか）……？」

「Ｎｅｔ１１９の先行きば考えて、パンクしたバイ、あらー（あれは）」

「早よ、救急隊ば呼ぼう！」

屋上への出口のところで、４獣士係長が、見たまま、感じたままを好き勝手に喋っている。

会議が終わると、誰よりも早く食堂に駆け下りるはずの伝吉が、今日に限って、上階に上って行くのを、トイレから戻って来ていたゾウガメが見ていた。「何かおかしい」と、他の３人に知らせていたのだ。

「カチョ〜おおお〜、〔カツソバ・シェット〕の来とーよ〜おおお〜」

出口のとこからテングザルが叫んだ。不用意に近づくと危険、と判断したからだ。テングザルを先頭に４人が団子になっている。

「押すな、押すな、押すなって！　大概いシェンか（いい加減にしないか）！　危なかろーが！」

頭脳《あたま》がない代わりに、力だけはあるイボイノシシが、面白がってテングザルを押したのだ。

「カチョー、ソバのヌビますよ（伸びますよ）〜。下い行きまっしょう〜」

イボイノシシの陰からゾウガメが声を掛ける。

伝吉の耳には届かない。今、伝吉は、これが挿入歌だった映画『明日に向かって撃て』のワン・シーンを想い出した。ブッチ（ポール・ニューマン）がエッタ（キャサリン・ロス）を自転車のハンドルに乗せて走るシーンだ。自分がブッチで、エッタがトキちゃん。伝吉の顔から笑みが零れる。

「あらー、カチョーが笑い出した……こら、完璧バイ」

テングザルの顔に恐怖が浮かんだ。〔発発〕建屋の側面に身を隠す4人。

♪But there's one thing – know
the blues they send to meet me
won't defeat me
i won't be long
till happiness step up
to greet me

……………

だけど、ひとつ分かっていることがあるんだ
どんな困難に遭おうと、ぼくは負けないってことさ
幸せは、そこまで来ているんだから

……………

伝吉は、そぼ降る雨の中、法悦の境地。曲の波に身を任せている……。傍で見ていると、小倉祇園太鼓の〝暴れ打ち〟状態。危なくて近寄れない。

「……これは、麻酔銃が要る」

最後尾のくせにカモノハシが小賢しい。

……と、その時、何かが、小心者4係長の頭上を掠めた。声を上げ、全員身を伏せた。

「何だ！」

「鳥だ！」

「飛行機だ！」

3人が、何処かで聞いた科白を吐き、最後はテングザル。

「『いや、スーパーマンだ！』……って云いたかバッテガ、何かいな、あらー？」

大きな鳥が、伝吉から離れた手摺りの先端に止まっている。

「みんな、何しようと、そこで？」

声で気付いた伝吉が訊いた。

「何て云ーか……。〔カツソバ・シェット〕が来ましたッ！」

ゾウガメが伝えた。

「それより、カチョー、何ね、その鳥？」

テングザルのこの質問を機に、みんなゾロゾロと伝吉に近づいて行った。それでも、カモノハシだけは、「麻酔銃は？」と、誰に問う訳でもなく呟いていた。

「鷹《たか》か鷲《わし》やろう……精悍な顔しとう。おれの如《ごた》ー（おれのようだ）」

伝吉は、笑った。係長たちは、もっと笑った。

伝吉たちを警戒するわけでもなく、鳥は、大きく羽を開き、鉤型に曲がった黒い嘴で羽繕いを始めた。

「こらー、隼《はやぶさ》ですバイ、カチョー」

野人《アウトドア》、アニマル、筋肉達磨のイボイノシシが断じた。

「胸から下い、横縞のありましょーが」

「ヨコシマは、アンタと同じタイ。ケケケ……」

イボイノシシの説明に、テングザルが茶々を入れる。

伝吉は、悠然とした隼の姿に見入った。それに応えるかのように、隼は、大きく羽搏いた。

雨が熄《や》んだ。雲が切れ、一条の光が射す。隼は、頭《かしら》を陽の方に向けた。静かに羽を広げたかと思うと、消えるように飛び立った。瞬時に高く舞い上がった隼は、伝吉たちの頭上をゆっくりと旋回した。

何故かみんな、

「オオーイ!」

と、声を掛け、手を振った。

旋回を終えた隼は、鳥とは思えない速さで、光の川を遡上し、視界の及ばぬ光源に向かって、一直線に昇って行った。見えない隼が見えるかのように、伝吉は、何時までも空を見上げていた。

「あれが電波の速さタイ」

テングザルの一言に、みんなが笑った。

「アッ、昼食《めし》の時間の過ぎてしもーたッ!」

時計を見た伝吉は驚愕《きょうがく》し、そして係長たちを見回して、

「……で、何しよーとね、みんな、ケーなとこで?」

と、訊いた。

事情を聴いた伝吉は、

「麻酔銃は、〔過剰防衛〕やろう」

と、カモノハシに苦言を呈した。

「さあ、昼食いしょう。『腹が減っては……』タイ。……そして、もうひと山登るぞッ！」

伝吉は、自分自身に云い聞かせた。それに、テングザル、イボイノシシ、ゾウガメ、カモノハシの4獣士が呼応した。

「了解。メリット5！」

あとがき

この「特命：目で聞け１１９番・緊急通報！」が始まったのが、平成26年1月号からですから、中断はあったものの、約４年間の連載です。本当に長い間読んで下さった賢兄、御同輩に心から感謝致します。

作中でも触れているように、Ｎｅｔ１１９事業が、今年度から本格的に始まる模様です。現時点（平成29年8月）では、国からの財政支援はありませんが、担当の課長さん、しっかり首長、消防長を口説いて下さい。部下ではありません。管理職のあなたが、この事業を実行《や》るのです。自ら陣頭指揮を執れば、部下は付いて来ます。伝吉の愛読書、『鬼平犯科帳』を読めば、明々白々。

全国には、聴覚に何らかの障がいを持つ人が６００万人いると云われています。貴方も私も、何れそうなります。ですから、このＮｅｔ１１９事業は、〝……巡り巡って己がため〟。

「安心・安全」の標榜し、世界の人々を迎え、２０２０年（平成32年）――コロナ禍で1年延期になったのは、みなさんご存じの通り。何が起こるのかが分らないのが人生です――オリンピック・パラリンピックを開催するのですから、Ｎｅｔ１１９は、あって然るべきです。

先立つものは……「金」ではありません。「想い」です。「想い」のない事業に、碌なものはありません。「想い」の次に「金」です。

我々は、出来ない理由を探すのは、得意ですが、出来る方法を見つけるのは、不得手です。それは、前者が簡単で、後者が困難だからです。しかし、この職に身を置く者に、それが許されるはずがありません。

発することが出来ない彼らの声を聴く時、日本消防が世界基準になる時、と私は信じています。

２０１９年　夏の終わりに

那之津　マイク

ブックレット発刊に際して

事業の流れに沿って書いたもので、こんなに長くなりました。読んで戴き、有難う御座います。「予想がつかないのが人生」と云われますが、コロナ禍を見れば、「正にその通り」と首肯せざるを得ません。あのトランプ大統領まで罹患するとは……。

定年退職が迫り来る頃、指令課長をしていました私は、本編に描きました聴覚障がい者のための「１１９番・緊急通報システム」の開発に関わりました。

私たちは、聴覚障がい者の移動を考え、全国どこにいてもワン・クリックで直近の消防本部に繋がる「アプリ方式」を考案していました。アプリは、APP Store などから自由にダウンロード出来る。この方式は、オーストラリアなどで採用され、聴覚障がい者のみならず外国人旅行者にも提供されているそうです。

しかし、日本では、偽通報防止、トラブル対応などの観点から、消防本部事前登録・「Web 方式」が採られ、「Net119」として完成し、現在に至っています。今年度末には、全国７２６消防本部の過半が導入する予定です。速やかな普及を望むばかりです。

テングザル、イボイノシシ、ゾウガメ、カモノハシの4係長は、今は総て退職し、故郷の生息地に帰り、悠々自適の日々。

イグアナ・伝吉は、彼らより一足早く退職を迎え、同様に故郷のガラパゴスに帰った……と思っていたんですが、事もあろうに、どうも皇居の濠に隠れ潜み、カスミガセキ、ナガタチョウ、トラノモンを徘徊しているとか。

良からぬことを考えているに決まっています。見つけたら、即、捕獲して下さい。夜行性なので、寝起きの黄昏が好機。誘き寄せるには、「イモ水」。

ああしていて、結構足が速いので、網では無理です。おまけに、伝吉は狂暴ときている。麻酔銃が一番です。ブシュッと一発！　捕まえたら警視庁か消防庁に引き摺って行って下さい、近くですから。

令和弐年師走　好日　那之津　マイク

【著者紹介】

那之津マイク（本名・因幡敏幸）
九州大陸消防本部に勤務する
消防救急デジタル無線システムの実証実験に携わる
元総務省消防庁デジタル無線アドバイザー
西南学院大学英文科卒

※　※　※　※　※　※

主人公・イグアナ伝吉と同じような消防人生を送る。夏は、「博多祇園山笠」、冬はラグビーに興じる。その間に、少し仕事。

特命！　目で聞け　１１９番緊急通報

〈バリアフリー〉
―聴覚障がい者１１９システム構築物語―

定価１、９８０円（本体１、８００円＋税１０％）

著　者　那之津マイク
発　行　令和３年３月22日　第１刷発行
発行者　株式会社　近代消防社
三　井　栄　志

発行所
株式会社　近代消防社
〒一〇五―〇〇〇一　東京都港区東新橋一丁目一番十九号
（ヤクルト本社ビル内）
ＴＥＬ　〇三―五九六二―八八三一
ＦＡＸ　〇三―五九六二―八八三五
ＵＲＬ＝kinshou@ff-inc.co.jp

ISBN978-4-421-00941-5〈落丁・乱丁の場合は取替えます。〉2021©